Nick Dossis
Brilliant LED Projects
ISBN:978-0-07-177822-0

北京市版权局著作权合同登记号：01-2012-8842

著者简介

Nick Dossis 现居英国并持有电子／电气工程师高等国家证书。本书中的若干项目曾经在电子爱好者流行月刊 *Everyday Practical Electronics*（EPE）杂志上发表过。Nick 对电子学极其热衷，7 岁时，他的祖父给他购买了人生第一台晶体管收音机，从此 Nick 迷上了电子学。如今在闲暇时，Nick 仍然醉心于设计电子电路和项目。

炫彩LED创意制作

Brilliant LED Projects

〔美〕Nick Dossis 著　黄 刚 译

科学出版社

图字：01-2012-8842号

内 容 简 介

本书详细介绍了20个关于LED的创意项目制作，并且给出了电路原理图、条形焊接板布局图、元器件清单及装置的安装和调试步骤。本书主要内容包括基础的LED项目、时序项目和视觉暂留项目。

本书使用了多种不同的LED元器件，包括标准单色、三色、RGB、红外线、七段、条形和点阵显示器等。书中项目采用多种数字集成电路来实现预期的效果，您将了解到如何使用CMOS 4000系列集成电路、555计时器、条形驱动器和PIC16F628 PIC微控制器等。

本书可供各大中型院校电子技术、光电子技术等专业的师生，以及电子工程师、电子制作爱好者参考阅读。

图书在版编目（CIP）数据

炫彩LED创意制作 /（美）Nick Dossis著；黄刚译 —北京：科学出版社，2014.1

书名原文：Brilliant LED Projects

ISBN 978-7-03-038697-7

Ⅰ.炫… Ⅱ.①N… ②黄… Ⅲ.发光二极管-制作 Ⅳ.TN383

中国版本图书馆CIP数据核字（2013）第228019号

责任编辑：孙力维　杨　凯 / 责任制作：魏　谨

责任印制：赵德静 / 封面设计：王任兰

北京东方科龙图文有限公司 制作

http://www.okbook.com.cn

科 学 出 版 社 出版

北京东黄城根北街16号

邮政编码：100717

http://www.sciencep.com

北京通州皇家印刷厂 印刷

科学出版社发行　各地新华书店经销

*

2014年1月第　一　版　　开本：720×1000 1/16

2014年1月第一次印刷　　印张：19 3/4

印数：1—4 000　　字数：380 000

定价：56.00元

（如有印装质量问题，我社负责调换）

谨以此书献给我的祖父Jack，

正是在他的启发和激励下，我走上了探索电子学的道路。

致　谢

我要用这本书来感谢很多曾经帮助过我的人们。首先，我要特别感谢我的家人，他们不但忍受了我常年鼓捣电子玩意儿，而且在我写作本书时还给予我很多的支持。我可爱的妻子Elissa Dossis，还在我制作背包项目时积极帮我寻找合适的面料，您也可以在www.notjusthandbags.co.uk上看到她更多的作品。本书中大量专业的近景特写照片是由Jasmine Dossis拍摄的，Georgia Dossis则帮助我测试了本书组装的每一个项目。另外我还要感谢Paul Dossis，他设计了我在创建电路示意图时所使用的原理图符号。

最后，我还要感谢McGraw-Hill出版社Roger Stewart领导的编辑团队，是他们给予我编写本书的机会，并且在我写作的过程中提供了大力支持。

前　言

在20世纪70年代，也就是我7、8岁的时候，我在英国利物浦的祖父家中度过了一个虽然只有几天但令人难忘的假期。美好的回忆就好像昨天一样，历历在目。我的祖父很喜欢收集东西，他的衣柜里总藏有一些小工具或小发明。例如，我还记得他有一个在夜里能发光的袖珍指南针、一部相机、一个红色的LED显示计算器，等等。每次我去他那里的时候，他总会给我一些惊喜，而我则每次都会目送他上楼，然后等着他下楼带给我好玩的新东西。

有一次他带给我的惊喜是一份礼物：一个晶体管收音机套件包。这个套件包很简单，里面有一个矩形塑料托盘和一个纸箱，纸箱里面包含了组装收音机所需要的全部元器件。这些元器件可以通过插入互连电线而连接在一起。经过一番尝试之后，我顺利组装出一台收音机。在不到一个小时的时间里，我就通过这个晶体管收音机，收听到许多的无线电台。我专心致志地收听了不少英国广播电台，甚至还有一些更遥远地方的电台，虽然他们说的是我完全听不明白的外国话，但这对我来说不重要，重要的是我组装完成了我的第一个电子项目，并且我还很喜欢它。为了使信号更强，很快我就发现，如果把接地电线连接到铜水管上，那么接收的效果就会更好。我很开心自己能组装这台收音机，从那一天起，我的祖父就鼓励我在电子学方面不断进行实验尝试。他经常带给我*Everyday Practical Electronics*电子爱好者杂志，从中我学习到很多知识，也获得很多灵感。很快我就迷上了电子学，它不但是我的兴趣爱好，也变成我生命中的一部分，直到今天仍然如此。

也不知道为什么，我特别喜欢抓一把电子元器件，然后将它们连接在一起，让它们以某种方式在我的手中“活”起来，哪怕只是发出一阵噪声或者射出一束灯光，都足以令我开心，对此我从未感到过厌倦。事实上，我最早学习尝试组装的一些最简单的电路就是手电筒项目，它不但给我带来视觉上的愉悦，而且也让我体会到真实的成就感。

正如本书书名所提示的那样，本书包含了很多以普通发光二极管（LED）作为核心的电子电路项目。我很高兴能将这些项目组合在一起并且编写成册，也希望您能很开心地阅读这本书并且完成自己的项目的组装。如果这本书能够为其他的电子爱好者、设计师和实验人员带来灵感，并由此而设计出他们自己的作品，那么我将深感荣幸，因为这表示我已经将祖父对我的启示和激励传递给了更多的人。

本书的内容结构

本书包含一些有趣的电子项目，使用了多种不同的LED元器件，其中包括标准单色、三色、RGB、红外线、七段、条形和点阵显示器等。

本书可以分为3个部分：

第一部分：发光和闪光项目（基础的LED项目）。

第二部分：时序项目（加入了按特定顺序发光的LED的项目）。

第三部分：视觉暂留项目（利用视觉暂留效果设计的项目）。

这些项目使用了各种数字集成电路，以实现预想的效果。您将了解到如何使用CMOS 4000系列的集成电路、555计时器、条形驱动器和PIC16F628 PIC微控制器等。我建议您首先阅读第1章，因为该章提供了一些很实用的技巧提示，这对您完成全书的项目都是有益的。后面的每个章节都假定您已经阅读和理解了第1章的内容，并为您介绍各个项目的电路概念、技术或运行原理等，提供详细的零部件列表，通过实际操作指南，引导您完成项目的组装。这种写作思路是为了让您更好地了解各种电子组装块，并且知道如何将它们插入到项目中。我们相信，这样的方式不但能让您充分理解本书提供的项目，而且能举一反三设计出自己的项目。

本书的目标读者

本书的目标读者是对电子学和视觉艺术非常感兴趣的人群。我在写作本书时，就力图不但要让电子爱好者感兴趣，同时还要吸引那些愿意尝试各种创新的人。当然，本书假定您具备一定的电子学知识，能够阅读（或学习如何阅读）电路图。如果您是一位初学者，那么我建议您通读所有章节，然后按顺序组装各个项目，因为本书的体系结构就是从最基础的LED电路开始，然后带领您逐步完成更加复杂的项目。如果您是一个具有丰富组装经验的读者，那么您可以随意选择阅读和组装自己感兴趣的项目。

本书中的每个项目都包含一个项目说明列表、电路工作原理说明、组装电路所需要的零部件列表、条形焊接板布局图和说明、如何组装和测试电路板的详细解释等。对于添加了PIC微控制器的项目，还提供了额外的PIC微控制器编程方法。读者还可以从www.mhprofessional.com/computingdownload下载我为每个项目编写的PIC微控制器程序。在每个项目的说明中，我还会介绍电路设计的思考过程以及实现最终结果的方法。有些项目提供了包括外壳在内的完整的组装方法，而有些项目则需要您运用自己的想象力，选择自己的方式来安装电路。另外，本书中的项目还使用了混合数字电路技巧，有些项目向您展示了如何用多种方法创建同样的电路。

本书的设备需求

要组装本书中的项目，需要一些基础的设备。我在每个项目中都提供了一个零部件列表（有关详细信息，可以参考附录）。此外，还需要下面列出的一些基础设备才能开始工作。如果您要将电路安装在比较精美的外壳中，那么您可能还需要更多的工具或设备。本书的第1章有关于以下工具的详细介绍。

- 电烙铁和支架、排气扇、焊料和脱焊工具。
- 1/8in（3mm）钻头或锪孔刀。
- 条形焊接板抛光块或精美高档砂纸。
- 安全眼镜或护目镜（用于焊接、切割或钻孔）。
- 小型钢锯。
- 钢丝钳。
- 防静电台垫和腕带。
- 变速电钻和可选钻头。
- 用于测量电压、电流和电阻的万用表。
- PIC微控制器编程器和个人电脑（并非所有项目都需要）。

说　明

虽然本书中的每个组装项目都已经经过了广泛的测试（这也属于本书写作的一部分），但是，作者对项目的长期性不能保证，也不承担组装这些项目所造成后果的法律责任。读者需自行承担组装本书所介绍项目的风险。

目　录

第 1 部分　发光和闪光项目

第 1 章　在开始组装项目之前的必读须知

第 2 章　基础 LED 电路：LED 手电筒

第 3 章 以另外一种方式点亮 LED：“绿色”便携式 LED 手电筒

第 4 章 组装时钟发生器：基础的单一 LED 闪光灯

第 5 章 555 计时器，生活巧发明：自行车 LED 闪光灯

第 6 章 探索多色 LED：变色灯箱

第 7 章 使用七段显示器：微型数字显示记分牌

第 2 部分 时序项目

第 8 章 使用 4017 十进制计数器：实验性 LED 时序电路

第 12 章 采用 PIC16F628-04/P 微控制器：LED 扫描器

第 13 章 LED 光剑

第 14 章 手动操作的时序电路：隐形秘密代码显示器

第3部分 视觉暂留项目

第15章 基础LED矩阵和POV概念：三位数计数器

第16章 多色视觉暂留LED电路：背包照明灯

第 17 章　用点阵显示器显示波形：数字示波器屏幕

第 18 章　光敏 LED：实验性低分辨率投影相机

第 19 章　在半空中产生视觉暂留效果：时髦的电光棒

第 20 章 在点阵显示器上显示数字：点阵计数器

第 21 章 在点阵显示器上创建动画和滚动文字："算命"器

附录 实用资源

第 1 部分

发光和闪光项目

第1章

在开始组装项目之前的必读须知

作为一个作者，我非常理解您此时急于开始组装项目的迫切心理。

但是，在这里我要强烈向您推荐，您的第一个项目应该是阅读本章内容而不是其他，因为本章包含一些重要的提示信息、操作建议以及许多对于您组装本书项目非常实用的资源等。本章简要介绍我应用多年的组装制作电子项目的很多方法，这些方法对于我来说确实是行之有效的。我也希望您能在本章中找到对自己特别有用的经验和技术，或者在组装制作电子项目的过程中发现其他适合您个人的方法和技巧。

1.1 使用条形焊接板

一直以来，当我阅读电子项目制作类书籍时，最烦的情况就是给一张电路图，再加上一些关于电路工作原理的解释，但是对于组装该电路的详细操作却语焉不详，也没有告诉该如何在模拟电路板上组装或制作印制电路板（PCB）。有些读者可能很喜欢这种方式，您也可以按这种方式使用本书中的电路示意图，制作您自己的PCB。但是，我本人还是喜欢并决定在本书中为您详细介绍如何在条形焊接板上组装电路，并且配有相应的操作照片。使用条形焊接板是除了组装永久性电子电路之外的一种可选方法，它无需您制作（或购买）自己的定制PCB，它也是组装原型电路的理想方法。

条形焊接板是一种镀铜板，沿着板子的宽度方向有若干条平行的铜箔轨道，铜箔上预先钻了很多小孔，两条相邻铜箔之间的距离为0.1in（2.54mm），而且每条铜箔上的两个相邻小孔之间的距离也是2.54mm，如图1.1所示。铜箔条使得我们可以将元器件连接在一起以组建电路。

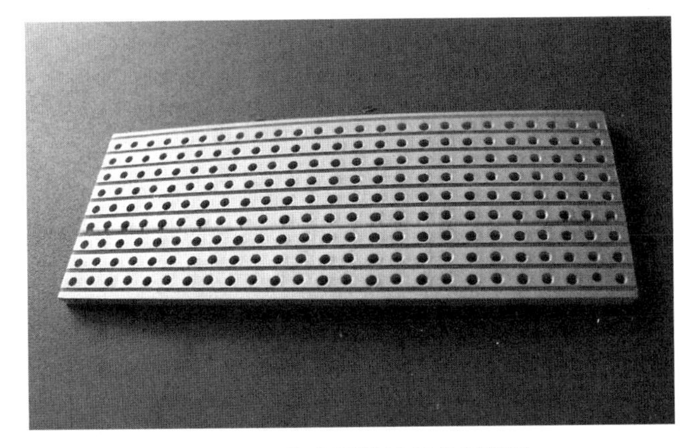

图1.1　一块条形焊接板的铜箔面

条形焊接板有各种不同的尺寸，其铜箔轨道和小孔的数量配置也不尽相同。如图1.2所示，这是本书中所使用的两种条形焊接板，您也可以很轻松地对它进行剪切和修改，以符合自己的需要。您可以使用小钢锯剪裁条形焊接板，也可以先仔细地在板子上多做几次记号，然后在桌面边缘或其他坚硬表面上用力将其折断。折断的板子一般断口比较粗糙，参差不齐，可以使用钳子对边缘进行修整。

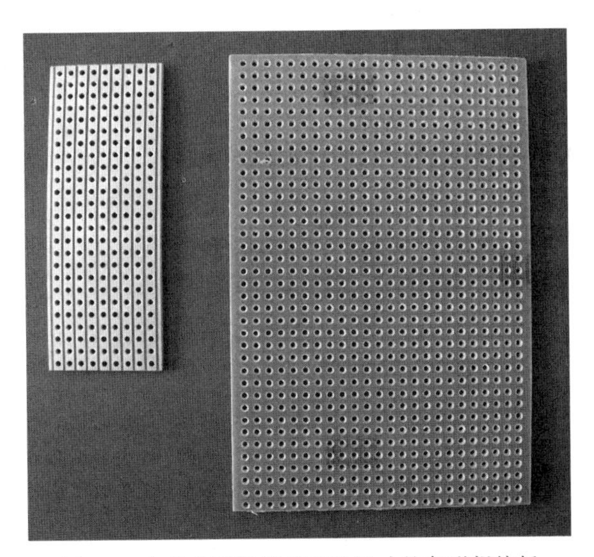

图1.2　本书中所使用的两种尺寸的条形焊接板

如果您决定在条形焊接板上制作电路，那么您将需要了解如何进行焊接操作。如果您对自己的焊接技术没有信心，那么我建议您使用模拟电路板安装自己的电路（请参阅本章后面的“使用模拟电路板”内容）。本书中安排了若干实验性电路来告诉您如何使用模拟电路板。

为了确保最终的条形焊接板电路设计非常简洁紧凑，断开相邻部分的电气连接，您可能需要将板子上的铜箔轨道切割掉一部分，如图1.3所示。本书中的条形焊接板布线图将清晰显示切断的铜箔轨道，也就是轨道切口。我还喜欢使用黑色的记号笔标记条形焊接板没有铜箔的一面，以显示对应的铜箔面上需要切断的轨道，这样我们就可以在焊接元器件之前轻松找到它们的位置。制作条形焊接板铜箔轨道的切口很容易，我个人比较喜欢的方式是使用一个1/8in（3mm）的小钻头，它一般都带有一个小的木制手柄。用手仔细转动钻头，就完全能够除掉铜线，并且在轨道中产生缝隙。这样做的目的并不是要在板子上弄一个孔，而是要将铜线弄断。仔细检查断线处周围，确保在断点附近没有任何一条细铜丝相连，因为无论有多细的铜丝没有被钻掉，都会造成两点的导通。另外，在市场上还有一些专门的划线器出售，它们就是设计用来切断铜线的。

图1.3 已经被切断的条形焊接板铜箔轨道

在规划条形焊接板布局方面，我个人喜欢将原理图转化为条形焊接板的布局图。要做到这一点可以有多种方法，而最简单的方法使用一张绘图纸和一支笔就足够了，如果您对手动绘制布局图不感兴趣，那么也可以使用专业的条形焊接板布局软件。我喜欢使用LochMaster 4.0软件创建条形焊接板布局图。这也是本书创建条形焊接板布局图时所使用的软件。LochMaster 4.0内置了一个元器件包，您可以从中选取元器件，然后放置在屏幕上的条形焊接板布局图中，这意味着您可以轻松实现对布局图的调整操作。在本书的附录中将为您详细介绍如何获得该软件。当然，对于本书各个项目的原理图，您无须将它转换为条形焊接板布局图，因为我已经为您执行过该操作了。

1.2　在条形焊接板上组装电路

对于需要在条形焊接板上组装电路的任何项目，您都可以遵循以下一般性处理步骤。当您组装本书中每个项目的电路时，都应该参考本节内容。正如我们前面所提到的，要在条形焊接板上组装项目，您还需要具备一定的焊接基本功。在开始焊接之前，您最好能先阅读一下本节的“电烙铁使用前必读”以及“焊接提示和技巧”一节。

电烙铁使用前必读

在使用电烙铁组装您的项目之前，您需要牢记以下重要的安全事项：

- 确认您用来组装项目的房间通风条件良好，光线充足。
- 在焊接时避免吸入有毒的焊接烟气。我们建议您购买专门用来清除焊接烟气的排气扇。
- 电烙铁头会变得非常热，所以，如果您直接触摸电烙铁头或电烙铁杆，那么可能会烫伤自己。
- 您可能需要考虑使用焊接手套。
- 已经熔化的焊料也是非常热的，千万不能随意处理，防止烫伤。
- 电烙铁不能随意放在一旁无人看管，更不能放在易燃物附近，否则极可能造成火灾危害。
- 加热后的电烙铁既可以熔化易燃物，也可以熔化非易燃物，所以，在不使用的情况下，必须将电烙铁放置在支架上。在图1.15中可以看到电烙铁支架，您可以从本书附录中提到的供应商处或本地五金工具商店购买到合适的电烙铁支架。
- 使用无铅焊料组装您的项目。我使用的无铅焊料直径为1/32in（0.7mm）。现代焊料都避免使用铅，一般都由银、铜和锡组成。我所使用的焊料就是由95.5%的锡、3.8%的银和0.7%的铜组成的。
- 在进行焊接作业时一定要佩戴合适的护目镜或安全眼镜，以保护您的眼镜免受迸溅的焊料的伤害。
- 在完成焊接作业时，一定要关闭电烙铁并洗手。

（1）如果您使用的是大块的条形焊接板，那么您可能希望先使用钢锯将条形焊接板裁剪到合适的尺寸（图1.4），然后用细砂纸将条形焊接板粗糙的边缘打磨掉。当然，最理想的情况是直接购买符合项目需要的恰当尺寸的条形焊接板，这样就不需要费力地去裁剪。特别是如果您没有钢锯的话，更应该选择购买尺寸合适的条形焊接板。

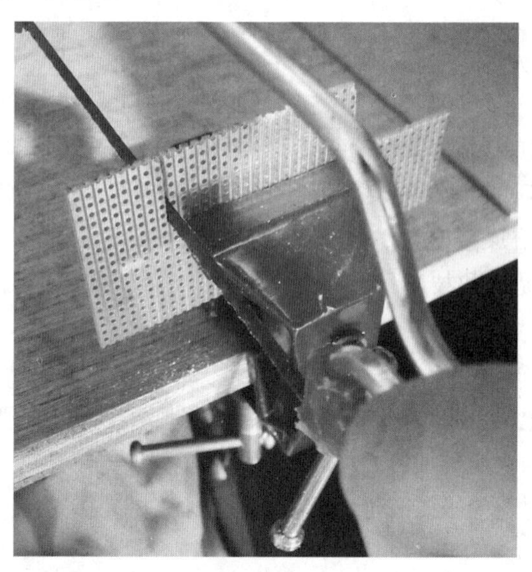

图1.4　将条形焊接板裁剪到合适的尺寸

（2）如果您需要切断铜箔轨道，则可以使用一个带木柄的小钻头（或者使用锪孔刀）手动在需要的轨道位置锪孔，如图1.5所示。注意，在旋转钻头时不要用力过猛，否则可能会在条形焊接板上钻出一个大洞，甚至使板子被损毁或折断。

图1.5　被切断的铜箔轨道

（3）用细砂纸仔细地打磨条形焊接板的铜箔面（注意用力要轻柔），使被切断的铜箔轨道变得平滑，然后将板子清理干净，以便进行焊接作业，如图1.6所示。有关详细操作方法，还可以参考“焊接提示和技巧”一节。此外，您也可以使用特殊的抛光块来清理条形焊接板的铜箔面。需要注意的是，在使用砂纸打磨铜箔面时用力不要太猛，否则可能会损毁铜箔的表面，使轨道断开。在开始焊接之前，一定要清除灰尘和杂质碎片。要做到这一点，可以轻轻地拍打板子的边缘，然后用干抹布擦拭焊接板。

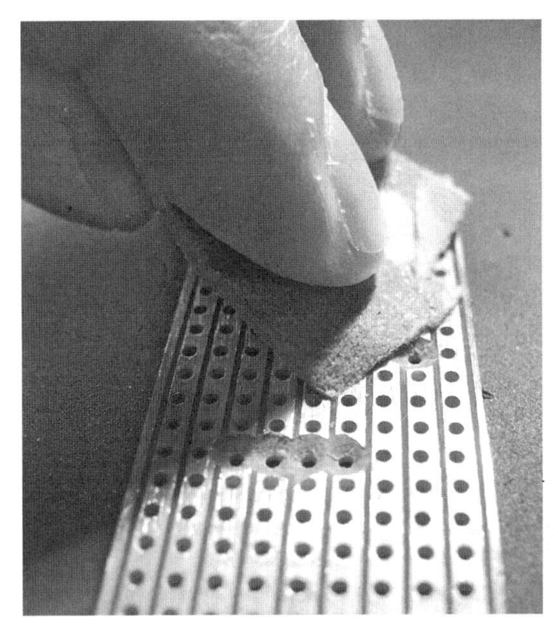

图1.6 清理条形焊接板铜箔表面

（4）如果项目中需要使用集成电路（IC），那么我建议您使用双列直插式IC插槽，而不是将集成电路直接焊接到板子上。因为如果使用双列直插式IC插槽，那么当集成电路出现故障时，您就可以轻松地取下它并替换，而不必费力地从条形焊接板上脱焊。采用该方法需要先安装并焊接IC插槽，如图1.7所示。

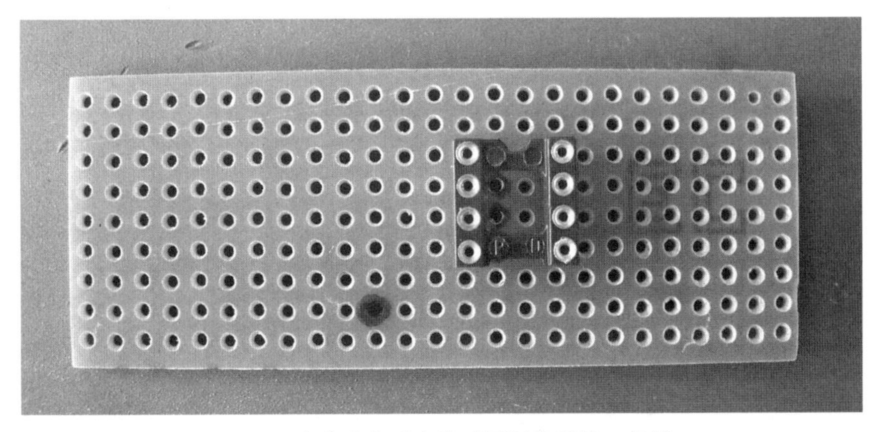

图1.7 在安装集成电路时可以先焊接IC插槽

提示 使用阻燃绝缘胶带可以在焊接时帮助固定条形焊接板非铜箔面上的元器件和连接线，使它们保持在原来的位置。

（5）安装和焊接连接线，如图1.8所示，需要使用固体镀锡铜导线。我在本书项目中所使用的导线是RS元器件，部件编号355–079。您需要确认您所使用的电线直径足够小，完全可以穿过条形焊接板的小孔，同时还需要确认其额定电流至少为1A。您可以稍微弯折一下连接导线，防止它们在开始焊接之前从原位滑脱。在连接线焊接完成之后，就可以使用小钢丝钳剪掉多余的导线。但是请注意不要剪切到焊接接缝内部。

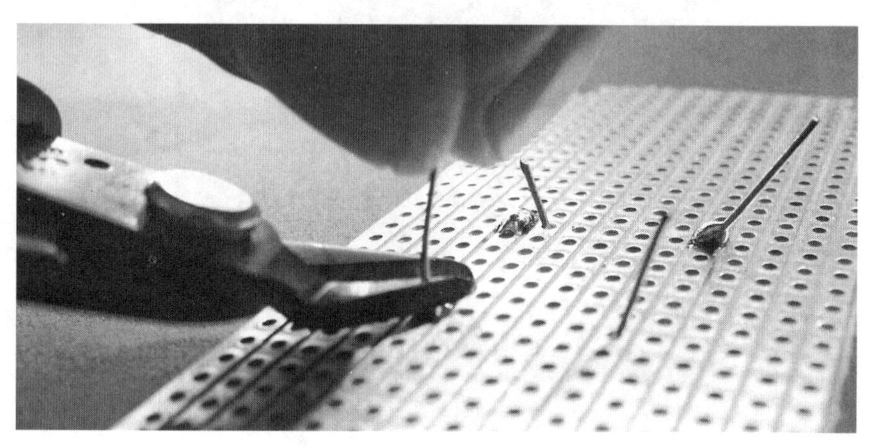

图1.8 剪切多余的连接线

注意 在裁剪连接导线和元器件引脚时，注意在剪切的时候要抓住导线，否则多余的导线可能会四处迸飞，造成不必要的伤害。

（6）安装电阻器、电容器、晶体管和其他元器件（图1.9）。然后按同样的方法剪切掉多余的导线，注意在剪切时同样需要抓住多余的导线，防止它们到处迸飞。最后，您可以将电池连接线或跨线焊接到条形焊接板上。

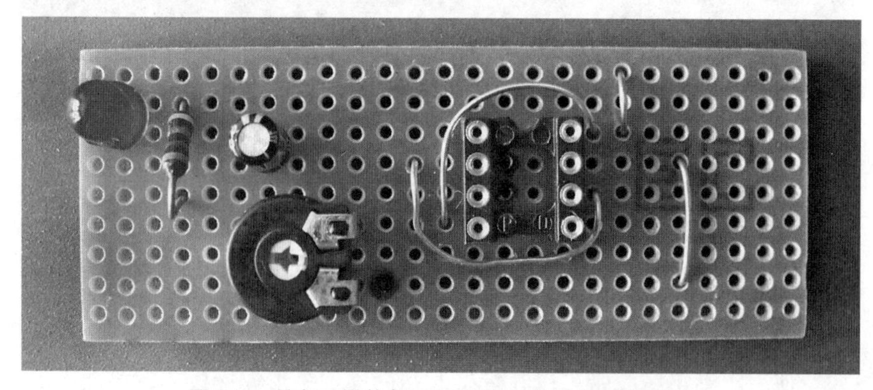

图1.9 所有元器件都已经安装到位的条形焊接板

（7）一旦所有元器件都已经安装到位，那么您需要确认在相邻轨道之间设有焊锡将它们的任何间隔缝隙粘连在一起，如图1.10所示。如果发生这种情况，那么需要按本章后面介绍的方法拆除焊接。

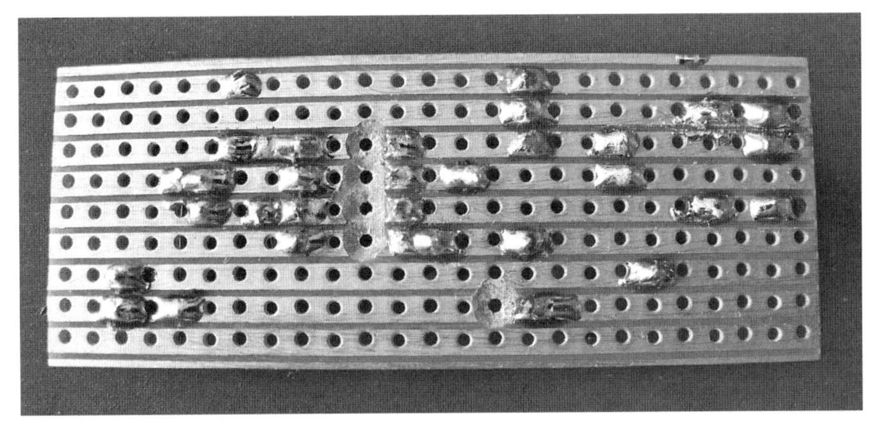

图1.10　检查焊接连接点

（8）请检查并确认条形焊接板的布局和项目电路图的布局完全一致，如图1.11所示。如果它们之间有不同之处，那么您需要根据项目电路图的布局修改条形焊接板的对应布局。

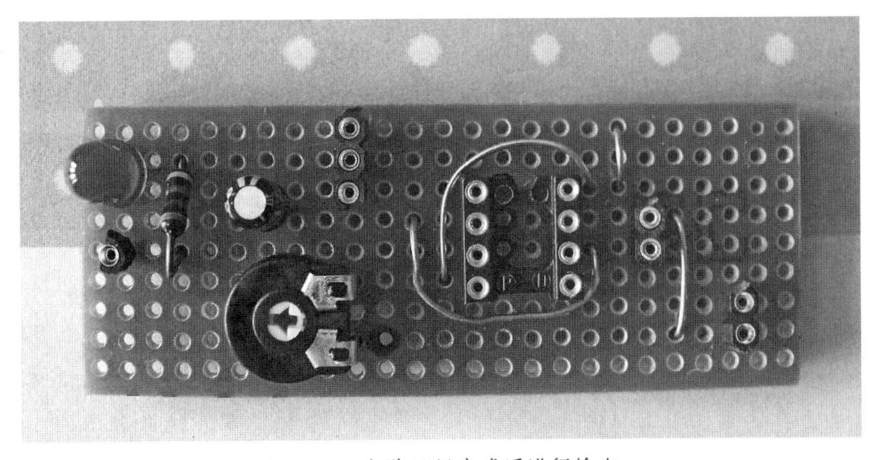

图1.11　电路已经完成后进行检查

（9）当您对自己的条形焊接板布局和焊接点的质量感到满意时，即可将集成电路插入到IC插槽中。注意，在插入的时候要确认正确的方向。在集成电路上的小点可以帮助您识别引脚1。如果并不存在小点，那么可以找到集成电路上的半圆标记，这个半圆标记表示集成电路的上方，而集成电路左手上方的引脚就是引脚1（图1.12）。现在您可以给电路通电，看一看它是否能正常工作，本书对每个项目的运行测试都有详细的介绍。

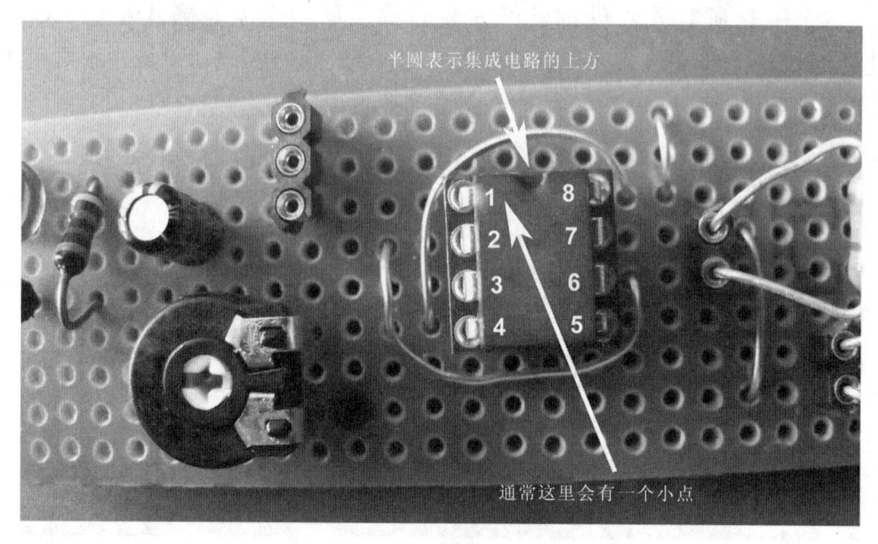

图1.12 确认集成电路插入正确的方向

（10）如果电路能正常工作，那就意味着您已经成功组装了该电路，项目任务顺利完成。如果电路没有按照预期效果那样运行，那么需要继续下面的操作步骤找出问题所在。

（11）立即取出电池，然后对条形焊接板进行一番外观检查，看一看它的组装结果是否和电路图布局一致，并且不能有虚焊点，而且在相邻轨道之间也不能有跨越的焊锡珠。

（12）在完成步骤（11）中的检查和矫正之后，如果电路仍然无法运行，则可以使用万用表检查条形焊接板上各个点的电压，确认它们是否和预期的电压相同，如图1.13所示。在检查条形焊接板时，最好能将集成电路从IC插槽中拔出。您还可以检查电阻器的电阻。虽然一般情况下电阻器不会出现故障，但是凡事并无绝对，电阻器故障也是导致电路无法正常运行的常见原因之一。其他可能出现的问题还包括：集成电路的故障、损坏或插入方式错误；电解电容器、LED或晶体管的故障或损坏等。如果电路使用了PIC微控制器，那么还需要检查它是否使用了正确的十六进制（HEX）代码编写程序。糟糕的是，故障查找并没有一定之规，更多的时候还是依赖于不断地尝试和错误排查。即使能很好地理解电路运行的原理，也不能使故障处理过程变得轻松。

图1.13　排查电路板故障

提示　故障查找是电子项目处理过程中最让人感觉到懊恼的一项工作，但是，当您发现问题并解决问题时，它也最容易让您感到满足。所以，如果您所制作的项目出现问题时，请勿轻言放弃，只要坚持努力，相信最终您一定会胜利并获得无与伦比的成就感。

1.3　焊接提示和技巧

本节将针对选择合适的烙铁以及相关配套设备的问题为您提供一些参考信息。在这里我假设您目前还没有任何焊接设备，当然，即使您已经有了这些设备，本书内容也值得一读，因为接下来我会介绍一些非常实用的焊接技巧。

1.3.1　选择焊接设备

如果您目前还没有焊接设备，想要购买一套，那么首先需要考虑的是，您所需要的设备的类型。烙铁的类型众多，其形状和大小等都各不相同，有些是使用交流电做电源的，而有些则是使用电池或气体的，携带方便。在组装本书中所提供的各种项目时，我所使用的烙铁都采用小型或中型的烙铁头。本书附录部分提供了若干电子元器件供应商的列表，可以作为电子爱好者在购买烙铁和配套设备时的优选参考。烙铁的操作温度也是一个需要考虑的问题。您需要确认它是否足够热，能熔化您组装项目时所选用的焊料。例如，我所使用的是一个18W的电烙铁，它完全可以胜任本书项目的组装任务。

您还应该使用一个电烙铁支架，这样就可以避免将灼热的电烙铁单独放置在工作台上产生危险。电烙铁支架通常都会带一块海绵。在开始组装项目之前，您可以先打湿海绵，然后在湿润的海绵上来回擦拭电烙铁头，以清除多余的焊料。在焊接过程中，您可以根据需要随时这样清洁电烙铁头。

您为项目所选用的焊料类型也很重要。焊料通常是按卷卖的，在焊料卷的空心里面会包含助焊剂（常见的助焊剂是松香，它与增加小提琴的琴弓黏性的物质是一样的）。助焊剂可以帮助清理条形焊接板的铜箔表面。焊料一般是用锡或铅这两种金属做的。当焊料加热，其温度升高之后，其中的松香立刻就熔化了，松香流到您想要焊接的地方，清理金属，从而辅助完成一个良好的焊接。在组装本书项目的过程中，我使用的是无铅焊料，它也可以从本书附录中所提供的电子元器件供应商家处买到无铅焊料。我所购买的焊料卷直径为1/32in（0.7mm），其成分是95.5%的锡、3.8%的银和0.7%的铜。

还有一个比较值得投资的就是脱焊工具（有时候也称其为吸锡器），必要时还可以再购买一个脱焊条。当出现组装错误的问题时，这些工具可以帮助您清除条形焊接板上任何不需要的焊料。下面我们将会详细介绍这两种工具的使用方法。

1.3.2 锻炼焊接技巧

现在您可以开始锻炼自己的焊接技巧。焊接和其他操作技能一样，都有一个熟能生巧的过程。所以，在开始正式组装本书项目之前，您可以使用一些废旧的条形焊接板、陈旧废弃的元器件或镀锡铜线来多进行几次练习。如果您每次都能按照以下我们提示的步骤进行操作，那么您完全可以创建一个良好、整洁的焊接点。

在开始组装项目之前，您可以先打开电烙铁开关，然后将它放在电烙铁支架上。这样，在您准备条形焊接板的过程中，电烙铁头就会开始升温。

（1）在焊接之前需要先准备条形焊接板，确保其铜箔表面干净整洁，如图1.14所示。铜箔表面会随着时间的流逝而氧化生锈，而手指上的油脂也会粘在铜箔表面留下痕迹，这些东西都会导致虚焊点的产生。您可以使用抛光块或细砂纸清洁条形焊接板。注意，在使用砂纸打磨条形焊接板的铜箔表面时，用力要稍微轻柔一些，因为用力过猛可能会破坏铜箔表面甚至损毁轨道。如果条形焊接板是全新的并且闪闪发亮，那么完全没必要进行清理工作，直接使用就可以了。在将条形焊接板的表面清理得干干净净没有任何灰尘之后，就可以开始将元器件插入到条形焊接板中。

图1.14　清洁条形焊接板

（2）电烙铁头加热后足以熔化金属，这意味着电烙铁头过热后会快速氧化，而氧化物是隔热的。因此，为了使热量能更好地传导，使我们能做好焊接工作，在每次焊接前都需要先将电烙铁头上的氧化物清除掉。清除的方法是将电烙铁头放在湿海绵上轻轻地刮一下，然后旋转电烙铁再刮一刮，如图1.15所示。当电烙铁头变得银闪闪的时候，就表示可以开始焊接了！

图1.15　清理电烙铁头

（3）在电烙铁达到操作温度之后，即可使用干净的电烙铁头加热元器件的引脚和条形焊接板，并持续几秒钟。注意，电烙铁和条形焊接板之间的角度应该在45°左右，如图1.16所示。如何确定电烙铁的操作温度呢？这取决于您所使用的电烙铁的类型。普通的电烙铁一般是没有显示温度的指示灯的，只有那些比较昂贵的产品才会有温度显示。如果您和我一样，使用的只是普通电烙铁，那么在打开电烙铁开关之后，您需要等待几分钟时间，然后用电烙铁的尖头去碰触一小段焊料，看一看它是否会熔化。如果焊料没有快速熔化，那说明电烙铁的温度还不够热。

图1.16 电烙铁头应该保持适当的操作角度

（4）在焊接时，您最好使用惯用的一只手握住电烙铁，而另外一只手则拿着焊料。当您使用电烙铁头同时接触元器件引脚和条形焊接板，产生连接点之后，即可在连接点上加入焊料，焊料加入之后即可熔化并流到元器件引脚和铜箔周围，如图1.17所示。

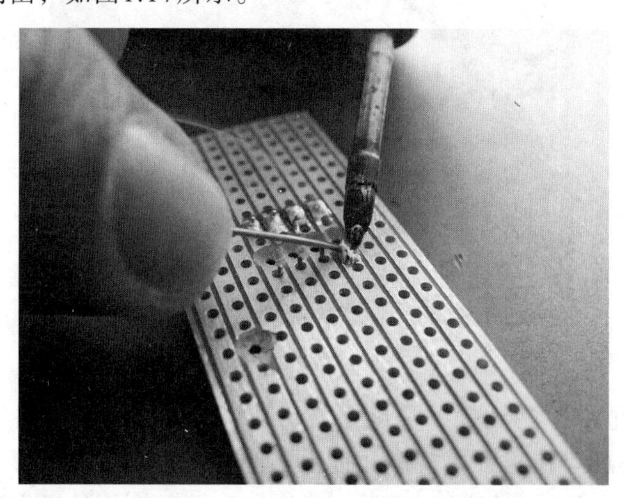

图1.17 在元器件引脚上加入焊料

（5）产生焊接点之后，先把焊料拿开，隔1s之后再把电烙铁拿开。注意，这1s非常关键，因为焊料流到元器件引脚和焊接板之间需要这多出来的1s，而且它只有在足够热的时候才会流动。在拿开电烙铁之后，焊接点会迅速冷却。在冷却的过程中，切勿移动焊接板或元器件，否则有可能导致焊接点的虚焊。完成焊接之后，完美整洁的焊接点应该如图1.18所示。

图1.18　完美整洁的焊接点

> **注意**　过热容易损坏电子元器件，所以电烙铁头在元器件引脚上的时间只要足够创建整洁的焊接点就可以了，一般最多也就几秒钟，不能过长，否则容易损坏元器件。

焊接点应该是干净并且闪闪发亮的，而不应该像图1.19所示的焊接点那样，污迹斑斑，不成形状。糟糕的焊接点和虚焊点连接很脆弱，导电性也差，它们会使最终完成的电路变得很不可靠，甚至导致电路根本无法运行。如果到目前为止您一直是按照我们的提示操作，那么您所完成的焊接点应该是非常整齐的；但是，如果您的焊接点和图1.19中所示的差不多，那么有可能是因为您的电烙铁温度不够，或者在焊接之前没有正确地清理铜箔轨道。有时候元器件的引脚比较脏也会引发同样的问题，解决该问题的方法就是用砂纸轻轻地打磨元器件的引脚。

图1.19 糟糕的焊接点

（6）如果在焊接点上添加了太多的焊料，则这些多余的焊料可能流淌到其他位置，造成条形焊接板轨道之间的连接，如图1.20所示。

图1.20 焊料太多容易导致铜箔轨道之间形成连接

出现这种问题时，一定要先停下其他任何工作而在第一时间解决它，可以采取以下两种解决方法：

● 使用脱焊工具清除多余的焊料。您可以先使用电烙铁加热焊接点，然后使用脱焊工具吸收加热后的焊料，如图1.21所示。

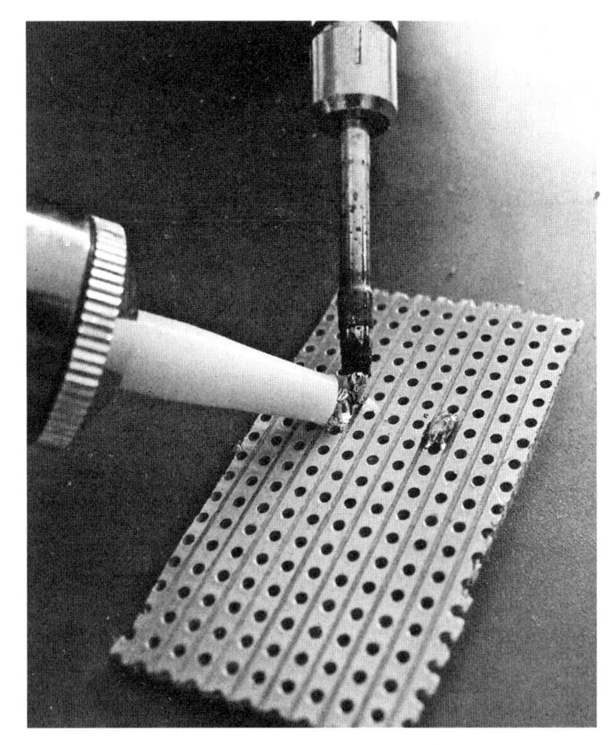

图1.21　使用脱焊工具清除多余的焊料

● 将一些脱焊条放置在焊接点的上面，用电烙铁对脱焊条和焊接点加热并停留几秒钟，如图1.22所示，然后拿开电烙铁和脱焊条。脱焊条将会吸收多余的焊料，这样，只要您拿开脱焊条，就等于轻松地清除了多余的焊料。

图1.22　使用脱焊条清除多余的焊料

（7）在您完成了一个干净整洁的焊接点后，可以重复该焊接步骤，继续完成条形焊接板上的其他焊接点。

1.4 防静电预防措施

某些敏感电子元器件可能会被静电损毁，特别是像CMOS集成电路这样的元器件。就像我们在日常生活中发现的那样，人的身体与地毯或衣服接触就很容易产生静电。如果您曾经因为接触他人而被静电电击过，那么您肯定会理解人体静电产生的电流威力。这种程度的电流如果传递到电子芯片上，完全可以造成损毁的结果。

所以，在开始组装项目之前，需要消除静电，以防止它损坏您的元器件。要实现这一点，您需要让自己接地，这样的话，由您的身体产生的静电将流入地面。要保护敏感元器件免受静电损害，正确的方法是在组装项目时在下面铺一张防静电台垫，并且在手腕上戴上连接到该台垫的导电腕带。这种类型的台垫要有永久地接地连接。在中国，家用交流电的地线也可以用作台垫的接地①。经过这样的接地处理之后，您在工作的过程中也是处于接地状态的，这样就可以确保您的身体不会累积静电。

1.5 使用模拟电路板

如果您不想学习焊接技术，那么也不必急忙合上本书去寻找其他电子设计类书籍，因为这样会让您错过一些很酷的LED项目！其实，要组装本书中的项目还有另外一种方法，那就是使用模拟电路板，这种方法使您根本不必拿起电烙铁就可以组装自己的项目电路。在模拟电路板上组装的电路可能不如在条形焊接板上那样简练，但同样可以很好地运行。虽然本书并没有显示完整项目的模拟电路板布局，但是我们专门提供了某些使用模拟电路板的实验电路。图1.23所示就是一块典型的模拟电路板的图片。为什么使用模拟电路板就不需要焊接了呢？因为您只需要将电子元器件的引脚和导线插入到小孔中就可以了。这些引脚和导线将保留在原地，因为模拟电路板内部的电子触点可以“抓住”导线并将它们固定在原地。如果要将元器件从模拟电路板上取下，那么只需要小心地将它们拽出来即可。

---

① 原文为U.K.,为了适应中国的读者，此处改为中国的实际情况。——译者注

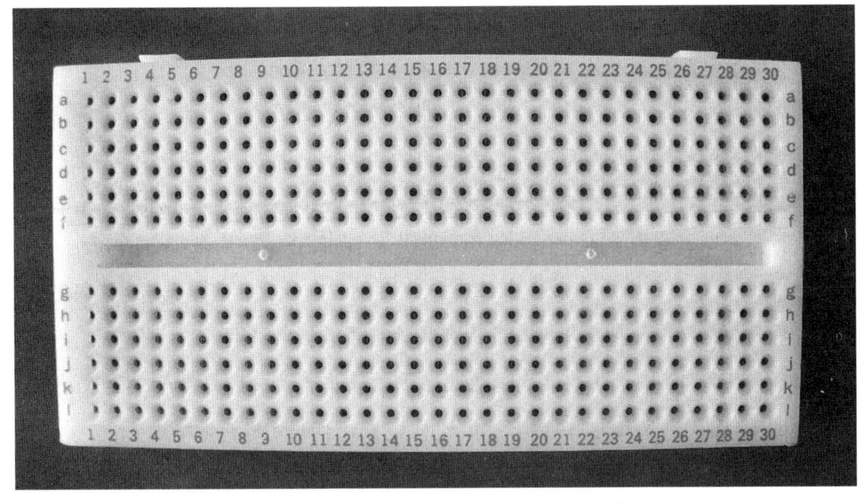

图1.23　用模拟电路板组装项目，无需任何焊接技巧

1.6　PIC微控制器编程

在本书前面的一些项目中，使用的都是标准的集成电路，而第12章之后，大部分项目使用的都是由Microchip Technology,Inc.（美国微芯科技公司）生产的PIC微控制器，在项目中有对这些PIC微控制器工作原理的详细说明。这种元器件有一个共同点，那就是可编程的集成电路，这意味着您需要载入软件代码到芯片中，才能使其工作。PIC微控制器中所使用的汇编代码和十六进制代码的运行在每个项目中都有详细的解释。

说明　您可以访问McGraw-Hill网站（www.mhprofessional.com/computingdownload）下载本书所使用的全部汇编代码和十六进制代码软件。

要对芯片进行编程，您需要一个专用的编程器和软件。目前市场上有各种类型的产品可供选择。我在对本书中的PIC微控制器项目进行编程时，使用的是美国微芯科技公司的PICkit 2 Development 编程器/调试器和软件。该编程器提供了PC软件，可以将十六进制代码下载到微控制器中。PICkit 2 编程器有6个输出引脚（Pin），它们可以按以下顺序进行配置（编程器的引脚1用白色的三角形表示）：

- Pin 1:$\overline{\text{MCLR}}$。
- Pin 2:Vdd目标（+V）。
- Pin 3:接地（0V）。
- Pin 4:数据。

- Pin 5:时钟。
- Pin 6:辅助。

如果要对PIC微控制器进行编程，那么您需要使用引脚1、2、3、4和5。

在对PIC微控制器编程之前，您还需要将编程器连接到PIC微控制器。为了让您更好地理解，我在一块模拟电路板上组装了一个自制的接口。图1.24所示就是我所组装的对本书微控制器项目进行编程的模拟电路板布局。在使用该布局之后，您就可以通过USB连接线，将PICkit 2编程器连接到您的个人电脑，然后将编程器插入到模拟电路板的单列直插式（SIL）引脚头。在您将编程器连接到模拟电路板之后，可以通过软件将十六进制代码写入PIC微控制器中。有关如何对这些设备进行编程的更多信息，请参阅本书第12章。

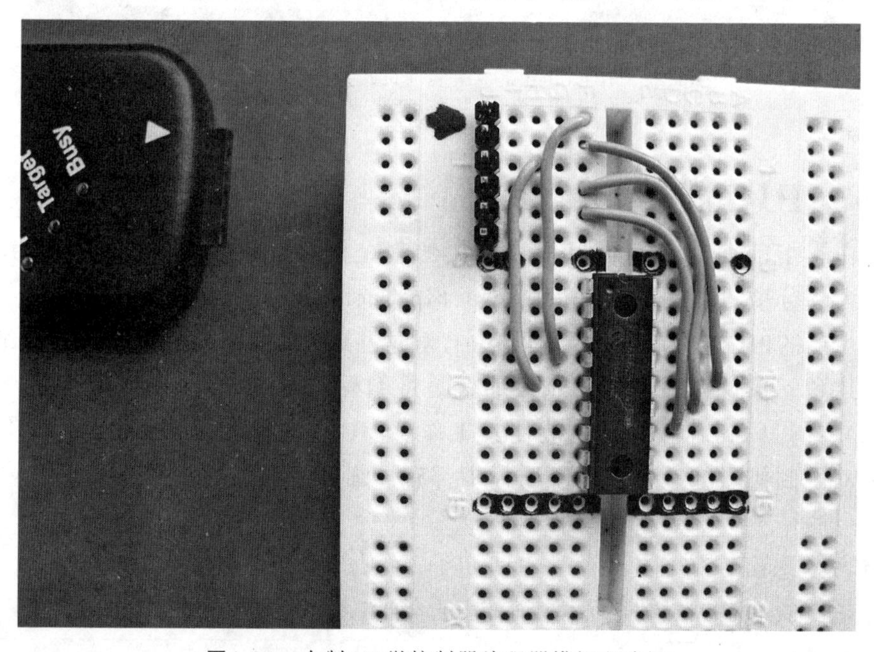

图1.24 自制PIC微控制器编程器模拟电路板

说明 请确认您的模拟电路板上的小孔足够大，能够接受引脚头。在插入引脚的时候不能用蛮力，否则可能会损坏模拟电路板或折断引脚。当然，也可以考虑使用条形焊接板组装一个编程接口。

1.7 电阻器的颜色代码

表1.1列出了4色电阻器（E12类型电阻器）最常见的颜色代码。可以通过前3个颜色代码计算电阻器的值，以欧姆（Ω）为单位，而第4个颜色则是电阻器的容差百分比。结合表1.1和下面提供的容差信息，可以帮助您快速计

算出电阻器的值。

电阻器的第4个颜色表示电阻器的容差：

棕色：1%。

红色：2%。

金色：5%。

银色：10%。

举例来说，如果您看到某个电阻器的颜色代码为黄色、紫色、棕色和金色，那么通过查询表1.1即可知道，该电阻器的电阻值为470Ω（欧姆），其容差为5%。如果您不敢确定电阻器的电阻值，那么也可以直接使用万用表进行检查。

表1.1　4色电阻器的颜色代码参考表

				第3个颜色（乘数）							
第1个颜色		第2个颜色		×0.1	×1	×10	×100	×1000	×10,000	×100,000	×1,000,000
颜色		颜色		金色	黑色	棕色	红色	橙色	黄色	绿色	蓝色
棕色	1	黑色	0	1Ω	10Ω	100Ω	1kΩ	10kΩ	100kΩ	1MΩ	10MΩ
棕色	1	红色	2	1.2Ω	12Ω	120Ω	1.2kΩ	12kΩ	120kΩ	1.2MΩ	
棕色	1	绿色	5	1.5Ω	15Ω	150Ω	1.5kΩ	15kΩ	150kΩ	1.5MΩ	
棕色	1	灰色	8	1.8Ω	18Ω	180Ω	1.8kΩ	18kΩ	180kΩ	1.8MΩ	
红色	2	红色	2	2.2Ω	22Ω	220Ω	2.2kΩ	22kΩ	220kΩ	2.2MΩ	
红色	2	紫色	7	2.7Ω	27Ω	270Ω	2.7kΩ	27kΩ	270kΩ	2.7MΩ	
橙色	3	橙色	3	3.3Ω	33Ω	330Ω	3.3kΩ	33kΩ	330kΩ	3.3MΩ	
橙色	3	白色	9	3.9Ω	39Ω	390Ω	3.9kΩ	39kΩ	390kΩ	3.9MΩ	
黄色	4	紫色	7	4.7Ω	47Ω	470Ω	4.7kΩ	47kΩ	470kΩ	4.7MΩ	
绿色	5	蓝色	6	5.6Ω	56Ω	560Ω	5.6kΩ	56kΩ	560kΩ	5.6MΩ	
蓝色	6	灰色	8	6.8Ω	68Ω	680Ω	6.8kΩ	68kΩ	680kΩ	6.8MΩ	
灰色	8	红色	2	8.2Ω	82Ω	820Ω	8.2kΩ	82kΩ	820kΩ	8.2MΩ	

1.8　电路图和条形焊接板布局

本书的每一章都包含一幅电路示意图，为您显示每个项目电路的布局。本书假定您对原理图比较熟悉，当然我们也提供了详细的电路运行说明。如果您对原理图不是很熟悉，那么可以通过对照原理图来阅读说明文字，以获得足够多的信息。每个项目还包括条形焊接板布局图和特写照片，它可以帮助您组装电路。为了帮助您更好地理解电路原理图，我在图1.25中列出了本书中出现的绝大部分常见的原理图符号。

现在您已经可以开始了解LED并且体验第一个项目的组装过程，在此提前预祝您顺利成功！

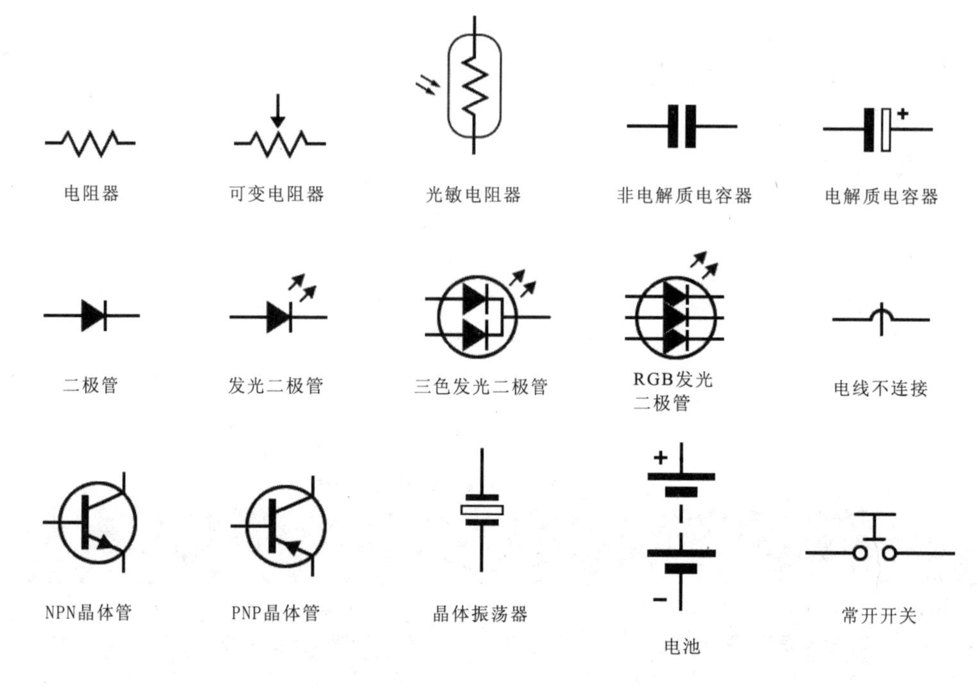

图1.25　在原理图中使用的电子元器件符号

开始组装之前必须注意的一些事项

● 只有在您感觉到非常有信心的时候才可以开始组装这些项目。并且在着手开始组装之前，我们建议您先通读每个章节的说明，这样将有助于您理解电路的运行方式，以及在开始组装之前更好地对项目进行规划。

● 本书中介绍的许多项目都使用了非常明亮而又光彩夺目的闪光灯效果。如果您有癫痫症或者容易受到闪光的影响，那么切勿尝试组装这些项目。

● 本书中介绍的项目仅作为实验性的应用。条形焊接板布局并未经过电磁兼容性（EMC）测试，所以不建议作为商业性应用。

● 电子元器件一般都比较小，容易引起窒息危险，所以一定要保证小孩不要接触。

● 使用电子元器件进行实验是一件令人非常愉快的事情，但是，如果您无意中错误地连接了电子元器件，并且导致它们的损坏，那也不必感到惊奇或沮丧，因为这是获得经验的过程中几乎必然会发生的事情，也是一种成长。记住以后保持耐心和细心就好了。

● 在正常状态下，本书每个项目所使用的电子元器件都不应该发热。如果您发现某个电子元器件在接通电源之后发热发烫，那么必须立即切断电源，然后检查电路板上的错误。此外，您还应该检查所使用的电子元器件的值是否正确，电池的电压是否和相关章节中所描述的一致等。

钻孔和切割指南

本书中的某些章节会告诉您如何将条形焊接板安装到塑料外壳中，这可能需要您进行一些钻孔或切割的操作。如果您还没有电钻，或者没有信心使用好电钻，那么您需要找到一种替代的方法来安装条形焊接板，或者寻求一个负责任的成年好友的帮助，让他来帮助您钻孔或切割。

以下我们列出了一些您应该注意的事项，这些注意事项并不详尽，只是一些您必须遵守的准则。在本书的项目中还会有进一步的建议和指导。

- 必须确保将您要钻孔或切割的零部件使用老虎钳牢牢地固定住。
- 在钻孔或切割时一定要佩戴护目镜或安全眼镜以保护您的眼睛。
- 在开始钻孔之前，一定要确认钻头牢固地安装在电钻上。
- 使用可以调节速度的电钻，这样您就可以在必要时降低速度以更好地控制钻孔。我使用的是用电池供电的电钻，这意味着在钻孔时不必拖着电线。
- 在给塑料外壳钻孔时，可以先钻出一个合适的小孔。其实，很多时候不必使用电钻，只需要手动钻孔就可以了。在手动钻孔时，我一般喜欢在木柄上安装一个3mm的钻头。
- 在钻出一个合适的小孔之后，您就可以使用正确大小的钻头，再次钻出一个更大的符合要求的孔。有时候这也未必需要使用电钻，根据塑料外壳的厚度，可能您也可以通过手动完成钻孔。在手动钻孔时，照例还是可以在木柄上安装钻头。
- 如果您需要在塑料外壳上钻出一个非常大的孔，那么您可以用钻头先钻出一个尽可能大的孔，然后用金属锉刀，仔细地将孔拓宽到需要的尺寸。
- 注意您的手或手指不要过度靠近需要切割或钻孔的零部件。
- 在条形焊接板上钻孔是非常容易的，不必使用电钻，只要使用上面我们所说的安装在木柄上的钻头，手动钻孔就可以了。
- 如果您决定切割塑料外壳或条形焊接板，则可以使用小钢锯。

第2章 基础LED电路：LED手电筒

要创建酷炫的LED项目，您需要对所使用的电子元器件有所了解。所以，本章我们首先来解释一下什么是发光二极管（LED），在项目中又该如何使用它们。而对这些基础内容的讲解将帮助您组装本书的第一个项目，那就是制作一个LED手电筒。

2.1 发光二极管

LED是成本相对较低的固态发光设备，与标准的白炽灯泡相比，它有很多优势。这些优势包括：开关时间更快、没有发光的灯丝、运行电流更省、使用寿命更长以及运行温度相当低等。这些优势使得LED成为电子设计师的流行选择，这也是为什么LED越来越多地出现在我们生活周围的直接原因。采用LED的产品随便就可以列举出一大堆，如交通信号灯、远程控制显示屏、电视屏幕、移动电话、灯光舞台以及汽车显示系统等。LED在工业电子产品中的应用已经有数十年的历史，现在它已经是我们日常生活中最常接触到的电子元器件之一。特别是在最近几年，白色LED灯管由于“特别亮”而逐渐取代了家庭和商业场所中使用的传统白炽灯泡，而且由于它具有节能特性，使它被认为是未来降低电力消耗的可行性方案，从而获得了官方机构的大力推广。现在市场上的白炽灯泡已经难觅踪影，取而代之的正是LED节能灯管。

对于电子爱好者和实验人员来说，可用的LED元器件有很多，如单色（各种颜色）、双色、三色、超高亮度、七段数字显示器、红外线、紫外线、条形图以及点阵式显示器等。这些LED元器件还可以有各种各样的大小和形状，图2.1所示就是我们选择的部分LED元器件。在本书中您还将接触到很多这样的元器件。

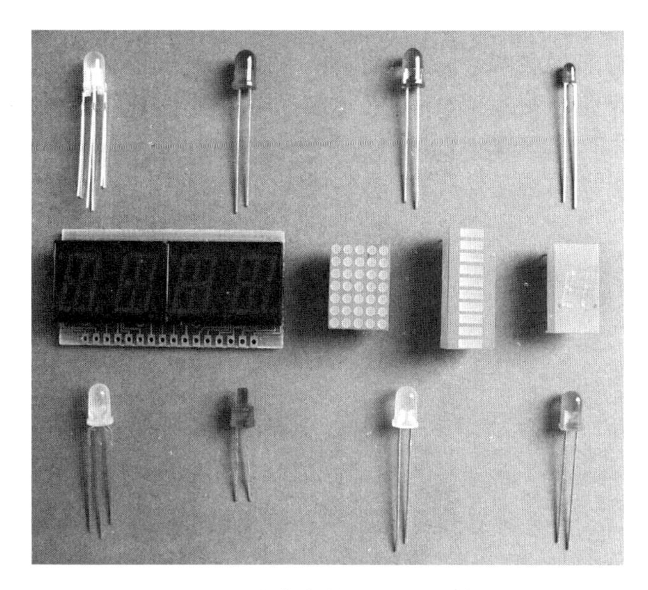

图2.1　丰富多样的LED元器件

标准的二极管是一个半导体元器件，它允许电流按一个方向流通，但是不能有其他方向。在本书后面的项目中将应用到二极管。LED具有和二极管相同的属性，但是LED在电流通过的时候还会发光。

标准二极管的电路符号如下所示：

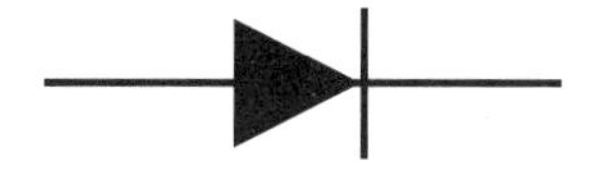

LED的电路符号如下所示：

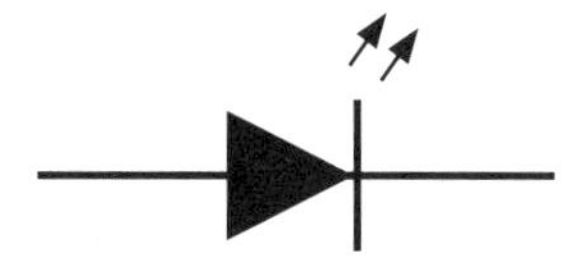

双箭头表示二极管会发光。

2.2　点亮LED

在组装第一个项目之前，您首先需要了解的就是如何点亮LED。点亮LED和点亮传统的白炽灯泡有所不同。白炽灯泡只要直接连通合适电压的电源就可以了，不必考虑灯泡两根连接线的正负极问题；但是，如果您用同样的方式来对待LED，那么很可能无法点亮LED，并且有可能损坏它。

图2.2所示就是一个典型的LED。正如您所看到的，LED有2个连接引脚，这和白炽灯泡是一样的，但不一样的是，LED的引脚分正极和负极，必须按正确的方式连接电源，否则就像我们前面所提到的那样，不但无法点亮LED，还可能导致它被损坏。这2个连接引脚分别被称为正极（+）连接和负极（–）连接。在电路图中，正极（+）连接有时也用A表示，而负极（–）连接则用K表示。

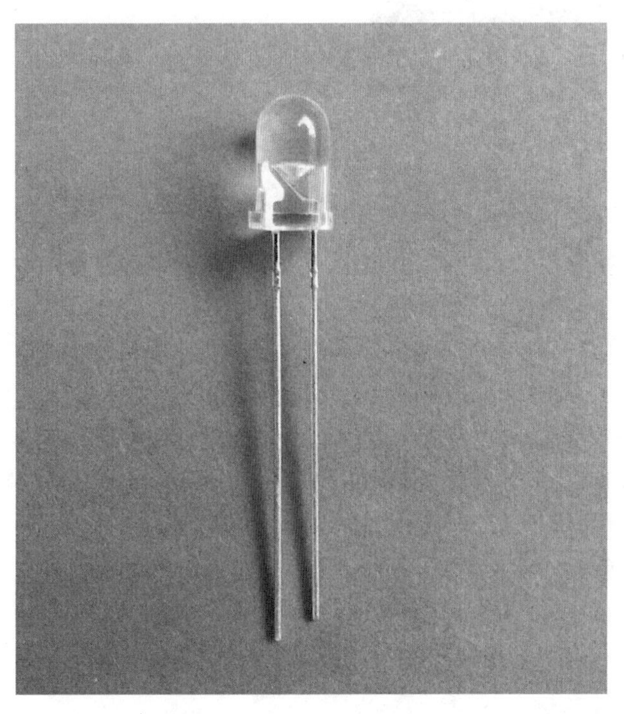

图2.2 负极（–）一般都靠近LED扁平的一面
最好的识别方法应该参考本章末尾的注意信息

LED的功能和普通的二极管一样，它允许电流仅按一个方向流通。当二极管连接正确时，电流才可以通过。正确的方式是：LED的正极（+）引脚连接到电源的正极导线，而LED的负极（–）引脚则连接到电源的负极导线，这也就是所谓的“正向偏压”。如果LED的引脚被错误地接反，也就形成了所谓的“反向偏压”。无论是正向偏压还是反向偏压，如果连接的电源电压超过了LED技术参数表中指定的最大电压值，那么LED将被破坏并彻底损毁。所以，一定不要给LED施加太高的电压，无论是正向偏压还是反向偏压都不允许，都会造成破坏性的结果。在这里我们没有必要对LED的工作原理刨根问底，您只需要知道，当LED处于正向偏压连接状态时通电就会发光即可。

一般情况下，您可以通过肉眼观察来识别LED的正负极引脚。现在我们再来看一下图2.2中的LED，您会发现2根引脚有长有短，其中更长一些的LED引脚就是正极（+），它连接到LED中更小一些的电极；而更短一些的LED引脚则是负极（–），它连接到LED中更大一些的电极。负极（–）一般都靠近LED扁平的一面。

其他还需要牢记的注意事项包括：如果您将LED直接连通并穿过电池，那么该LED将被损坏。某些LED，如闪光的LED，它们虽然被设计为直接连通并穿过电源，但是别忘了在它们的电路中还会串联一个电阻器，以限制流过LED的电流，这才是给标准LED通电的正确方式。图2.3所示就是一个基础的LED电路图。

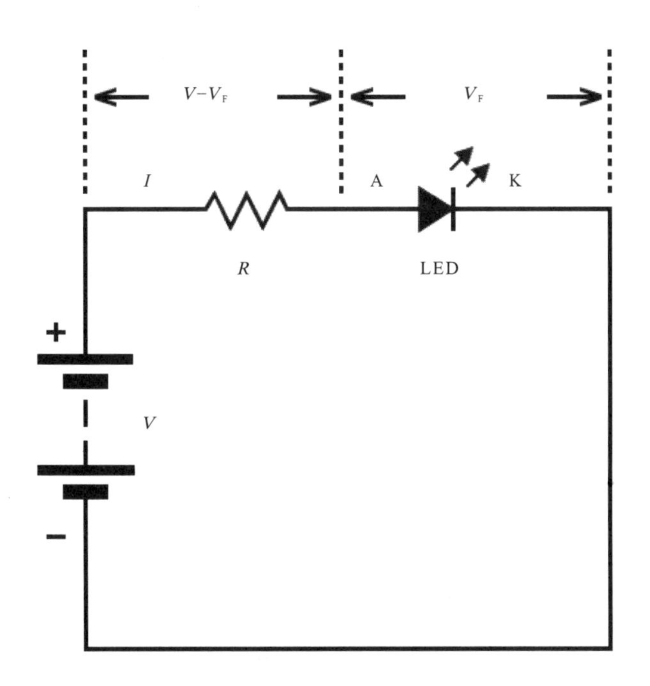

图2.3　基础的LED电路图

如果在电路中连接了LED，那么有3个主要事项是需要考虑的：

- 串联电阻器的电阻（R）值。以欧姆（Ω）为单位。
- 串联电阻器的瓦特数（W）额定值。
- 电路提供的控制LED的总驱动电流。

总驱动电流也被称为源电流，在后面的章节中我们将对其进行详细的讨论。在接下来的两个小节中我们将详细介绍串联电阻器的电阻值和瓦特数的计算。

2.2.1 串联电阻器的计算公式

电阻器的电阻（R）值可使用以下公式进行计算（以Ω为单位）：

$$R=（V-V_F）/I_F$$

式中，V表示供给电压；V_F是典型的正向电压；I_F是允许流经LED的电流。V_F和I_F都可以在LED技术参数表中找到指定的值。

在这些公式中，所有I_F的电流值都需要转换为安培值。

LED技术参数表一般都会显示典型的I_F和最大I_F值，但是，在计算电阻值时，不必使用最大值。实际上，当I_F的值为10mA时，LED就应该能获得相当不错的亮度了。V_F和I_F值将根据LED形状、大小和类型的不同而有所变化。因此，我们可以举例来说，一个标准的5mm红色LED，其典型的V_F值可能是2.8V，而典型的I_F值则可能是20mA。如果电路的供电电压是5V，并且您希望将电流限制为15mA，那么可以通过以下公式计算出串联电阻器的值为146.7Ω：

$$R=146.7\Omega=（5V-2.8V）/0.015A$$

注意

如果您的LED是通过集成电路（IC）供电的，那么在计算串联电阻器时使用的I_F值也必须低于集成电路所能提供的最大源电流。如果您需要重新计算本书项目中LED串联电阻器的阻值，那么了解这一点非常重要。例如，如果一个集成电路引脚只能给LED提供最大4mA的电流，那么在公式中所使用的I_F值应该低于0.004A。本书的每个章节中都有更多关于源电流的讨论信息。

通过查阅本书第1章中的表1.1可知，并没有一个拥有这样电阻值的标准4色电阻器，所以您需要选择一个比该电阻值更高一些的电阻器，此时您应该考虑到电阻值的容差以及所用电阻器的瓦特数。例如，在这种情况下，如果您使用的是一个阻值为150Ω，容差为±5%的电阻器，那么，该电阻器的实际阻值可能为142.5Ω，这比我们刚才计算的146.7Ω要低。在实际应用中，这可能影响不大，但是也可能会产生问题。如果电阻值是142.5Ω，那么通过LED的电流可能会达到15.4mA，这比预想中的15mA要高，但是高得也不是太多。如果该LED能够支持（在本示例中，I_F额定值为20mA），那么就没问题。如果您所使用的150Ω电阻器的容差值为2%，那么该电阻器的最小容差电阻值就变成了147Ω，这已经和实际所需要的电阻值非常接近了。我们列举该示例的目的就是要告诉您，在决定元器件的值时需要考虑很多的因素。

在电子学方面有一个很好的特性，那就是元器件的值可以有轻微的浮动，并且产生的结果是相似的。所以，如果您没有150Ω的电阻器，但是有180Ω或220Ω的电阻器，那仍然可以使用它们，并且电路运行良好。那么，如果在计算时，将LED电流减少到10mA，结果又会怎么样呢？

$R=(5V-2.8V)/0.010A$

通过上式您会发现，电阻值需要增加到220Ω。以上计算表明，串联电阻器阻值的增加会降低通过LED的电流，而这又会导致LED亮度的降低。

提示　LED的V_F额定值会随着通过它的电流总量的变化而产生轻微的变化，并且不同批次产品之间也会有所不同。这意味着实际通过LED的电流和计算的电流值会有一点不同。您可以在一块模拟电路板上组装一个如图2.3所示的电路，使用您将在本书项目中用到的LED、电阻器和电压额定值来计算精确的电流量。用万用表测量电路中的实际电流量，然后决定是否需要略微修改一下计算的电阻器值。

2.2.2　串联瓦特数的计算公式

您已经明白了如何计算电阻器的电阻，那么接下来就需要了解如何计算电阻器的瓦特数。计算瓦特数的公式是：

瓦特数=伏特数×安培数

假设我们所使用的供电电源是5V，通过单个LED的电流是15mA，那么整个电路的功率消耗就是：

$W=5V\times 15mA=0.075W$

按照LED的V_F额定值为2.8V计算，那么通过电阻器的实际功耗就可以计算为$(V-V_F)\times 15mA=(5V-2.8V)\times 15mA=0.033W$。

还有最简单的计算LED串联电阻器所需瓦特数值的方式，那就是使用以下公式：

$W=I^2\times R$

式中，I表示通过电阻器的电流总量；R则表示电阻器的电阻值。

在本章前面的示例中，我们使用的是15mA（I_F），那么其计算公式如下：

$W=0.015A\times 0.015A\times 150\Omega=0.033W$

或者您也可以考虑最差的一种情况，那就是使用有±5%容差的电阻器（+5%是这种情况下最差的），那么其计算公式就是：

$W=0.015A\times 0.015A\times 157.5\Omega=0.035W$

所以，在本示例中，使用额定瓦特数为0.5W的电阻器是非常安全的。如果您没有0.5W的电阻器，那么可以使用更高瓦特数的电阻器，如使用额定值1W的电阻器。

不要忘记的是，如果您增加了串联电阻器的电阻值，那么这将影响到电路的总电流和额定瓦特数。

2.2.3 点亮多个LED

在某些情况下，您可能需要用一块电池点亮多个LED。要想使电流平均通过电路，LED的亮度也基本一致，那么我建议您使用并联的方式连接LED，并且给每个LED都加上各自的串联电阻器。图2.4所示的电路就为您展示了如何用一块电池给4个LED供电。

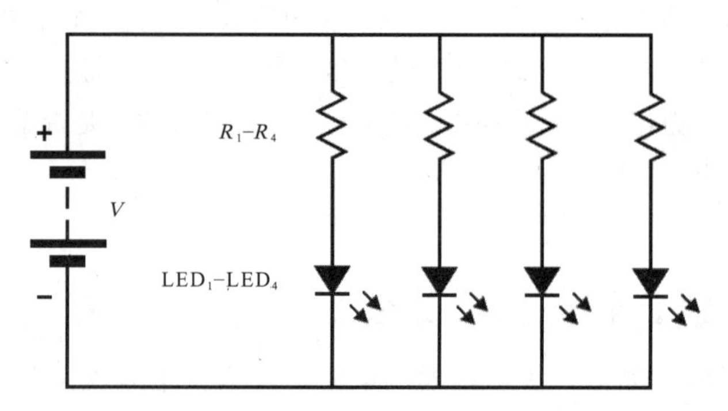

图2.4 以并联方式连接4个LED及其串联电阻器的电路图

在该电路图中您会发现，每个LED都有一个和它串联的电阻器，所以我们假定每个LED都可以从供电电源处获得15mA的电流，那么总的供电电流就是60mA，但是，由于通过每个电阻器的电流只有15mA，所以每个电阻器的额定瓦特数仍然确定在0.5W（这里使用了本章前面介绍的示例电路计算结果）。

从理论上讲，我们可以删除4个电阻器中的3个，然后将剩余的1个电阻器与4个并联的LED串联在一起，其电路示意图如图2.5所示。

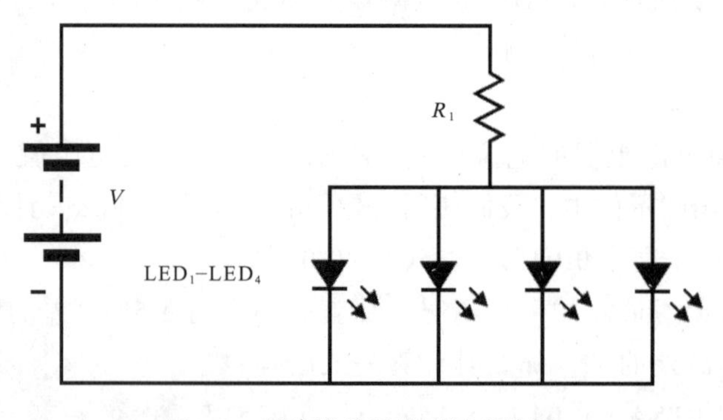

图2.5 不建议采用的配置电路图

但是，如果您采用的是这种连接方法，那么通过单个电阻器的电流将增加（在本示例中将增加到60mA），这意味着该电阻器的额定瓦特数也需要增加。另外一个我们建议不要采用该方法的理由就是：相同类型的LED，各批次产品之间的V_F额定值也会有所不同，在这种情况下，通过每个LED的电流也会有所变化，而这将影响到每个LED的亮度输出。

在目前这个阶段，您基本上不必担心总驱动电流（也就是供电电源）是否可以给这么多的LED供电的问题，因为到目前为止，我们的电路都还是直接通过电池供电，并且电流量也相当低。绝大多数标准的便携电池都应该能够提供60mA电源，但是您需要考虑的是电池的消耗问题，也就是说，在LED灯持续点亮的情况下，电池能坚持多久。

如果您已经理解了有关LED的一些基础知识，那么我们不妨来开始组装第一个LED项目。

2.3　项目1　LED手电筒

在第一个项目中，您将用到前面我们所介绍的一些知识和详细介绍过的电路，来组装一个基本的LED手电筒，如图2.6所示。

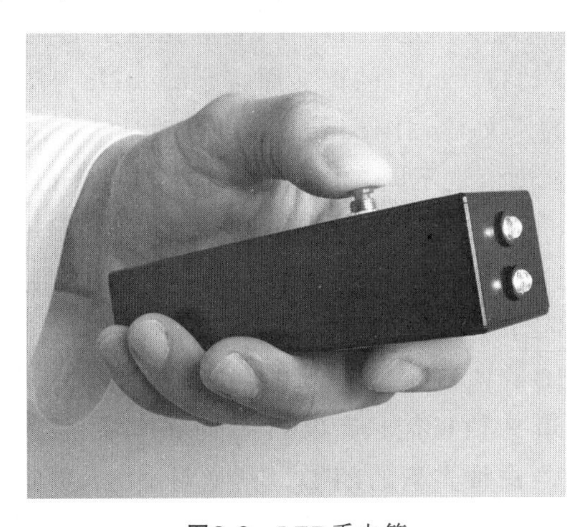

图2.6　LED手电筒

项目说明

- 手电筒是手持的，小巧灵活，便携性好。
- 光源是两个高强度的白色LED。
- 提供一个按压按键以打开LED灯。
- 该手电筒在夜间可以提供非常好的照明效果。
- 供电电源为6V。

图2.7所示就是LED手电筒的电路图。您是否感觉似曾相识呢？没错，它其实就是在本章图2.4所示LED电路图的基础上稍加修改而成的。

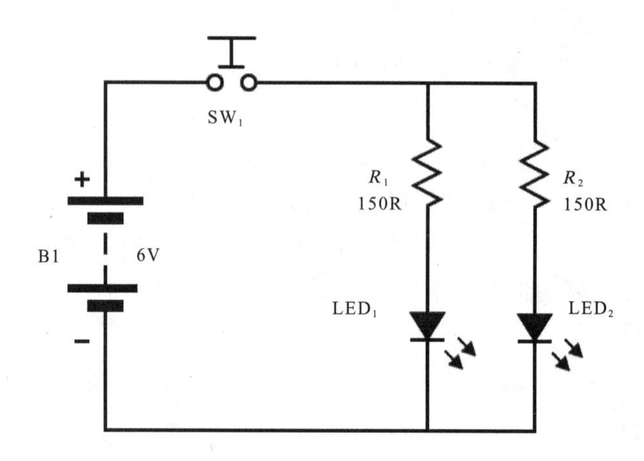

图2.7 LED手电筒电路图

该电路使用的供电电源为6V，是由4节1.5V AAA电池串联在一起组成的。

该电路的原理非常简单：当按键开关（SW_1）被按下时，来自电池的供电电流就被允许从两个电阻器通过，点亮两个LED灯。本项目中所选用的LED是两个5mm的高强度白色LED。LED灯光输出的光强度是按毫坎德拉（mcd）计算的。坎德拉（cd）的英文原文是candela，从“烛光”一词变化而来，而毫坎德拉的原文是millicandelas，也就是千分之一的坎德拉。不同类型的LED，其光强度值也不同。例如，一个标准的5mm漫射LED，其光强度可能低于100mcd，而在本项目中使用的高强度白色LED，其输出的光强度高达6000mcd。这意味着它们可以提供真正优秀的照明效果，这也是我们这个自制LED手电筒与众不同的地方。

这种类型的LED的V_F额定值一般也会高于标准的彩色LED。一个典型的5mm红色LED，其V_F值可能只有2.8V，而在本项目中使用的LED，其典型V_F额定值为3.2V。这种类型的LED，其绝对最大I_F额定值为30mA。但是我决定按20mA的I_F额定值来计算串联电阻器，因为这是技术参数表中显示的“典型”值。使用本章前面所介绍的电阻器计算公式，您将发现串联电阻器电阻值的计算结果为140Ω，因此您可以使用一个电阻值为150Ω的串联电阻器。即使使用6.6V电压的电池（新电池的电压可能会稍微高一些）和142.5Ω的电阻（已经考虑到电阻器的容差），通过LED的电流也将是24mA左右，低于该LED允许的30mA最大值。

提示 如果您使用的LED，其V_F值、I_F值和我在组装本书项目时所使用的不同，那么您可能需要改变在您的项目中所使用的串联电阻器的电阻和瓦特数的值。您可以使用本章前面所介绍的标准LED电阻器公式来计算需要的电阻和瓦特数。

SW_1是一个瞬时按压开关（在正常状态下断开的开关，也被称为NO开关），这意味着您需要用手指按压住按键，才能保持触点连接，使手电筒发光。当您松开按键时，手电筒的电路连接自动断开，这样的设计有助于节约电池电源。需要确认，在电路中使用的开关能够支持LED获得的总电流。如果您想要修改本项目，添加两个以上的LED，那么这一点尤其重要。

2.3.1 项目零部件列表

LED手电筒项目所需要的零部件列表见表2.1。

表2.1 LED手电筒项目零部件列表

代 码	数 量	说 明	供应商和零部件编号
SW_1	1	单杆常开面板安装开关（100mA）	RS Components 133-6502
R_1/R_2	2	150Ω 0.5W ±5%容差碳膜电阻器（正如本章前面所述，该值可能需要修改）	-
LED_1	2	5mm高强度白色LED（6000mcd）	
LED_2		V_F（典型值）=3.2V，I_F（最大值）=30mA	RS Components 668-6338（10个一包）
B1	1	AAA电池座（4节AAA电池）	RS Components 512-3568
硬件	4	AAA电池（1.5V）	-
硬件	2	LED夹子（需适合5mm LED）	-
硬件	1	小而窄的外壳，大约长124mm×宽33mm×深30mm	Maplin FT31
硬件	-	自粘海绵胶带、一条大约长101mm×宽2.5mm的扎线带和一个扎线带基座	-

说明 表2.1以单独的列显示了我在本项目中所使用的特定零部件的供应商和零部件编号，您可以参考本书附录或通过网络搜索等方式查找和购买您所需要的零部件。

2.3.2 制作LED手电筒

该项目无需条形焊接板布局，因为其电路非常简单，只需将所有的元器件焊接在一起就可以完成LED手电筒的组装任务了。请按以下步骤操作：

（1）在外壳主体上钻3个孔，注意不是钻在盖子上，如图2.8所示。其中两个小孔钻在一起，它们是为LED预留的，而另外一个大一些的孔则是为开关预留的。在钻孔时要采取一些常规的安全保护措施，如配戴安全眼镜。另外，在钻孔的过程中一定要用钳子牢固地固定住外壳，不得让它滑脱。

图2.8 在LED手电筒的外壳上已经钻好的3个孔

为开关预留的小孔要能容纳您所使用的开关，而另外两个LED小孔也必须足够大，以容纳LED夹子。

（2）裁剪两条不干胶海绵垫，将它们塞到安放电池座的位置上，防止电池座在手电筒的盒子中来回晃动。将电池座安放到盒子中，然后在电池座的上面放置不干胶海绵垫。用扎线带将电池座的电线固定在扎线带基座上，注意预留足够的空间，使您可以拆装电池座和安装电池（刚开始的时候先不要安装电池），如图2.9所示。

图2.9　固定电池座

（3）将电阻器和LED的正极（+）引脚焊接在一起（正极引脚一般都更长一些）。焊接的具体方法是：先用焊料的涂层给每个LED和电阻器的引脚镀锡，然后用电烙铁给引脚加热，使它们连接在一起，如图2.10所示。在焊接时，要注意用钳子（而不是直接用手指）抓住电阻器和LED的引脚，因为这些引脚会变得非常热。

（4）将LED夹子插入到外壳预留的小孔中，然后小心地将LED插入到夹子中。一般情况下，您只需要将LED头部推入夹子中，并到达合适的位置就可以了。但是，根据您所选择的夹子类型的不同，其安装方法可能也会略有不同。接下来就是插入开关，再将所有元器件焊接在一起，如图2.11所示。具体的操作方法是：将电池的正极（红色）连接线焊接到开关，然后将两个电阻器的两个未连接的引脚拧到一起，并且将它们焊接到开关的另外一个连接点上。最后，将两个LED的负极（–）引脚连接在一起，并且将它们焊接到电池的负极（黑色）连接线上。

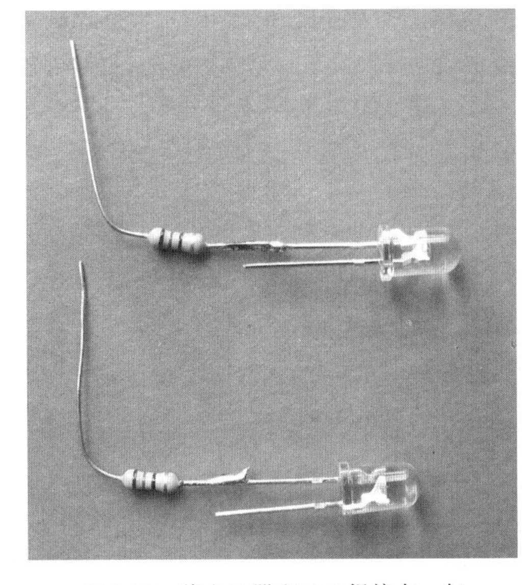

图2.10　将电阻器和LED焊接在一起

图2.11 将元器件焊接在一起

注意 在连接和焊接导线时，注意不要用灼热的电烙铁头去碰触塑料外壳的边缘。

（5）当所有元器件都已经正确连接和焊接之后，您可以给电池座装上4节AAA电池。

（6）按下按钮开关（SW_1）即可点亮两个LED，使其发光。注意：不要直视LED，因为它们发出的光会非常明亮。如果LED没有发光或者只有一点点亮光，那么您可以卸下电池，然后重新检查电路，以便做进一步的处理。

（7）如果电路工作正常，那么您就可以给外壳合上盖子并且拧紧。最终组装好的项目应该如图2.12所示。

图2.12 组装完成的LED手电筒

现在您可以在黑暗中去试一下自制手电筒的效果。您将看到两个超亮的LED，它们的个头虽然很小，但是却可以提供卓越的发光效果。同时，总电流消耗却相当低，大概在40mA左右，断断续续使用的话，电池应该可以坚持好多个小时。值得注意的是，我所使用的外壳并不是防水的，所以在雨天不要使用该LED手电筒。

恭喜，您已经完成了自己的第一个LED项目！

注意　某些LED正极和负极引脚的位置并不总是沿用本章前面所介绍的惯例，所以，建议您仔细阅读在本项目中使用的LED的技术参数表，以正确识别其正负极引脚。

说明　在组装本项目时，我使用的按键开关是从一个废旧的电子设备上拆卸下来的，因此照片显示和我在零部件列表中所推荐的稍有不同。

第3章

以另外一种方式点亮LED：“绿色”便携式LED手电筒

如果您已经完成了上一章的项目，那么相信您已经组装出了一个手电筒并且点亮了LED，这是一个良好的开端，它对于您理解LED的使用有很大的帮助。在本章的实验项目中，您可以以项目1制作的LED手电筒为基础，然后在上面添加其他的元素。

使用LED的好处之一就是，与白炽灯泡相比，其电流消耗非常低。尽管某些灯泡能提供比超亮LED更好的灯光输出，但是，在本书第2章中组装的LED手电筒所提供的灯光输出对于手电筒来说已经足够了。虽然使用了两个LED，但是它们的电流消耗也只有40mA左右。而同样的电路，如果使用很小的5V灯泡，它的电流消耗也至少需要60mA，这意味着LED不但比灯泡更亮，而且电池所能坚持的时间也更长。

在考虑到LED低电流消耗特性的同时，我开始考虑不用电池而使用其他设备来点亮LED，因为这样可以创造更加环保（“绿色”）的LED手电筒。假设我们能够在手电筒中存储一些电能，这些电能足够给单个LED供电，并且能在若干分钟内提供不错的灯光输出，这样的设备是不是很环保呢？要实现这种目标，我们的解决方法就是使用一个电容器，就像您即将在本章项目中看到的那样。当然，在此之前，我们需要先来了解一下电容器的工作原理。

3.1 电容器

电容器，顾名思义，就是能容纳电量的元器件，它可以存储电能。电容器内部由两个金属板构成，每个金属板都连接到一个元器件的引脚。这些金属板相互之间是绝缘的，它们用不能导电的材料制成。图3.1所示就是您可能会遇到的各种类型的电容器。

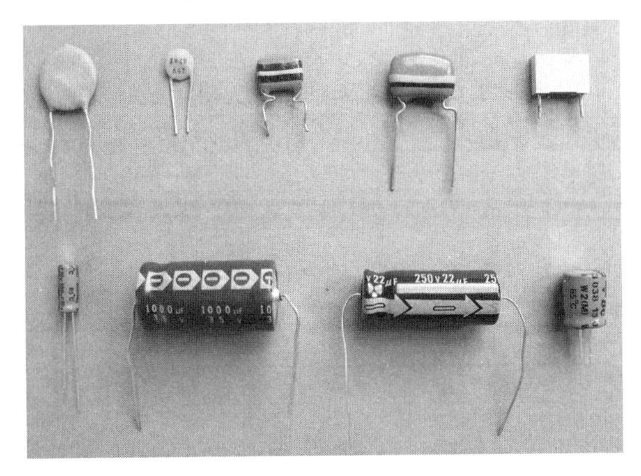

图3.1　各种类型的电容

电容器有多种类型，在这里我们感兴趣的是电解质类型的电容器，图3.1中，下面一排电容器就是电解质电容器。这种类型的电容器是分极性的，这意味着在电路中它必须按正确的方式连接。它有一个正极引脚和一个负极引脚，并且上面一般都有标记，对正负极引脚予以区分。

电容器还有一个额定电压，您需要确认电容器的额定电压高于电路的供电电压。电容器在电路中的作用，一般是阻挡信号中直流部分对于信号的干扰，或者充放电。电容的测量单位是法拉（F），电容器值的计算则是按法拉的分数来进行的，从最小的皮法拉（也叫微微法拉，表示10^{-12}F，即pF），到纳法拉（也叫毫微法拉，表示10^{-9}F，即nF），最后到微法拉（表示10^{-6}F，即μF）。电容器的值越高，它所能存储的电量就越多。

注意　虽然您在项目电路中所使用的电压都比较低，但需要注意的是，电容器即使在没有连接到电路的情况下也是带电的，所以，一旦电容器已经充电，那么务必确保不要让电容器短路（皮肤或其他任何东西都有可能会造成短路），因为电容器可能会在一次性过程中释放其全部电量，这可能会产生火花或电击效果。另外还有一个重要事项就是，您需要确保电容器的额定电压高于电路的供电电压，并且分极性的电容器必须以正确的方式连接到电路中，否则可能会造成电解液的泄漏甚至爆浆现象。

3.2　用电容器给LED供电

为了让您更好地了解电解电容器的工作原理，本节将为您展示如何在一块模拟电路板上组装某些测试电路。表3.1中列出了该模拟板测试电路所需要的元器件，并且附带了一些说明。

表3.1 模拟板测试电路的元器件列表

数 量	说 明	供应商和零部件编号
1	模拟电路板	Maplin AD–100
2	1000μF 10V 电解质电容器	RS Components 684–1882（5个一包）
1	5mm红色LED V_F（典型值）=2.0V，I_F（最大值）=30mA	RS Components 228–5972（5个一包）
1	1.8kΩ 0.5W ±5%容差碳膜电阻器	–
1	1F 5.5V 电解质电容器	RS Components 339–6843
1	AA电池座（3节AA电池）	Maplin YR61R
3	AA电池（1.5V）	–
1	PP3电池夹和导线	RS Components 489–021（5个一包）
–	绝缘跳线	–

首先，我们可以在一块模拟电路板上组装一个如图3.2所示的简单电路，使用的元器件包括：一个1000μF的额定电压为10V的电容器、一个1.8kΩ 0.5W的电阻器，一个5mm红色LED以及一些连接线等。

说明 在本示例中，我所使用的模拟电路板具有可以跨越模拟板横向运行的内部连接，如图3.2所示。这块模拟电路板有60个单独的行，每一行都包括6个引脚接口，它们是连接在一起的。举例来说，在模拟电路板底部的第30行，引脚30g、30h、30i、30j、30k和30l全都是连接在一起的。

在确认电容器是按正确的方向放置之后，您可以给电路提供4.5V电源（使用3节AA电池）持续约10s，请确保电容器的正极（+）和负极（–）引脚的连接和电池的极性相匹配。一旦开始供电，LED将立即发光。在大约10s之后，停止对模拟电路板供电，然后观察产生的现象。您会发现，LED会继续发光并持续数秒钟，然后才慢慢熄灭。从原理上来说，电池一旦连接到电路，就会立即给电容器充电。电容器充电所需要的时间不长，而LED也可以在同一时间接受供电，所以会点亮发光。当供电被切断之后，电容器便开始释放其电流，通过电阻器点亮LED，这个时间很短，因为电容器存储的电量很快就放完了。

现在我们再添加另外一个1000μF的电容器，并且和之前的那个1000μF的电容器并联在一起，如图3.3所示。然后再给电路供应4.5V电源，持续10s，看一看会发生什么情况。这一次您将看到，LED在切断供电之后，继续发光的时间坚持得更长了一些。

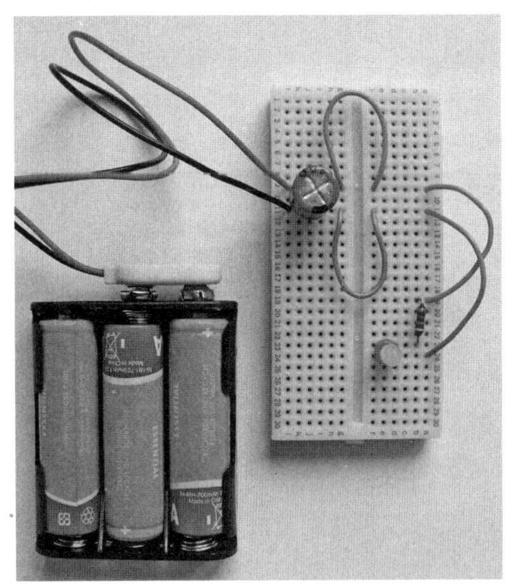

图3.2　模拟电路板电容器电路

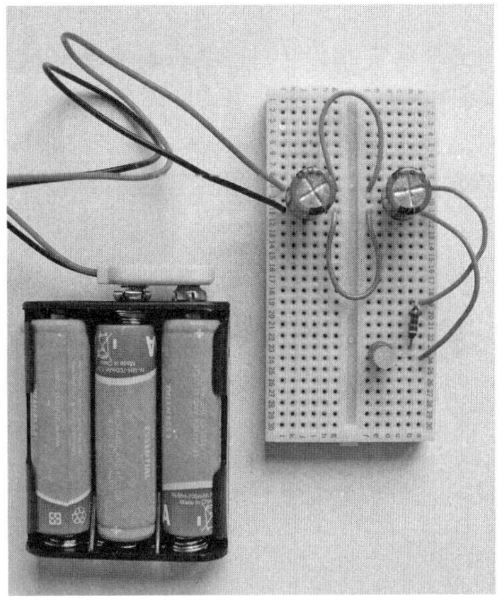

图3.3　两个并联的电容器

该实验证明，一个1000μF的电解电容器所存储的电量足以让一个LED灯泡发光数秒钟，虽然这个时间不够长，不足以将它当做手电筒来使用，但是这个时间已经完全能够演示"绿色"手电筒项目的潜力了。该实验还表明，如果将电容器并联在一起，那么电容增加，LED持续发光的时间就会更长。将两个1000μF电容器并联在一起可以获得的总电容为2000μF（也就是0.002F）。也许，将电容器并联在一起就是组装"绿色"手电筒的解决方案。不过，在具体的实践方法上还有一些值得考虑的问题。例如，假设您需要一个更大的电容，如1F，来获得期望的效果，那么您就需要将1000个电容器并联在一起，这对于一个便携式的手电筒来说，实在是太不切合实际了！所以，您需要找到一个具有足够大值的电容器，它所存储的电量足以点亮LED数分钟才行。幸运的是，"超级电容器"的出现给了我们很多的选择。

如果您在网络上搜索"超级电容器"产品，那么您将会发现很多形状和大小各异的产品，它们都非常精简，并且额定电容值都是以法拉而不是法拉的分数来计算的。这些电容器通常被用于内存电池备份（例如，在您的PC机上就可能有这样的一个电容器，它可以在关机时保持计算机的时钟设置）。所以，现在我们就来尝试将1F电容器连接到电路上。您只需要将1F电容器替换之前的1000μF电容器，如图3.4所示，即可开始进行测试。

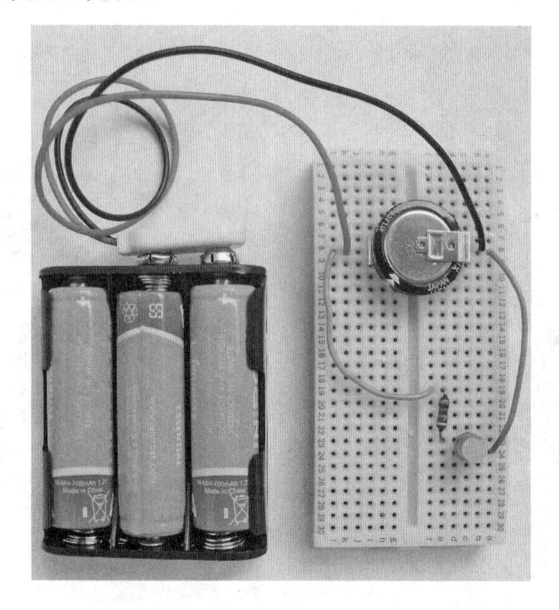

图3.4 1F电容器模拟电路板布局

请确保电容器的正极（+）和负极（–）引脚正确地连接到电池的匹配极性上

现在再次接通电池，持续约10s，然后切断连接，此时您将发现，LED在切断电源之后，不但可以继续发光，而且坚持的时间比以前要长得多。实际上，红色LED虽然在数分钟之后开始变暗，但是在随后的很长一段时间内却仍然保持发光。有了这个解决方案在手，现在您可以开始考虑“绿色”便携式LED手电筒的设计问题了。

3.3 项目2 “绿色”便携式LED手电筒

如果您愿意先看一下后面的项目说明，那么您就会发现，从理论上说，您可以沿用上一节的模拟电路板设计，然后在条形焊接板上组装本项目的电路。但是，在组装该电路时，还需要加入一些安全功能。在项目说明后面有对安全功能的具体介绍。此外，在本章末尾，我们还介绍了一些其他的电路改进方法和设想。

项目说明

- 该LED手电筒可以通过9V电池充电。
- 该LED手电筒小巧便携（袖珍式）。
- 该LED手电筒使用了一个内部电容器来保持其电量。
- 该电容器在一次充电完成之后可以点亮LED数分钟时间。

3.3.1　安全功能

这款便携式LED手电筒的设计需要加入以下安全功能：

- 在该电路中使用的1F电容器的最大电压为5.5V，所以需要将9V的供电电压降低到此标准之下。
- 您需要对电路进行保护，防止偶然以错误的方式连接9V供电电源时，损坏电容器。
- 您需要确保电容器在电池发生短路时不会放电。

3.3.2　电路工作原理

如图3.5显示了该便携式手电筒的最终电路图，它加入了我们在说明中所介绍的所有安全功能。

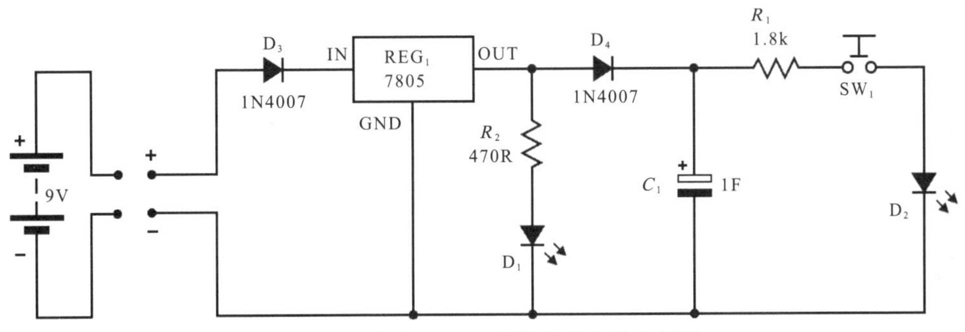

图3.5　"绿色"LED便携式手电筒电路图

该电路的工作方式是：当9V PP3电池连接到电路之后，电流将通过D_3，而D_3则是一个整流二极管，当该元器件处于正向偏置时，它将只允许电流按一个方向流动。在电路中添加这样一个设备，意味着如果您偶然以错误的方式连接了电池，那么电流将不会通过电路。电流通过D_3输出之后，将流入一个5V的稳压器REG_1，该稳压器会将电压转换为5V，这是一个可以对电容器C_1进行充电的安全电压。一般情况下，这种类型的稳压器需要电容器来缓和输入和输出电压，但是该电路在没有它们的情况下也能很好地工作，这意味着您还可以减少电路中使用的元器件的数量。

在5V电流到达电容器C_1之前，它将点亮红色LED（D_1），这是您的充电指示器，显示9V电池已经连接。5V电流随后将通过另外一个二极管D_4，它允许对电容器C_1进行充电，二极管D_4还扮演了一个缓冲的角色，当电池连接被切断时，它可以防止电容器C_1通过电路放电。最后，SW_1是一个切换开关，它可以打开或关闭白色LED（D_2），而D_2则为手电筒提供了灯光。按下SW_1，也可以使电容器的电量通过电阻器R_1，然后点亮白色LED。电阻器R_1

的值是经过选择的，所以通过D_2的电流小于1mA。有关详细说明，请参考零部件列表下面的注意事项。

3.3.3 项目零部件列表

“绿色”便携式LED手电筒项目所需要的零部件列表见表3.2。

表3.2 “绿色”便携式LED手电筒零部件列表

代 码	数 量	说 明	供应商和零部件编号
REG_1	1	7805 5V 1A正极稳压器	–
D_1	1	5mm红色LED V_F（典型值）=2.0V，I_F（最大值）=30mA	RS Components 228-5972（5个一包）
D_2	1	5mm高强度白色LED（6000mcd） V_F（典型值）=3.2V，I_F（最大值）=30mA	RS Components 668-6338（10个一包）
D_3，D_4	2	1N4007 1A整流二极管	–
$C1$	1	1F 5.5V卧式电解质电容器	RS Components 339-6843
R_1*	1	1.8kΩ 0.5W ±5%容差碳膜电阻器	–
R_2*	1	470Ω 0.5W ±5%容差碳膜电阻器	–
SW_1	1	6mm×6mm瞬时按键开关，17mm高，额定电流50mA	RS Components 479-1463（20个一包）
硬件	1	条形焊接板，2.54mm孔距，25孔宽×9轨道高（可能需要裁剪为23孔宽，在组装之前请仔细阅读说明文字）	–
硬件	1	PP3电池夹和导线	RS Components 489-021（5个一包）
硬件	1	9V PP3电池	–
硬件	1	小外壳（参见说明文字）	–
硬件	–	双面胶条	–

*说明：如果您使用了和本零部件列表中不同的V_F和I_F值的LED，那么您可能需要修改这些LED串联电阻器的电阻和瓦数值。有关具体的做法，请参考本书第2章。此外您还需要注意，本项目中的R_1已经计算过，所以才会有小于1mA的电流通过白色LED。这是为了确保C_1的放电电流符合在零部件列表中使用的这种类型电容器的需要。因为D_2是高强度LED，所以该电流仍然足够支持它在黑暗中输出相当亮度的灯光。

说明 表3.2以单独的列显示了我在本项目中所使用的特定零部件的供应商和零部件编号，您可以参考本书附录或通过网络搜索等方式查找和购买您所需要的零部件。

3.3.4 条形焊接板布局

本项目的条形焊接板布局如图3.6所示。这是一个相当简洁的设计，并且无需花很长的时间就可以组装完成。注意，您需要制作出4个轨道切口（用白色矩形块表示）。如果您所使用的电容器和部件列表中的电容器类型一样，那么在该电容器的下面需要有2个轨道切口。

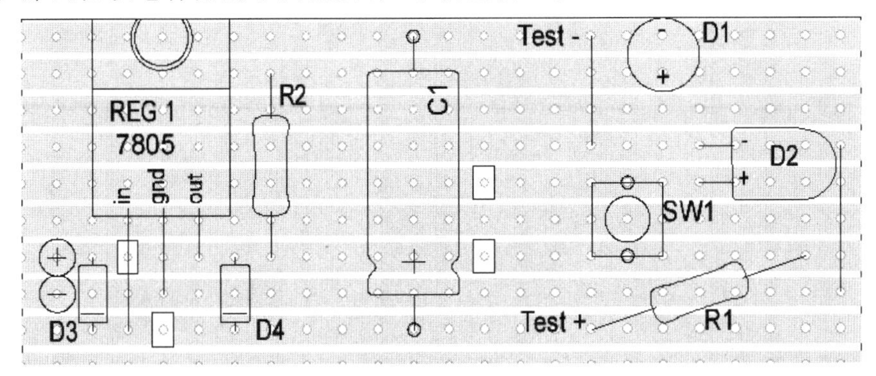

图3.6　"绿色"便携式LED手电筒的条形焊接板布局

说明　在本书的条形焊接板布局图中，轨道切口均由白色矩形块表示。它们的外观和图3.6中所示的电容器C_1旁边的2个轨道切口一样。

3.3.5　组装及测试电路板

说明　请参考本书第1章中的焊接提示和技巧，并遵照条形焊接板的一般组装原则进行操作。

现在就让我们开始组装电路。我们先从将稳压器REG_1焊接到板子上开始。注意，您可以像我一样，仔细弯曲3个元器件的引脚，使稳压器可以平躺在板子上，这样处理更节省空间。接下来需要焊接的是两个二极管D_3和D_4，它们的位置就安排在稳压器的旁边。在图3.6中，您可以看到它们位于稳压器的旁边，并且可以看到二极管阴极引脚的位置。但是，这两个元器件应该安排得紧凑一些，这样它们就能竖直站着了。

在完成上述安装之后，您可以继续将两根连接线和其他元器件（C_1电容器除外）焊接到板子上。最后一个需要焊接的元器件是电容器C_1。在安装该元器件之前，您需要对电路进行一次测试，以确保它能正常工作，这样可以避免损坏电容器。您可以先看一看图3.7所示的图片。

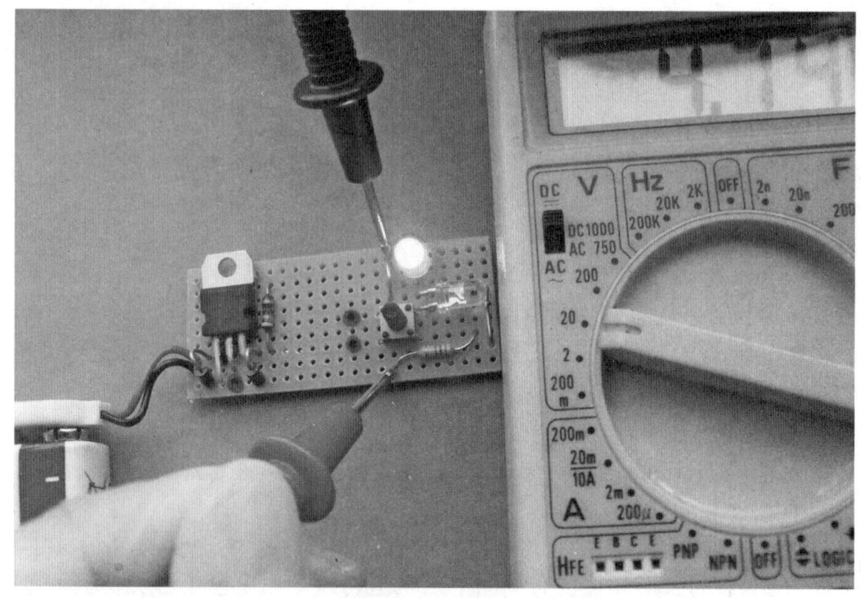

图3.7 在安装电容器之前进行电路检查

在安装电容器之前，将9V PP3电池连接到电池座，它将点亮红色LED。然后您需要用万用表检查两个测试点之间的电压，是否在5V左右（由于通过二极管D_4产生压降，所以实际电压可能为4.5～4.7V）。另外还有一个很重要的事项，就是检查测试点电压的极性是否和图3.6中条形焊接板布局所显示的相同。如果一切工作正常的话，现在可以反转9V PP3电池的极性，那么测试点在万用表上的读数应该为0V。

现在重新按正确的方式连接电池，检查测试点，直至测量结果在5V以下。如果这些都没有问题的话，那么您可以按下SW_1开关，然后就会看到白色LED发出耀眼的光芒，如图3.8所示。

图3.8 按下开关SW_1打开白色LED

如果上述检查没有产生预期的结果，或者稳压器开始变得很烫，那么您需要立即切断电池的供电，然后检查电路，因为肯定有某些地方不对劲，您需要检查板子以发现错误。一旦电路通过了测试，那么您就可以断开电池连接，然后开始焊接电容器C_1，在焊接之前请确认其极性。图3.9显示了已经组装完成的手电筒的条形焊接板布局。

图3.9　"绿色"便携式LED手电筒的条形焊接板布局

现在我们将9V PP3电池连接到电路，供电时间为30s ~ 3min。电容器充满电所需要的时间取决于C_1中原来已经存储的电量。

一旦将9V电池连接到电路中，红色LED将会立即点亮，表示电池已经连接，并且电容器开始充电。在大约1min之后，断开电池连接，按下SW_1开关，看一看LED有多亮；如果灯光输出较暗，那么您为电容器充电的时间需要更长一点。一旦充电完成，电池撤除，那么电容器在今后数周时间内仍将保持其电量。按下SW_1开关，白色LED将发光，并且足以在黑暗中照亮一小片区域。如果您将手指持续按在开关上，那么LED将维持其明亮的灯光输出10 ~ 15min。如果您一次只用几秒钟的话，那么，这个手电筒应该足够您使用数星期了。

要组装您的便携式手电筒，可能需要购买一个很小的塑料外壳，以安置条形焊接板。但是，如果您想追求极致的简约化效果，那么也可以像我一样，将条形焊接板安置在一个小小的透明塑料盒子中。我所使用的这个透明塑料盒子原来是用于装清新口气的薄荷糖的。我已经在盒子上开了一个小孔，以便能够接触到开关。打孔所使用的钻头就是我经常用来给条形焊接板铜箔轨道锪孔的工具。也就是说，我打孔是手动操作的，没有使用电钻。我所使用的盒子对于本项目来说是非常理想的，因为它非常干净，有柔性外壳，并且白色LED灯能够穿透它。在实际安装过程中，您可以对盒子稍加挤压，以便将条形焊接板塞到盒子里面，而开关则可以从小孔中穿透出来，如

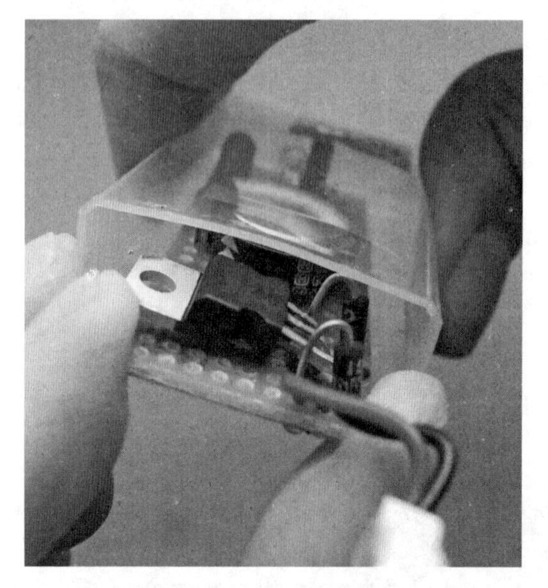

图3.10 挤压塑料盒以便塞入条形焊接板和元器件

图3.10所示。如果您使用的开关和我所使用的相同，那么您可能也需要对开关的塑料按钮进行削减处理，使它能顺利进入盒子中。此外，在焊接元器件之前，我还将条形焊接板的宽度裁剪到只有23孔宽，使条形焊接板变得足够小，保证它能被塞到塑料盒子里。当然，如果您使用的是其他的封装材料，那么可能就不需要这么麻烦了。

提示 在组装本书中的项目时，一定要用条形焊接板布局图、电路图以及在各章中显示的照片实物，来和您已经组装完成的条形焊接板进行比较，确认无误之后方才可以进行测试，这样可以帮您节省很多的查错时间。

我在塑料盒的盖子上挖出一个小口，使PP3电池座的连接线可以从塑料盒外面通到里面去。然后我用双面胶带将电池座固定在塑料盒的盖子上。组装完成的手电筒如图3.11所示。

现在，我们已经组装了一个“绿色”便携式LED手电筒，它只需要数秒钟的充电时间，就可以为您在黑暗中提供足够的灯光来照亮一小块区域。

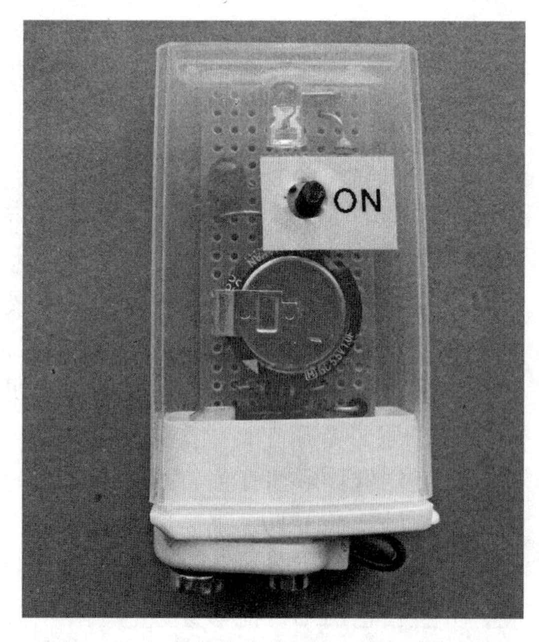

图3.11 组装完成的手电筒，外壳别具一格

3.3.6　其他安全功能

当您设计电子电路时，应该考虑到元器件出现故障的可能性。7805稳压器确实是一个非常稳固耐用的设备，并且在电路中也应该是非常可靠的。但是，凡事都有例外，如果出于某些原因（例如，机械故障或电子元器件损坏），9V供电越过了稳压器REG_1，直接到达了额定电压值为5.5V的电容器，那就会非常危险。如果在给手电筒充电时，您发现电容器发热，或者它开始泄漏液体或出现刺鼻的气味，那么您必须立即切断电池连接，然后检查问题所在。

因此，您可能还需要考虑在原型电路中实验和设计一些其他的安全功能。例如，第2个备份稳压器，或在出现故障时，能立即切断9V供电的电路。或者，您也可以换一个思路，直接修改电路，使用4.5V（3节AAA电池）的电池给电容器充电，这样就不会有问题了。

在我的第2个版本的原型电路中，我就决定添加一个额外的警告LED指示器，当到达电容器的电压超过5.5V时，该LED灯将点亮报警。如果该LED灯在手电筒充电时点亮，则意味着需要立即断开电池和电路的连接。如图3.12所示，修改之后的电路增加了一个5.6V的齐纳二极管（额定功率为1.3W）、一个红色LED和一个1kΩ的电阻器（额定功率为1W）。

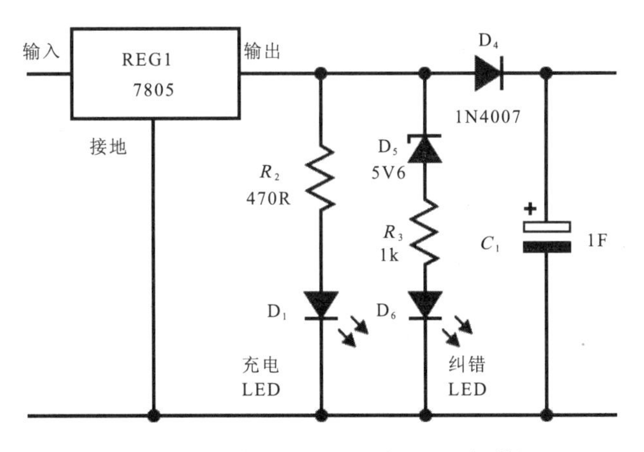

图3.12　在稳压器后面新增的LED报警灯

> **提示**　当白色LED开始变得暗淡时，您可以尝试给手电筒充电，但是，当它不再发光时，就不要给它充电了。在电容器将电放完之前给手电筒充电，可以减少需要从PP3电池中获取的电流总量，因此可以增加电池的寿命。

3.3.7 电路改进的可能性探讨

您还可以继续进行实验，看一看电路的哪些地方还可以进行改进。例如，是否可以修改电路，使红色的充电LED指示灯在电容器充满电之后就熄灭呢？您还可以在电路的供电部分使用可再生的电源而不使用9V PP3电池，那么这个项目就变成真正“绿色”节能、经济实用的手电筒了。或者，您可以看一看是否能修改电路，用太阳能面板给电容器充电。

第4章

组装时钟发生器：基础的单一LED闪光灯

如果您已经完成了本书的前2个项目，那么想必您已经掌握了点亮LED的方法了，接下来我们准备学习的，就是如何制作LED闪光灯。要实现闪光灯的效果，需要先组装一个时钟发生器电路。要完成这项任务，有很多种电路组装块可用，而且您也会发现，从本章开始，我们的项目中将用到很多组装块。所谓的“组装块”，其实就是积木式部件。时钟发生器电路可以产生一个规律性的且永无休止的数字脉冲，在低电平状态和高电平状态之间来回切换。如果您已经将一个示波器连接到时钟发生器的输出端，那么您将可以看到一个和图4.1所示波形相似的波形。

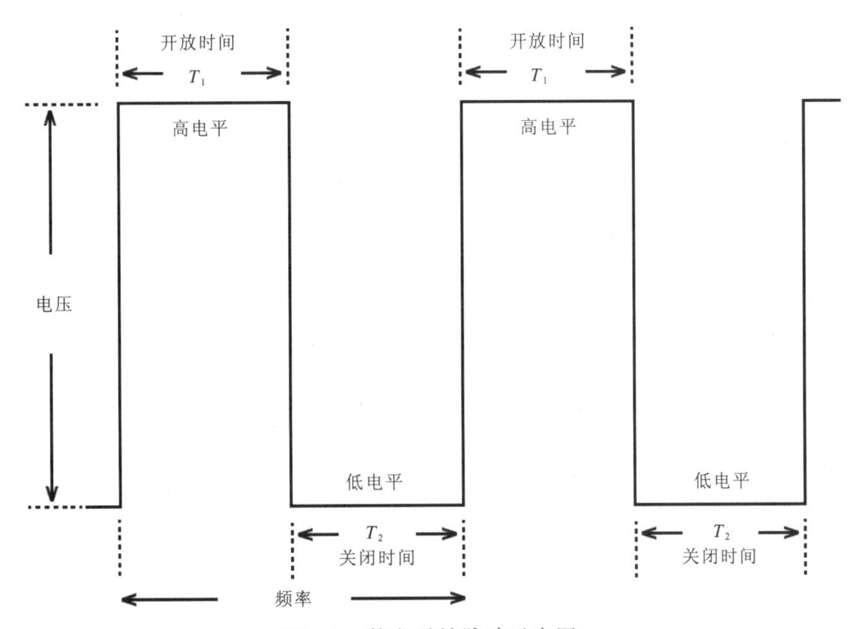

图4.1　数字时钟脉冲示意图

我们现在很快就要揭开一个电子爱好者非常熟悉并流行了很多年的时钟发生器集成电路（IC）的秘密，这就是555计时器。

4.1　555计时器

时钟电路也被称为非稳态电路、振荡器或多谐振荡器。制作一个时钟生成器最简单的方法之一就是使用流行的555计时器芯片，它是一个性价比很高的8针设备，只需要两个电阻器和两个电容器就可以工作了。555计时器有两种运行模式，即单稳态模式和非稳态模式。单稳态模式允许用户创建一个一次性的时间延迟（单个开/关脉冲），本书中的所有项目都没有使用这种模式；相反，我们将要使用的是非稳态模式，这种模式正是控制LED点亮开关所需要的运行状态。图4.2所示就是已经设置为非稳态模式的555计时器的电路图。

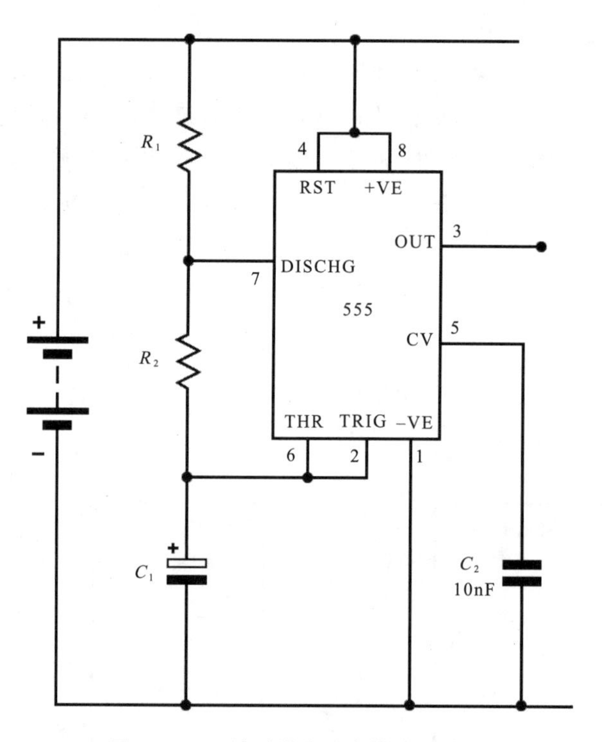

图4.2　555计时器非稳态模式电路图

555计时器的引脚3是引出插脚，这就是时钟信号生成的地方。在本章的后面部分，您将看到如何使用该输出控制LED的点亮开关。555计时器的输出时序是通过改变电阻器R_1、R_2和电容器C_1的值来实现的。

4.1.1　555计时器的变体

555计时器有多种版本可用。例如，其中有一种低功率版本（有时也被称为7555计时器）。不同版本计时器的技术规格也会略有不同，包括它们的供电电压和输出电流功率差异等。此外，某些555计时器需要将电容器装配在引脚5和电源负极线路之间，而有些则不需要。还有一种双版本的555计时器，它有14个引脚，在单个设备中包含两个计时器，这种计时器也被称为556计时器。当您的项目需要多个时钟发生器时，别忘了使用这种版本的计时器，因为使用它可以避免在您的电路设计中安装两个独立的集成电路。

4.1.2　555非稳态计时公式

尽管我会在本书中避免介绍一些高深的数学公式，但是对于您来说，理解一些实用的公式仍然是非常重要的，您可以用它们计算555计时器非稳态输出的时钟定时，这些公式如下所述。

说明　除了本节介绍的定时计算示例之外，本章后面的表4.1还提供了示例元器件电阻器R_1和R_2以及电容器C_1的值，您可以用它们来创建实用的输出计时，以脉冲方式打开或关闭LED手电筒。

- 计时器（高输出）的充电时间（T_1）是用以下公式计算的：

  $T_1=0.693\times(R_1+R_2)\times C_1$

- 计时器（低输出）的放电时间（T_2）是用以下公式计算的：

  $T_2=0.693\times R_2\times C_1$

- 总时间周期（T），也就是开循环和关循环的汇总，它的计算公式是：

  $T=T_1+T_2$

  或

  $T=0.693\times(R_1+2R_2)\times C_1$

- 振荡频率（F）等于每秒发生的T_1+T_2的次数，以赫兹（Hz）表示：

  $F=1/T$

  或

  $F=1.44/[(R_1+2R_2)C_1]$

- 信号脉冲（开时间）与空号脉冲比（关时间）的计算方法如下：

  $(R_1+R_2)/R_2$

说明　例如，如果信号脉冲与空号脉冲比为3，则意味着输出只要关1次，就开3次。如果信号脉冲与空号脉冲比为1，则意味着开时间和关时间相同。要实现大致相等的信号脉冲与空号脉冲比，则R_2的值要远远高于R_1的值。

4.1.3 555非稳态计时器计算示例

在上一节我们给出了很多公式，现在我们就来看一下具体的计算示例。本节假定了3个元器件（2个电阻器和1个电容器）的值，其中电阻器R_2的值要远远高于电阻器R_1的值，我们可以将它们代入公式来看一下结果。注意，这些元器件的容差值可能会有所不同，所以实际计算时可能没那么精确。

R_1=12 000Ω

R_2=180 000Ω

C_1=4.7μF

我们需要确认公式中应用的电阻器值单位为欧姆，电容器的值则需要转换为法拉，这就是为什么电容器的值4.7μF到了公式中却变成了0.000 004 7F的缘故。

- 计时器（高输出）的充电时间：

  T_1=0.693×（12 000+180 000）×0.000 004 7=0.63s

- 计时器（低输出）的放电时间：

  T_2=0.693×180 000×0.000 004 7=0.59s

- 总时间周期（T：开循环和关循环）：

  T=0.63s+0.59s=1.22s

或

T=0.693×（12 000+2×180 000）×0.000 004 7=1.21s

- 振荡频率（F）：

  F=1/1.21=0.82Hz

或

F=1.44/[（12 000+2×180 000）×0.000 004 7]=0.82Hz

- 信号脉冲与空号脉冲比：

  （12 000+180 000）/180 000=1.07

所以，在本示例中，开时间和关时间几乎相同，而信号脉冲与空号脉冲比几乎为1也验证了这种结果。产生这种结果的原因就是电阻器R_2的值远远高于电阻器R_1的值。

我们可以给和555计时器配合使用的元器件提供一个推荐值范围。对于电阻器R_1和R_2来说，可以为1kΩ~1MΩ；而对于LED手电筒电路来说，您所使用的电容器C_1的值不必超过100μF。

4.1.4 拉电流和灌电流

如果您已经组装了本书第2章中的LED手电筒（项目1），那么想必您已经有所体会，在组装LED电路时，有几个需要考虑的关键因素，其中之一就是了解在点亮LED的电路中可用的总驱动电流（或称“拉电流”）。在使用555计时器时，该驱动电流是由引脚3上的总输出电流限制所决定的。555计时器技术参数表以毫安表示输出引脚3上可用的输出电流。根据您所使用的555计时器的类型，输出电流通常为100mA或200mA，假设单个LED需要的电流为15~20mA，那么这意味着该芯片可以驱动和点亮好几个LED。

术语“灌电流”也是一个需要理解的非常重要的概念。为了帮助您理解“拉电流”和“灌电流”的概念，本节我们特别做一些详细的说明。

●拉电流：从输出端向外电路流出的负载电流称为拉电流（SOURCE CURRENT）。当正极（高）频率周期用于驱动LED时，引脚3将连接到LED的阳极，而LED阴极一端则连接到电路的负极线路。基本上是使用引脚3作为正极线路来驱动LED的。

●灌电流：从外电路流入输出端的负载电流称为灌电流（SINK CURRENT）。当负极（低）频率周期用于驱动LED时，引脚3将连接到LED的阴极，而LED阳极一端则连接到电路的正极线路。基本上是使用引脚3作为负极线路来驱动LED的。值得注意的是，并非所有集成电路都适合以这种方式灌电流。

图4.3所示是555计时器的拉电流和灌电流布局配置示例。

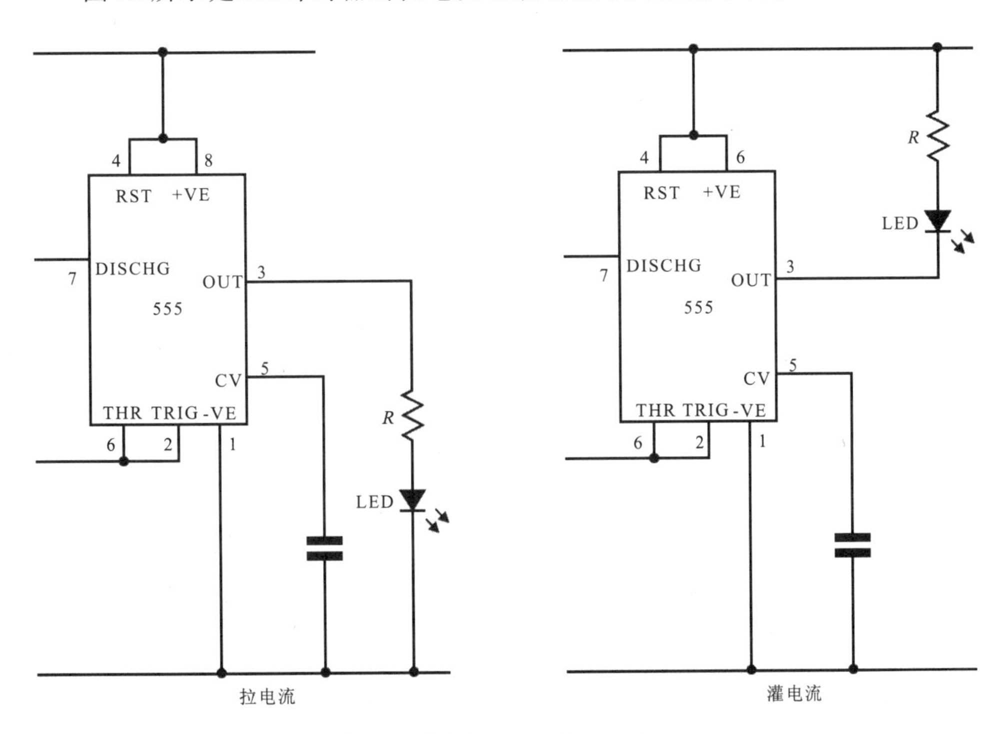

图4.3　拉电流和灌电流配置示例

4.2 项目3 基础的单一LED闪光灯

在本项目中，您将使用555计时器在一块条形焊接板上组装一个实验性的单一LED闪光灯电路。

项目说明

- 实验性的555计时器电路板将为您演示如何闪亮或关闭LED。
- LED闪亮频率可以通过修改电阻器和电容器的值来改变。
- 计时元器件可以轻松地取下并替换，而不必费力地从条形焊接板上脱焊。

4.2.1 电路工作原理

图4.4所示就是组装一个简单的LED闪光灯电路所需的电路图。您可能会发现，它和本章前面图4.2所示的电路布局很相似。

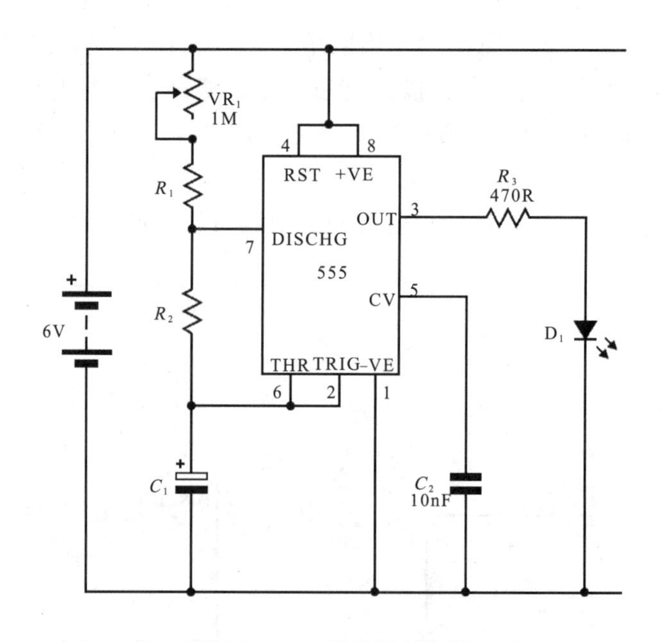

图4.4 LED闪光灯电路图

正如您所看到的，这里用引脚3的拉电流来使LED闪亮。因为555计时器有良好的拉电流能力，所以无须提高电流输出，引脚3可以轻松地直接驱动LED。我在电路中使用的555计时器的供给电压范围很宽（4.5~16V），而我在该电路中使用的电源是6V的（4节AAA电池）。由于该项目更多的是出于一种实验目的而组装，所以电阻器R_1、R_2和电容器C_1的值未在电路图中显示，而您也不必真正将R_1、R_2和C_1焊接到条形焊接板上。相反，您可以使用单列直插式翻转引脚插槽，这种插槽使您无需将3个元器件焊接到板子上，更不需要从条形焊接板上脱焊。这样您就可以轻松地更换具有各种阻值和电容的元器件。单列直插式插槽通常带有20个插槽，您可以使用钢丝钳裁剪其大小。在裁剪时要注意，只能剪切单列直插式插槽的软塑料外壳。

在该电路图中还包括可变电阻器（VR_1），它使您能进一步调整时钟脉冲的速度。这是一个1MΩ的可变电阻器，它允许您给R_1添加0~1MΩ的电阻值。不要忘记，当电阻器R_1或R_2的值在1MΩ以上时，计时器的准确性将受到影响。

4.2.2　项目零部件列表

基础的单一LED闪光灯项目所需零部件如表4.1所示。

表4.1　单一LED闪光灯零部件列表

代　码	数　量	说　明	供应商和零部件编号
IC_1	1	555计时器芯片	RS Components 534-3469（或类似芯片）
D_1	1	5mm红色LED V_F（典型值）=2.0V，I_F（最大值）=30mA	RS Components 228-5972（5个一包）
C_2	1	10nF 陶瓷圆盘电容器（最低额定值10V）	–
R_3*	1	470Ω 0.5W ±5%容差碳膜电阻器	–
VR_1	1	1MΩ微型封闭水平预置电位计（最低额定值0.15W）	–
硬件	1	条形焊接板，2.54mm孔距，25孔宽×9轨道高	–
硬件	1	20路翻转引脚的单列直插式插槽条（需裁剪）	RS Components 267-7400（5个一包）
硬件	1	AAA电池座（4节AAA电池）	RS Components 512-3568
硬件	4	AAA电池（1.5V）	–
硬件	1	8引脚双列直插式插槽	–
R_1，R_2	–	不同阻值的电阻器（0.5W碳膜）	–
C_1	–	不同电容值的电容器（最低额定值10V）	–

*说明：如果您使用了和本零部件列表中不同的V_F和I_F值的LED，那么您可能需要修改LED串联电阻器的电阻和瓦数值。具体的做法请参考本书第2章。

说明　表4.1以单独的列显示了我在本项目中所使用的特定零部件的供应商和零部件编号，您可以参考本书附录或通过网络搜索等方式查找和购买您所需要的零部件。

4.2.3　条形焊接板布局

该电路组装在一小块条形焊接板上，其布局如图4.5所示。注意，您需要制作5个轨道切口，其中1个靠近可变电阻器VR_1，另外4个则在555计时器双列直插式插槽的下面。另外，您还需要注意环绕555计时器的两根连接线。其中一根线将引脚4和8连接在一起，而另外一根线则将引脚2和6连接在一起。在电路示意图中，单列直插式插槽用大的方块表示。

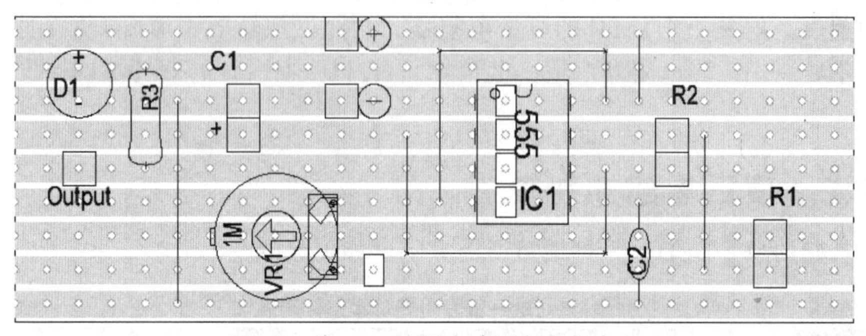

图4.5 单一LED闪光灯条形焊接板布局

4.2.4 组装及测试电路板

说明 请参考本书第1章中的焊接提示和技巧，并遵照条形焊接板的一般组装原则进行操作。

在切断5条轨道之后，您可以参照图4.5来组装条形焊接板布局，然后原地焊接电线、电容器（C_2）和插槽。在组装完成之后，条形焊接板布局外观应该如图4.6所示。

图4.6 已经组装完成的条形焊接板布局

在条形焊接板组装完成之后，请仔细检查元器件布局和图4.5以及图4.6是否完全相同，并且确认在板子的轨道一侧没有焊接搭桥的现象。然后，将电阻器和电容器嵌入到单列直插式插槽中，如图4.7所示。您可以按照本章前面的“555非稳态计时器计算示例”一节中提供的值来选择元器件。

R_1=12 000Ω

R_2=180 000Ω

C_1–4.7μF

图4.7　在条形焊接板的单列直插式插槽中插入元器件，并且电池也已经连接

注意，电容器需要按正确的方式插入，因为它是电解质类型的；可变电阻器的开口要完全处在顺时针的极限位置（这意味着该可变电阻器的阻值为0）。此外，您还需要确保所有元器件的引脚相互不能接触，也不能接触到电路的其他部分。一切确认无误之后，即可给电路接上电池进行供电，此时LED将以稳定的方式闪亮。如果您缓慢地逆时针旋转可变电阻器，则LED的闪亮速度将变慢，因为您的操作增加了电阻器R_1的阻值。

通过使用各种元器件（R_1、R_2和C_1）进行实验，您可以看到各种不同的结果。在更换元器件之前，切勿忘记移除条形焊接板的电源。这种实验性的组装方法，使您可以研究改变元器件的值对LED闪亮速度变化的影响。您不妨将这块板子保存起来，因为在本书第17章我们还需要再次用到它，测试数字示波器的额定速率。

表4.2中列出了某些示例电阻器和电容器的值，您可以使用该表中的值在LED闪光灯板子上进行尝试。列表中的效果是基于可变电阻器VR_1开口完全处在顺时针的极限位置，也就是说，VR_1的阻值为0。

表4.2 闪光灯条形焊接板的实用非稳态计时

R_1	R_2	C_1	开放（s）	关闭（s）	频率（Hz）	总时间（s）	信号/空号比	效果
12kΩ	180kΩ	4.7μF	0.63	0.59	0.83	1.21	1.07	稳定闪烁
12kΩ	180kΩ	1μF	0.13	0.12	3.88	0.26	1.07	更快闪烁
220kΩ	220kΩ	10μF	3.05	1.52	0.22	4.57	2.00	慢速闪烁
47kΩ	470kΩ	10μF	3.58	3.26	0.15	6.84	1.10	更慢闪烁
10kΩ	100kΩ	1μF	0.08	0.07	6.87	0.15	1.10	快速闪烁
39kΩ	39kΩ	1μF	0.05	0.03	12.33	0.08	2.00	快速频闪
82kΩ	82kΩ	1μF	0.11	0.06	5.87	0.17	2.00	更慢频闪

4.2.5 自己做实验试一试

您可以使用不同的元器件来进行实验，看一看出现的结果，尝试着去理解增加或减少元器件的值对闪光计时的影响。另外，您也可以尝试使用非电解质电容器，看一看对LED的影响。记住，如果LED不闪亮而是保持发光，那么它实际上有可能是闪得太快了，以至于肉眼捕捉不到。如果您有一个示波器，则可以将它的正极导线连接到555计时器集成电路的输出引脚3，将它的接地导线连接到集成电路的负引脚1，此时您将看到一个和本章前面图4.1所示很相似的方波输出，另外还可以测量它的频率。

第5章

555计时器，生活巧发明：自行车LED闪光灯

在本书第4章中，我们介绍了如何创建一个实验性的时钟电路，用一个555计时器控制单个LED的闪光。如果您已经组装完成了该项目（项目3），并且使用了各种不同值的电阻器和电容器来做实验，那么您应该已经了解如何通过改变这3个元器件的值来修改LED闪光频率。在本章中，您将使用项目3的非稳态电路创建一个可以安装在自行车上的LED闪光灯，把它当做一个可视警报设备或者用它在黑暗中照明。组装完成的项目如图5.1所示。

图5.1　自行车LED闪光灯

注意　如果您决定在自行车上安装LED闪光灯，请遵守当地有关自行车照明的法律规定，确保LED闪光灯可以在道路上使用。另外还有一点请注意，此项目是为了给您的自行车提供辅助照明，它应该与自行车正常的前后灯结合使用。

在项目3中使用的555计时器的拉电流和灌电流输出约为200mA，这足以驱动一个或多个LED。在第4章的图4.3中，显示了555计时器拉电流或灌电

流对LED的配置方式，也就是连接LED的正极或负极线路。这些配置方式在本章的项目4中也同样有用。

5.1 项目4 自行车LED闪光灯

该项目有两个组成部分：后置红色闪光灯和前置LED闪光灯。您可以只组装核心设计（后置闪光灯），也可以组装完成整个项目（包括前置和后置闪光灯），具体组装哪部分由您自己决定。

项目说明

- LED闪光灯电路能够驱动多个LED。
- LED的闪光非常醒目，这可以使您的自行车在黑暗中更加明显。
- 自行车闪光灯的核心设计有4个红色LED，可以为您的自行车后部提供照明。
- 该项目的第2个部分是前置LED灯，这也是一个您可以自行决定是否组装的部分，它将另外2个白色LED连接到电路中，可以在自行车的前面提供照明。
- 该电路非常紧凑，可以放置在一个很小的外壳中，然后安装到自行车座位底下。
- 供电电压为9V。
- 闪光灯的电流消耗非常低，只要一节9V电池就可以使用许多个小时。

5.1.1 后置LED闪光灯电路工作原理

图5.2所示就是本项目的电路图。如果您已经组装了项目3，那么就会发现本项目的电路和项目3的电路很相似，因为它同样使用了非稳态模式的555计时器，而电阻器R_1、R_2和电容器C_1的值则被设置为提供快速闪光顺序，脉冲大概为每秒5次。

使用第4章中的计时公式，本电路的计时顺序如下所示：

R_1=10kΩ

R_2=150kΩ

C_1=1μF

- 计时器（高输出）的充电时间：

$T_1=0.693\times(10\,000+150\,000)\times0.000\,001=0.11\text{s}$

- 计时器（低输出）的放电时间：

$T_2=0.693\times150\,000\times0.000\,001=0.10\text{s}$

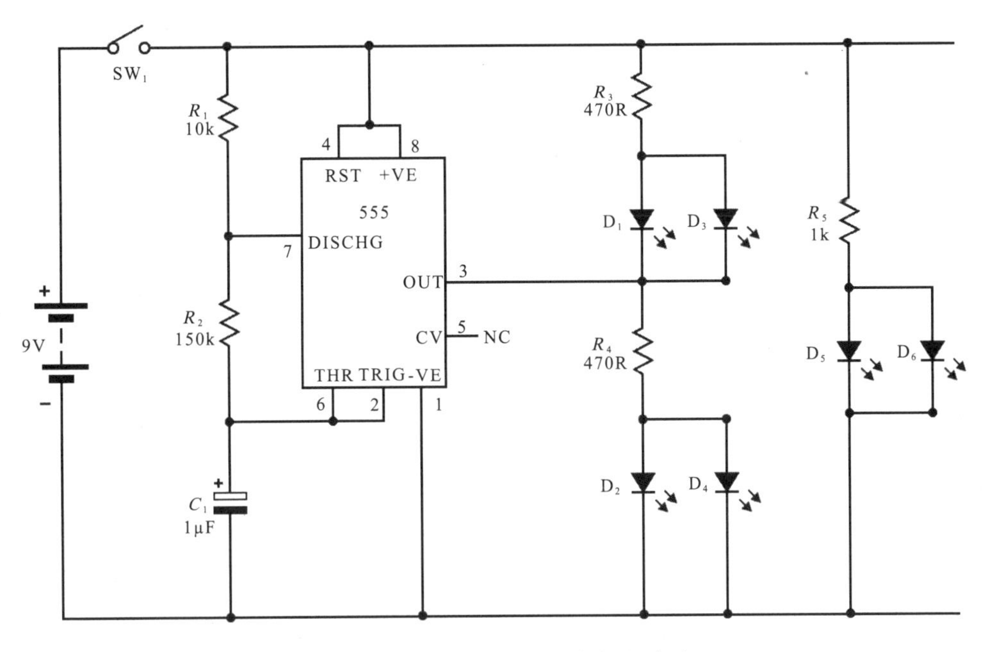

图5.2　自行车后置LED闪光灯电路图

- 总时间周期（T：开循环和关循环）：

  T=0.11s+0.10s=0.21s

- 振荡频率（F）：

  F=1/0.21=4.76Hz

- 信号脉冲与空号脉冲比：

  （10 000+150 000）/150 000=1.07

在本项目中，使用9V电池给电路供电。虽然9V PP3电池的电容量（A·h，安培-小时）一般来说要低于AAA或AA电池，但是PP3电池非常小巧，是本项目的理想选择。如果您可以使电路的功率消耗变得足够低的话，那么即便是PP3电池也完全可以使用许多小时。

本电路的运行方式和第4章单一LED闪光灯项目的运行方式大致相同，但是，就像您在图5.1中所看到，本项目有4个红色的LED，它们是成对连接的（从D_1到D_4）。4个LED两两连接在一起，其中，D_2和D_4对于555计时器输出引脚3来说是拉电流，而另外两个LED（D_1和D_3）则是通过计时器灌电流。当主开关（SW_1）切换到on（开）状态时，555计时器（IC_1）将由9V电池供电，并且开始以非稳态模式运行。当它的输出引脚为高电平时，它只点亮其中两个LED（D_2和D_4），当输出引脚切换为低电平输出时，这两个LED熄灭，而另外两个LED（D_1和D_3）则亮起。这就意味着这些LED可以提供交替的闪光顺序。由于非稳态的速度是相当快的，所以交替闪烁的效果非常醒目

（出于同样的原因，警车和紧急服务车辆一般也都使用这种类型的闪光灯）。

除了用D_1~D_4这4个LED组成自行车后置LED闪光灯的核心电路之外，您还可以选择组装一个前置照明灯，它由两个白色LED组成（D_5和D_6）。这两个LED不会闪烁，但是当电路开关为on（开）状态时，它们可以提供相当好的灯光输出。这两个LED的串联电阻器的值被设置为1kΩ，这意味着两个白色LED组合的电流被降低到大约12mA。但是，由于这些LED和我们在以前的闪光灯项目中所使用的类型相同，都是高强度LED，所以即便通过它们的电流如此之低，它们仍然可以提供足够明亮的输出。

说明 电路中的成对LED是由单个串联电阻器驱动的，虽然不太建议使用这种串联方式，但是它确实在我的原型电路上工作得很好。根据您所使用的LED的性能，这样的配置可能无法为每对LED提供均匀的照明。如果是这样的话，那么你可能需要组装一个稍加修改的电路，在本章结尾将对此进行讨论。

5.1.2 项目零部件列表

您所需要的自行车LED闪光灯项目的零部件列表如表5.1所示（前置LED照明灯选装零部件标明在括号中）。

说明 表5. 1以单独的列显示了我在本项目中所使用的特定零部件的供应商和零部件编号，您可以参考本书附录或通过网络搜索等方式查找和购买您所需要的零部件。

表5.1 自行车LED闪光灯零部件列表

代 码	数 量	说 明	供应商和零部件编号
IC_1	1	555计时器芯片	RS Components 534-3469（或类似芯片）
D_1~D_4	4	5mm红色LED V_F（典型值）=2.0V，I_F（最大值）=30mA	RS Components 228-5972（5个一包）
R_1	1	10kΩ 0.5W ±5%容差碳膜电阻器	–
R_2	1	150kΩ 0.5W ±5%容差碳膜电阻器	–
C_1	1	1μF 16V 电解质电容器（最低额定值10V）	–
R_3，R_4*	2	470Ω 1W ±5%容差碳膜电阻器 （详情请参考本章文字说明）	–
（R_5）*	1	1kΩ 1W ±5%容差碳膜电阻器 （详情请参考本章文字说明）	–

续表5.1

代　码	数　量	说　明	供应商和零部件编号
（D_5，D_6）	2	5mm高强度白色LED V_F（典型值）=3.2V，I_F（最大值）=30mA	RS Components 668-6338（10个一包）
SW_1	1	单刀单掷（SPST）切换开关，额定值2A	RS Components 710-9671
硬件	1	条形焊接板，2.54mm孔距，25孔宽×9轨道高	-
硬件	1	PP3电池夹和导线	RS Components 489-021（5个一包）
硬件	1	9V PP3电池	-
硬件	1	8引脚双列直插式插槽	-
硬件	2	LED夹子（仅用于前置LED闪光灯，需适应5mmLED，详情请参考本章文字说明）	-
硬件	-	外壳（详情请参考本章文字说明）	-
硬件	-	电线、扎线带基座和扎线带（仅用于前置LED闪光灯，详情请参考本章文字说明）	-

*说明：如果您使用了和本零部件列表中不同的V_F和I_F值的LED，那么您可能需要修改这些LED串联电阻器的电阻和瓦数值。具体的做法请参考本书第2章。

5.1.3　条形焊接板布局

自行车LED闪光灯项目的条形焊接板布局如图5.3所示。某些555计时器在引脚5和电池负极之间需要连接一个电容器，在我组装的项目中并没有包括这样一个东西，但是电路看起来工作得很好。如果您决定在该位置连接一个电容器，那么您需要将它添加到零部件列表中，然后根据情况将它焊接到条形焊接板上。您需要在此布局中制作4个轨道切口，它们位于双列直插式插槽的下面，是用来插入555计时器芯片的。

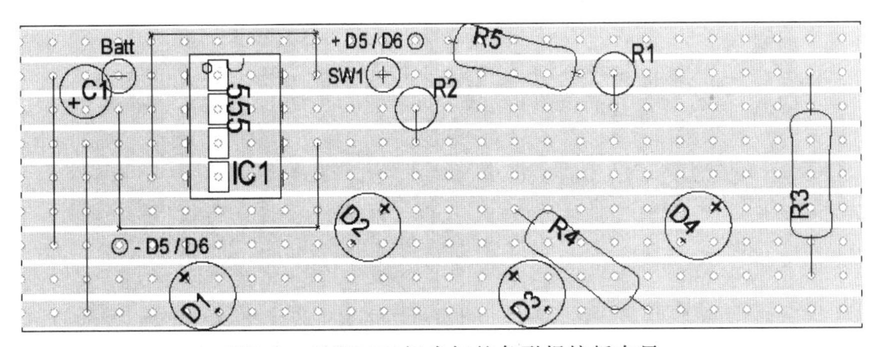

图5.3　后置LED闪光灯的条形焊接板布局

5.1.4 组装电路板

说明 请参考本书第1章中的焊接提示和技巧，并遵照条形焊接板的一般组装原则进行操作。

现在您可以按图5.3所示的布局来组装条形焊接板。在组装完成之后，条形焊接板的外观应该如图5.4所示。

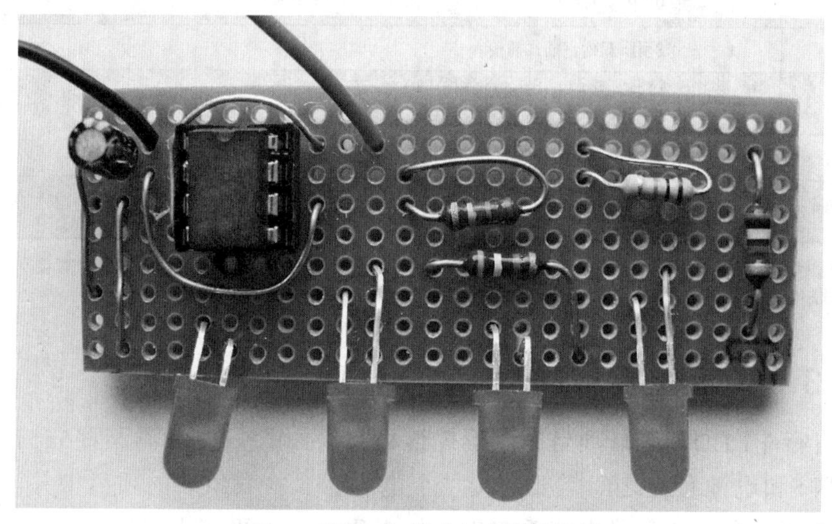

图5.4 后置LED闪光灯条形焊接板

4个LED的连接应该是交替成对的，这意味着D_1和D_3一起点亮，而D_2则是和D_4一起点亮，如图5.5所示。

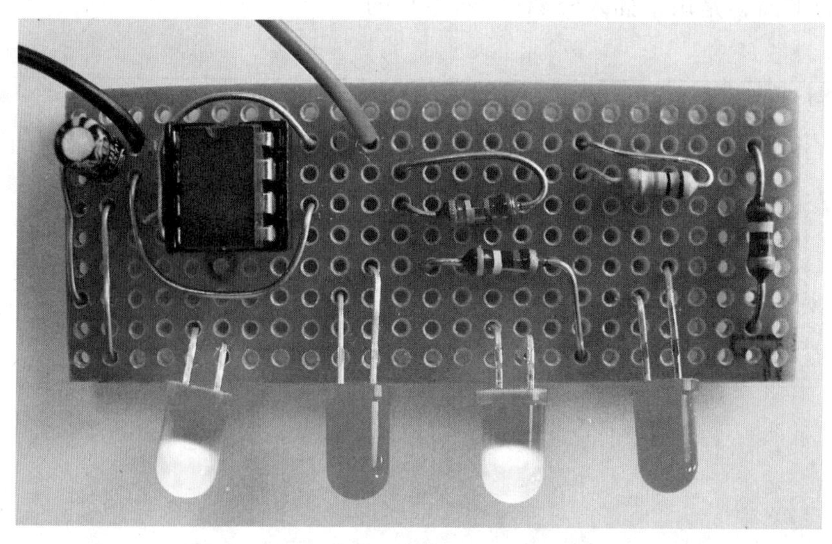

图5.5 已经完成的条形焊接板，LED正在发光

这样的安排可以使闪光更加醒目。如果您决定还要组装前置照明灯，那么您需要在条形焊接板上加装电阻器R_5。

在焊接4个LED时，我让它们平躺在条形焊接板上。这样处理是为了将整个电路板巧妙地放到事先准备好的外壳里面。

5.1.5　前置LED照明灯

如果您决定组装完整的项目，在自行车前面加装两个LED，那么您可以将两个白色LED连接到条形焊接板电路，方法是连接一根长度合适的两芯电线到图5.3所示条形焊接板布局中所标记的点。此外，您还需要将电阻器R_5焊接到条形焊接板上。每当我组装电子项目的时候，我总是会在自己囤积的老旧零件中找一找，看看是否能找到合适的元器件或外壳（我喜欢回收再利用，这种方式不但环保，而且也能为我节省不少钱）。因此，我决定采取非常规的方法，在外壳上节省一些钱。我找到了一个旧的牙线容器（图5.6），在它上面钻了3个孔，并且将它涂成了黑色。它的外形小巧，用来安装两个白色LED是再理想不过的了。当然，如果您在工具箱里面找不到合适的东西，那么也可以为项目购买一个标准的现成外壳。

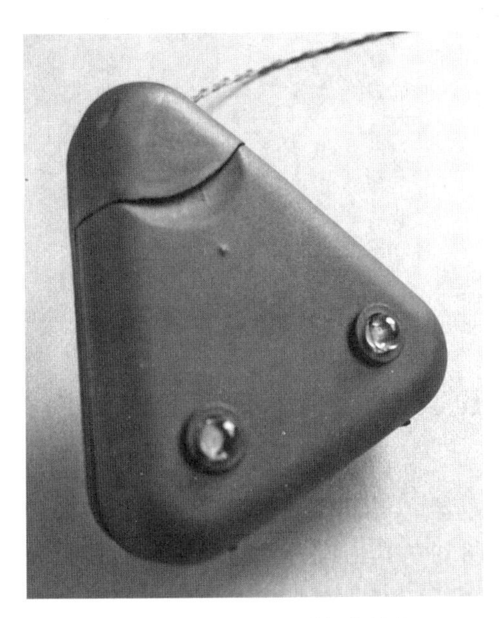

图5.6　前置LED照明灯的外壳

我将外壳安装在自行车的前面，并且已经放入了两个LED。图5.7所示就是盒子的内部，两个白色LED已经焊接在一起（阳极连阳极，阴极连阴极）。然后它们将焊接到一根长度适中的两芯电线上，电线将穿出盒子，用电线扎带可以将电线固定在原地。

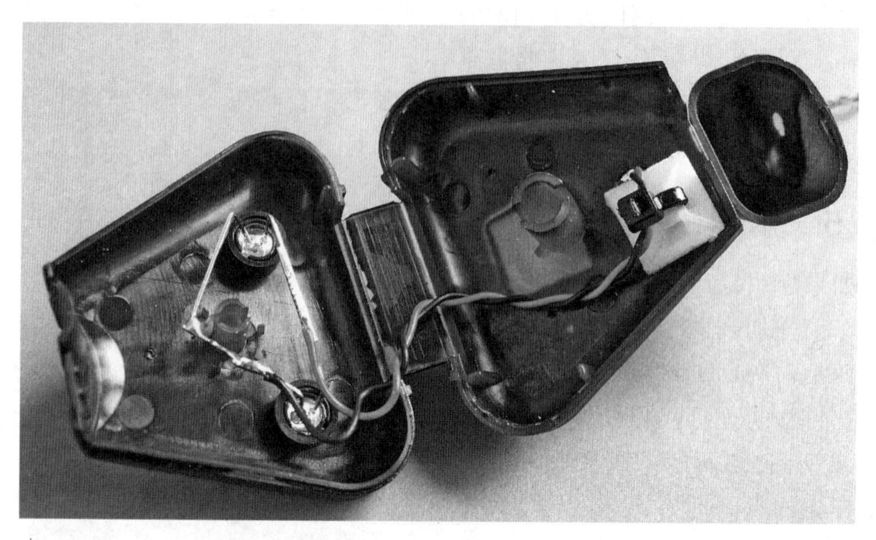

图5.7　将两个LED焊接到一起并连接电线

5.1.6　自行车LED闪光灯外壳

对于主控制单元，我使用的是一个废旧的外壳，它以前用于无线耳机发射器，可以容纳电子元器件和红外LED。前不久这个发射器坏掉了，但令人愉快的是，在拆除它的时候我把外壳保留了下来，现在这个外壳正好派上了用场，它非常小巧，而条形焊接板和红色LED刚好都能巧妙地装进去。您也可以使用自己的废旧外壳，或者从电子元器件商店购买一个合适的外壳。在本书附录中有电子元器件商店列表。

图5.8所示就是已经完成的项目，包括安装在外壳里的主条形焊接板，以及安装在盒子背面的电源切换开关等。PP3电池夹的正极导线被直接焊接到开关上，而开关的另一端则连接到条形焊接板。电池夹的负极导线直接焊接到条形焊接板上。9V PP3电池则紧紧地贴在外壳顶部的空间中。

最后，我用小螺丝将两个电线扎带垫和外壳的另外半边牢牢地固定在一起。我以这些电线扎带垫作为固定点，将整个外壳安装在自行车座位的底下，如图5.9所示。我的自行车座位底下有两个可以挂东西的突起，它们是将外壳固定到座位下面的理想选择，只要用两条扎线带就足够了。

图5.10和图5.11显示了我将两个LED（前置和后置）安装到自行车上的方式。互连电线需要从自行车后面的条形焊接板模块牵出来，连接到自行车前面的白色LED模块。互连电线使用电线扎带安全固定在自行车架上，这样可以确保电线不松动，也不会纠缠不清或绞入车轮或链条里面。

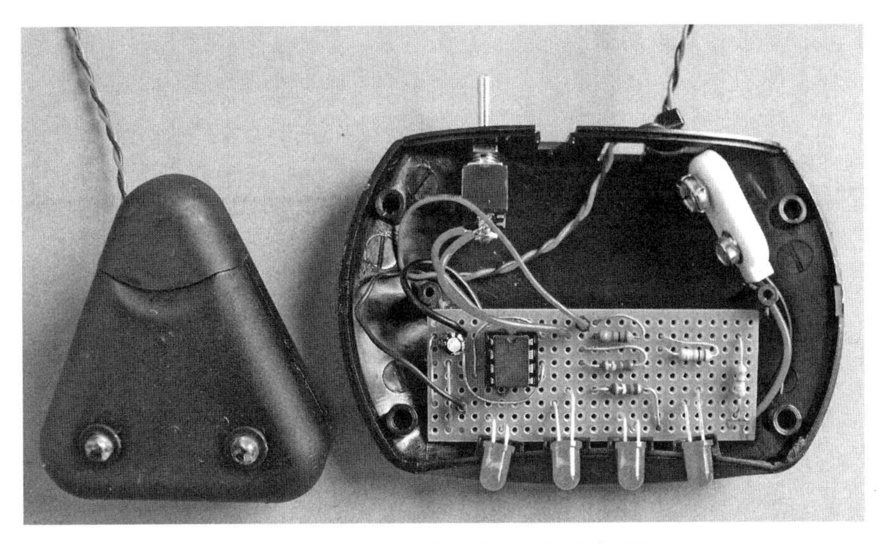

图5.8　已经完成的自行车LED闪光灯项目

图5.9　将后置LED闪光灯安装在自行车座位底下

这个项目的前后两个外壳都是用扎线带和扎线带基座固定到自行车上的。当然，您需要确认扎线带基座能牢固地绑定外壳。

当您在自行车上安装前置和后置外壳时，有一点需要注意，那就是需要确保它们被保护得很好，以免被雨淋或路过水坑时溅到水。后置外壳的安装位置非常理想，因为它可以受到自行车座位的部分保护，但是我想它仍然会时不时地被积水溅射到。我建议在外壳的缝隙中使用一些硅酮密封胶，以防止雨水的侵入。

现在您要做的就是打开安装在自行车座位下的开关，前后LED将同时闪亮。本项目共有6个LED，点亮它们所需的电流总消耗为25～30mA，这意味

图5.10 安装在自行车上的前置LED照明灯

图5.11 后置LED闪光灯正在发光

着电池可以连续坚持好几个小时才需要更换。

5.1.7 减少耗电的实验

在组装本项目的时候，我也曾经实验过使用7555计时器芯片（555计时器的低功率版本），想看一看究竟会发生些什么。我想了解的就是，这样做是否会降低该项目的总体功耗。一般来说，一个标准的555计时器在没有连接任何LED的情况下，从电池获取的电流为5～10mA。这听起来好像不多，但是，在这方面哪怕降低一点点，也可以使得电池坚持的时间出现很大的不同。低功耗7555版本的计时器只需要几百微安，这几乎是一个可以忽略不计的电流消耗，这意味着电路中的电流大部分将被LED消耗。

在实验过程中，我意识到，7555定时器的输出电流能力为100mA（而555版本则为200mA），并且我可能也达到了它的灌电流能力边界。但是，在实验过程中我也发现，7555计时器芯片看起来表现一般。当我使用7555计时器时，虽然项目的总体电流消耗被降低到20mA左右，但是，当我使用555计时器而不是7555计时器时，红色LED的交替切换看起来更“干净”。虽然我已经使用7555计时器对电路测试了好多个小时，但是，我仍然不确定在本电路中使用这种版本计时器的长期效果。

还有一项您可能想要尝试的实验，就是看一看可否用踏板动力给自行车LED闪光灯供电。要做到这一点，其中一种方法是使用一个发电机，当您骑自行车时即可发电。您可以从自行车商店购买这种设备，或者也可以用低电压直流马达来制作一个发电机。如果您决定对此进行尝试，那么您的电路设计需要再加入一些电压整流、滤波和调节等功能模块，以确保电路获得一个稳定的供电电源（并且电路的电压必须正确）。还需要记住的是，当自行车停止时，供电也会停止，这意味着当您停止不前时，LED也将熄灭。因此，您需要考虑加入一个后备式电池电路，当您因为交通灯或路口拥堵而停下时，即可切换使用电池给自行车LED闪光灯供电。

5.1.8　改造电路

如果在您的项目中，发现通过单个串联电阻器给每对LED供电的效果不是很好，那么可能需要对电路示意图和条形焊接板布局进行一点小小的修改。您将需要添加另外3个电阻器（其中两个阻值超过470Ω，D_3和D_4各连接1个；还有1个阻值超过1kΩ，连接到D_6），并且还需要制作3个轨道切口，使得每个LED都能通过它们自己的串联电阻器获得电流。如果您尝试组装这种修改后的电路，那么需要确保前置白色LED（D_5和D_6）的两个正极（+）不会焊接到一起。在本书前面的章节对此有过专门的说明。另外，您可能需要一根三芯电线而不是两芯电线来连接前置LED的控制单元。

第6章

探索多色LED：变色灯箱

本书前面的章节中所有项目使用的LED都是单色的，或者红色或者白色。本章我们将为您演示如何在项目中增加颜色的种类。有3种主要类型的LED可在单个设备中产生一种以上的颜色。这些多色LED是相当灵活的，它们使您可以在项目中制造一些有趣的效果。本章我们将首先讲解这些LED的类型，然后再演示如何组装出图6.1所示的变色灯箱。这种灯箱可以用于营造氛围的情景照明，也可以提供迷你迪斯科灯光效果。

图6.1　变色灯箱

6.1　多色LED

多色LED主要有3种类型。这些类型的LED在同一封装中包含2种或3种不同的颜色元素，使您可以在项目中创造出一些非常有趣的效果。

6.1.1　双色LED

这种类型的LED和单色LED一样，有两只引脚，但和单色LED不同的是，当它被反向偏置时也会发光。这种LED和普通LED一样，需要串联电阻器的保护，但是不同之处在于，当您以一种方向将LED连接到电池，它可能会发出红色的光，而当您以相反的方向连接LED时，它输出的颜色又变成了绿色。这种设备的好处是，您只需要配置两根引脚，但是却产生了两种不同的颜色。不足之处是，在同一时间只能显示一种颜色。当然，如果您能以足够快的速度改变LED的电源电压，那么您可以让其他人以为自己看到的是黄色或琥珀色。

典型的双色LED如图6.2所示。如果更短一些的引脚（位于扁平封装一侧）连接到电池的正极（+），而更长一些的引脚连接到电池的负极（–），那么LED将发出绿色的光；如果电池导线反向连接，那么LED将发出红色的光。别忘了这些LED也仍然需要使用串联电阻器。

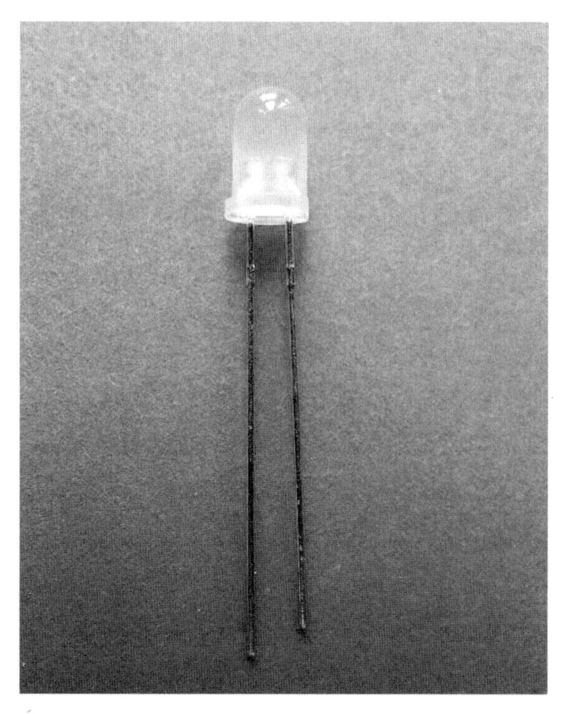

图6.2　双色LED

6.1.2 三色LED

这种类型的LED有3根引脚，一般有2个正极（+）连接和1个负极（–）。这种LED也包含两种颜色元素，即红色和绿色。这种类型的LED和双色LED的区别在于，它无须改变供电电压就可以生成3种颜色。如果电源应用于单个的正极引脚，那么输出颜色将会是红色或绿色（具体显示的颜色取决于哪一个正极引脚被激活）；如果两个正极同时被激活，那么LED的红色和绿色部分都将发光，这会让人以为看到的是黄色或琥珀色。

这种元器件非常适合在数字电路中使用，因为您可以非常轻松地控制3种输出颜色。

典型的三色LED如图6.3所示。这种元器件中间的引脚一般是两种颜色的负极（–）连接，靠近扁平封装一侧的引脚是红色的正极（+）连接，而剩下的左边引脚则是绿色的正极（+）连接。

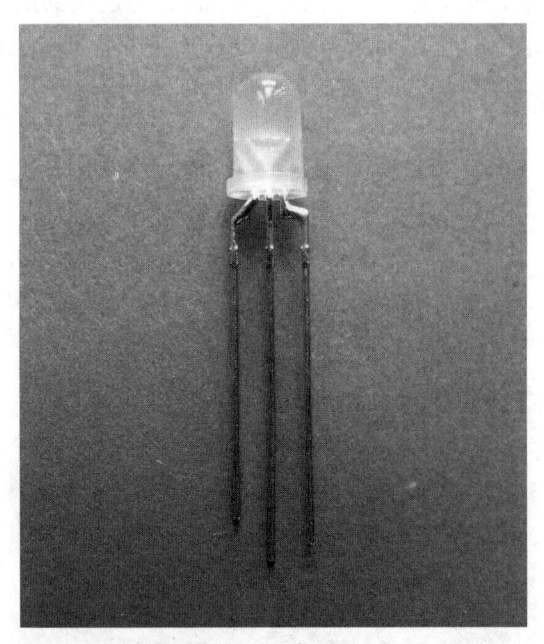

图6.3 三色LED

6.1.3 红色、绿色和蓝色（RGB）LED

第三种主要的LED类型是RGB LED，它在单个封装中包含了3种不同颜色发射器，即红色、绿色和蓝色。该RGB LED和三色LED的工作方式相近，允许您通过激活不同的正极连接组合生成多种颜色。因为该LED中有3种颜色，所以它实际上有7种不同的方式来激活这些引脚，因此，根据接线方式的不同，这样的一个LED完全可以产生7种不同的颜色组合。事实上，这种

LED的用途要广泛得多，通过控制LED中每种颜色发射器发光的亮度，可以生成各种颜色组合，远远超过7种颜色数量。

这种RGB LED的原理和彩色电视屏幕的原理相同，屏幕中的每个像素包含三色滤光片（RGB），每个颜色都可以进行强度调整，以提供所需的色彩输出。例如，如果红色和蓝色在同一时间打开，那么我们就将看到这两种颜色组合的结果——紫色。RGB LED的外观如图6.4所示。这种类型的LED有多种引脚配置，所以您应该仔细参考LED技术参数表。

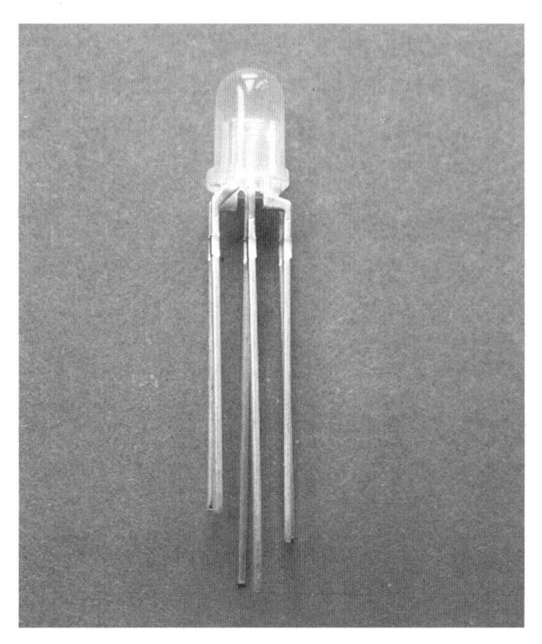

图6.4　RGB　LED

6.1.4　多色LED的符号

图6.5所示是3种不同类型的多色LED所使用的典型示意图符号。

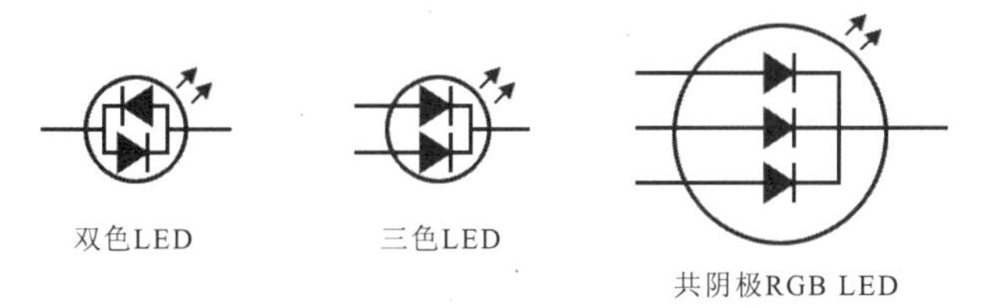

图6.5　多色LED示意图符号

6.2 项目5 变色灯箱

本项目的目的是要告诉您，如何使用RGB LED来生成多种颜色。这是一个非常好的、新颖而且有创意的项目，您可以在此基础上开发出其他情景照明或具有迪斯科效果的项目。

项目说明

- 灯箱是一个使用单个RGB LED的小巧设备。
- 灯箱在7种颜色组合之间缓慢地循环。
- 颜色变换的速度是可以改变的。

就像前面我们所提到的，改变RGB LED的输入配置可以生成不同的颜色组合，这正是本项目的理论基础。因此，您需要组装某种形式的时钟电路，使它有3个输出，用于激活3种独立颜色的LED，产生各种颜色组合。虽然使用3个单独的555计时器创建这样的视觉效果也是一种选择，但是我决定要使用一种不同的电路设计理念。

6.2.1 电路工作原理

我所设计的变色灯箱的电路图如图6.6所示。

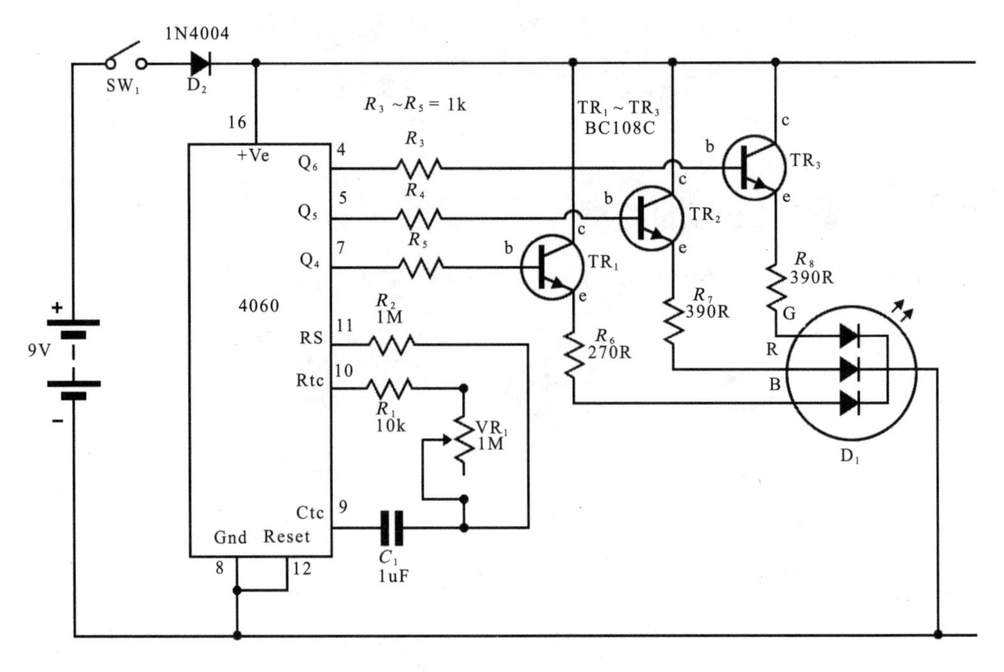

图6.6 变色灯箱电路图

正如您在电路图中所看到的那样，我决定在电路核心使用4060芯片。4060芯片是一个14级的波纹二进制计数器，它有一个额外的好处，就是它有自己的内部时钟生成器。因为它是一个CMOS设备，所以它有比较宽的运行电压。虽然在该电路中也可以使用更低的电压，但是在这里，我们使用了9V电池来驱动电路。集成电路内部振荡器的速度取决于3个元器件R_1、R_2和C_1的值。R_1还被连接到一个可变电阻器VR_1上，VR_1将允许您进一步改变和微调内部振荡器的速度。

该电路的工作方式是：一旦开关SW_1被激活，则4060芯片开始振荡，并且在其输出引脚产生一个二进制计数。该项目将使用第一批的3个二进制输出（通过芯片引脚4、5和7产生），给RGB LED提供各种输入组合。和555计时器不同的是，4060的输出不能持续提供驱动LED所需的电流，所以需要为每次输出提高电流。要做到这一点，即通过基础电阻器R_3 ~ R_5将每个输出分别对应连接到3个NPN晶体管（TR_1 ~ TR_3）的基极。激活晶体管的基极基本上就可以通过其集电极、发射极，直接将正极电压线路切换到3个LED对应的正极。这意味着电路不但只需要从每个集成电路输出引脚上获取很小的电流，而且这些电流还可以用来切换更大的电流激活每个LED颜色。

表6.1显示了由4060集成电路生成的各种二进制输出组合，以及随后由变色灯箱产生的不同颜色组合。表格中的数值1表示正极被激活，而数值0则表示正极被关闭。LED实际产生的颜色取决于每种颜色元素的强度，而这些又取决于每个LED串联电阻器（R_6 ~ R_8）的值。一旦电路被激活，则4060集成电路将通过每个二进制输出连续循环，然后再次从头开始。

表6.1 RGB LED产生的颜色组合

绿色（输出Q6）	红色（输出Q5）	蓝色（输出Q4）	LED颜色输出	整个电路大致耗电
0	0	0	无，LED关闭	0.5mA
0	0	1	蓝色	14.5mA
0	1	0	红色	14.5mA
0	1	1	紫色	27mA
1	0	0	绿色	14.5mA
1	0	1	青色	27mA
1	1	0	橙色	27mA
1	1	1	白色/蓝白	38.5mA

二极管D_2是一个整流二极管，它在电路中的作用就是，当电池无意中被接反时，防止元器件被损坏。

6.2.2 项目零部件列表

变色灯箱项目所需要的零部件列表见表6.2。

表6.2 变色灯箱零部件列表

代 码	数 量	说 明	供应商和零部件编号
IC_1	1	4060B 14位二进制计数器	RS Components308-938（或类似芯片）
D_1	1	5mmRGB LED 红色：V_F（典型值）=2.0V，I_F（最大值）=30mA 绿色：V_F（典型值）=2.2V，I_F（最大值）=25mA 蓝色：V_F（典型值）=4V，I_F（最大值）=30mA	RS Components 247-1511
D_2	1	1N4004 二极管	–
R_1	1	10kΩ 0.5W ±5%容差碳膜电阻器	–
R_2	1	1MΩ 0.5W ±5%容差碳膜电阻器	–
R_3~R_5	3	1kΩ 0.5W ±5%容差碳膜电阻器	–
R_6*	1	270Ω 0.5W ±5%容差碳膜电阻器	–
R_7，R_8*	2	390Ω 0.5W ±5%容差碳膜电阻器	–
VR_1	1	1MΩ微型封闭水平预置电位计（最低额定值0.15W）	–
TR_1-TR_3	3	BC108C NPN晶体管	–
C_1	1	1μF 63V 盒装聚酯电容器	–
SW_1	1	单杆面板安装切换开关，额定值2A	RS Components 710-9674
硬件	1	条形焊接板，2.54mm孔距，37孔宽×24轨道高	–
硬件	1	16引脚双列直插式插槽	–
硬件	1	9V PP3电池PCB安装座	RS Components 489-611
硬件	1	9V PP3电池	–
硬件	1	清晰LED镜头安装（可选）	RS Components 223-1593（5个一包）
硬件	–	外壳、电线、扎线带基座和扎线带、M3尼龙螺丝和螺母（详情请参考本章文字说明）	–

*说明：如果您使用了和本零部件列表中不同的V_F和I_F值的LED，那么您可能需要修改这些LED串联电阻器的电阻和瓦数值。具体的做法请参考本书第2章。

说明 表6.2以单独的列显示了我在本项目中所使用的特定零部件的供应商和零部件编号，您可以参考本书附录或通过网络搜索等方式查找和购买您所需要的零部件。

6.2.3　条形焊接板布局

本项目的条形焊接板布局如图6.7所示。您需要制作17个轨道切口，它们有很多都位于集成电路的双列直插式插槽下面。在图6.7中，轨道切口显示为白色矩形块。在板子中间另外还有6个更大的方块，显示的是RGB LED（D_1）的焊接点。

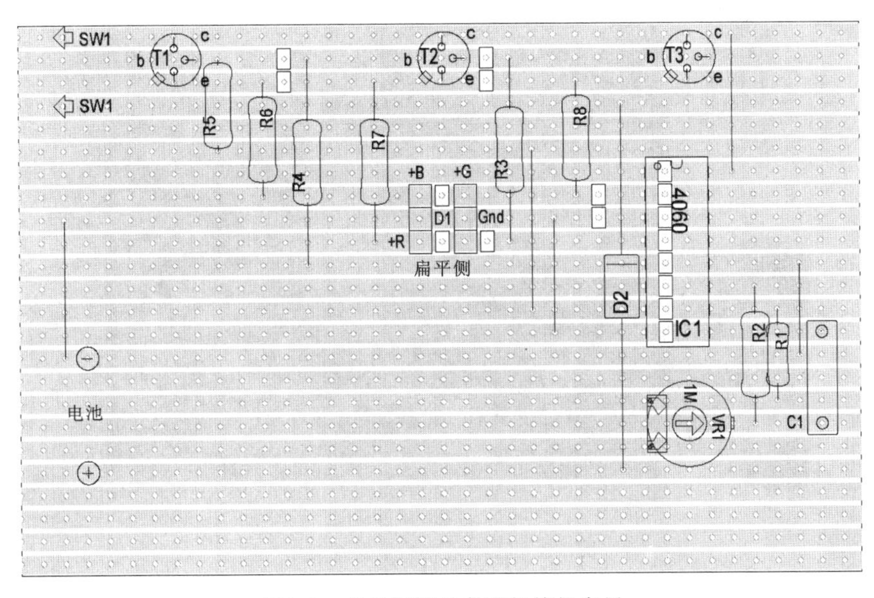

图6.7　变色灯箱的条形焊接板布局

6.2.4　组装及测试电路板

说明　请参考本书第1章中的焊接提示和技巧，并遵照条形焊接板的一般组装原则进行操作。

现在您可以按图6.7所示的布局来组装条形焊接板。在组装完成之后，条形焊接板的外观应该如图6.8所示。您可能已经注意到，我使用的是PCB支架的PP3电池座，并且将它焊接到原地，这样可以使电池安装到焊接板上以节省空间。

如果您决定采用这种方法，那么您也需要在电池座下面的条形焊接板中钻出一个小孔，然后将电池座牢牢固定在条形焊接板上。为了完成这项任务，我使用了尼龙M3螺丝和螺母。另外我还焊接了两根跨线到板子上，并且将它们焊接到了电源开关SW_1的开放连接点。

RGB LED的安装方式如图6.9所示。我把导线留得比较长，这样LED就可以更靠近外壳的中心位置，以便在黑暗中获得更好的灯光效果。如果您所使用的RGB LED和我使用的不同，那么您需要确保您所使用的那个RGB LED也具有相同的引脚配置。如果引脚配置不一样，那么您需要对条形焊接板的布局做一些调整，或者使用跨线将LED安装在条形焊接板之外。

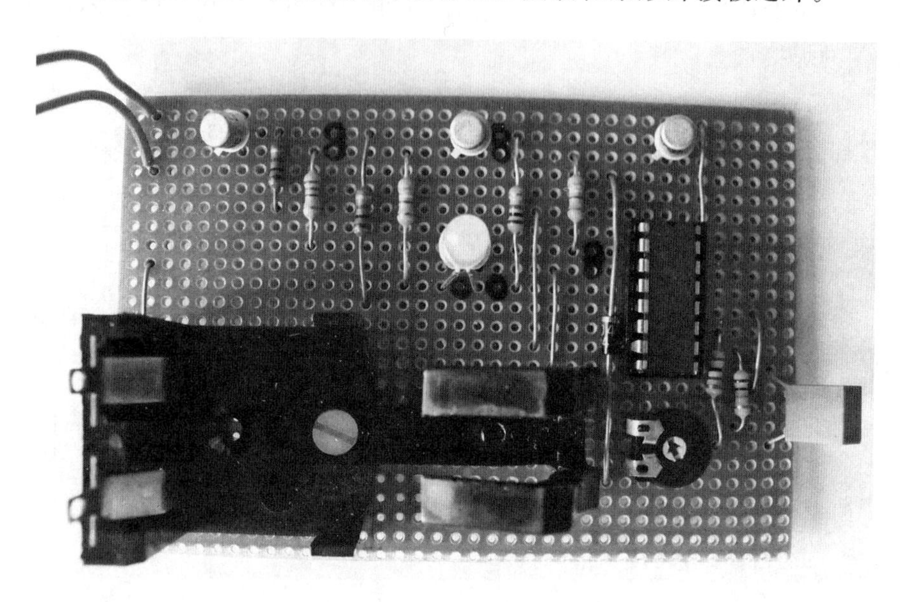

图6.8 已经完成的条形焊接板

需要注意的是，在我最终的原型作品中，二极管D_2应该在开关SW_1之前连接

图6.9 通过把导线留长可抬高RGB LED的位置

在将4060集成电路插入到双列直插式插槽之前，您可以给条形焊接板通电，测试一下晶体管是否能正常工作，是否能激活每一种颜色的LED。

首先，您可以将万用表的正极（+）导线连接到双列直插式插槽的引脚16，而负极（–）导线则连接到引脚8，当电池接入时，确认这些引脚电压都为9V。如果一切正常，那么您可以使用一小段导线，连接双列直插式插槽的引脚6和引脚4，使其短路，那么此时LED的绿色部分将被点亮。如果让引脚16和引脚5短路，那么产生的将是红色，如果让引脚16和引脚7短路，那么产生的将是蓝色。图6.10为您演示了这种操作方法。

图6.10　检查晶体管和LED是否能正常工作

一旦您对测试结果感到满意，即可将电池从电池座中取下，然后将4060集成电路插入到双列直插式插槽中（注意正确的方向），然后将可变电阻器完全逆时针旋转。现在再次装上电池，打开开关，此时您将看到LED以极快的速度在7种颜色组合之间循环闪烁。如果您看到的不是这样，那么您需要取下电池，然后进行常规检查。如果电路工作完全正常，那么您可以缓慢地顺时针旋转可变电阻器，这样可以降低灯箱颜色变换的速度。如果您将可变电阻器按顺时针方向旋转到最大，那么会发现每种颜色变换的时间大约为15s。

6.2.5　寻找合适的外壳

您需要为灯箱寻找一个合适的外壳。理想情况下，您需要的外壳应该是透明的，同时又有喷砂或乳白色的外观，这样别人就看不到盒子里面的东西是什么，但是LED发出的光又可以照亮并穿透它。我找遍了自己放杂物的地方，最后发现一个以前用来装名片的盒子，它是半透明的，用在这个项目上是再合适不过的。如图6.11所示，我将电源开关安装在盒子边上，并且用扎线带固定两根跨线，条形焊接板则被我安装在盒子的盖上。

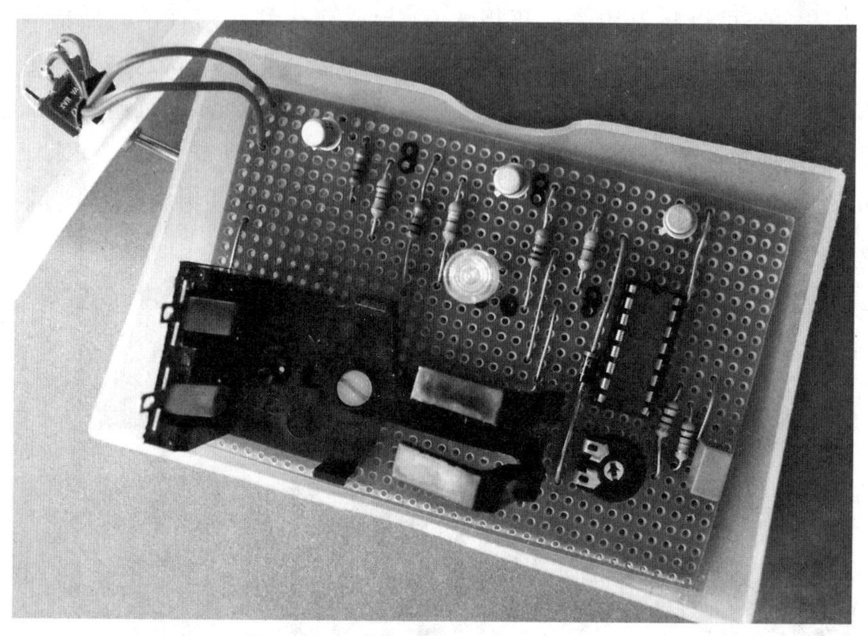

图6.11 将电源开关安装在盒子边上

图6.12显示了已经安装在盒子中的闪光灯箱。另外，我还在RGB LED上加装了一个清晰的镜头（在图6.11中可以看到它），这样可以帮助扩散颜色输出，当然这并不是必须要装的。

图6.12 组装完成的闪光灯箱

6.2.6 来一场灯光秀

现在到了该享受成果的时候了。这个项目需要在黑暗的环境中才能获得最佳效果，所以，在组装完成之后，您可以将它放到黑暗的房间里面，然后打开电源开关。RGB LED发出的明亮色彩将透过乳白色的外壳，使整个盒子放射出迷人的光彩，就像我们在本章开头的图6.1所看到的。您可以设置颜色循环的速度。调慢一些可以营造一个轻松舒缓的情境，而加快速度则可以获得一个迷你型的迪斯科灯光效果。现在，您可以坐下来，放轻松，好好享受一下属于自己的独特灯光秀！

6.2.7 电路改进的可能性探讨

如果您希望定期改变颜色变换的速度，那么您可能更希望将可变电阻器从条形焊接板上拆除，转而在盒子边上安装一个面板形式的元器件。这样在调节速度时更加容易操作。其他的电路修改还包括：您可以考虑尝试创建更多的颜色，或者使LED颜色的变换更加柔和，好像这些颜色在缓慢地相互融合一样。

第7章

使用七段显示器：微型数字显示记分牌

图7.1　微型数字显示记分牌项目

本章我们将要使用的LED类型是七段显示器。该设备允许您使用LED显示数字0～9。您很可能在许多场合见到过这种设备。例如，DVD播放器或立体音响上的显示系统可能就使用了LED显示器；如果您有一个LED闹钟，那么它采用的应该也是七段显示器。这种类型的LED设备通常有一个矩形封装，包含7个单独的LED（如果包含小数点的话，那就是8个），内部LED的排列方式使得它可以通过七段LED的点亮控制创建从0~9的数字。本章我们将首先讲解市场上可以看到的某些七段显示器的变体，然后再演示如何组装图7.1所示的微型数字显示记分牌。

7.1　七段显示器

您可能见过很多形状、大小、颜色各异的七段显示器。最简单的七段显示器应用是单个数字版本的，但是市场上也有一些变体，它们会在单个封装中加入2个或3个七段数字。图7.2所示就是市场上可以看到的一些LED显示器的示例。

在标准七段显示器中的每个LED都是用字母（A～G）进行区别，在查看制造商的技术参数表时，可以看到LED从A~G的位置都相当标准。图7.3所示就是七段显示器各个区别字符的典型布局。

图7.2　形状、大小、颜色各异的LED七段显示器

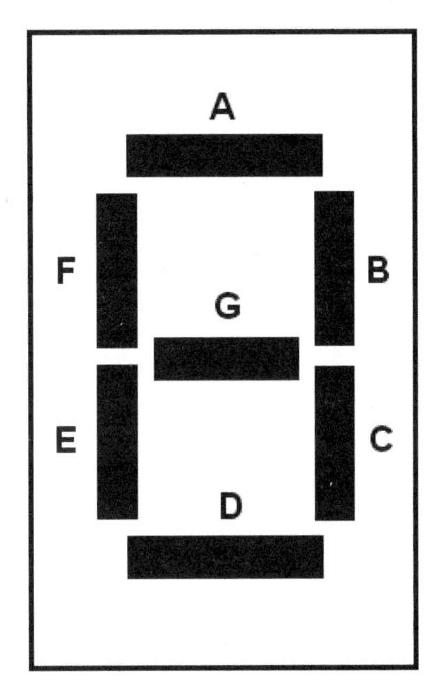

图7.3　标准七段显示器的LED格式

通过控制不同的LED段发光，即可生成从0~9不同的数字。机灵的爱好者可能会意识到，这种设备既可以显示数字，也可以显示字符，只不过能显示的字符集比较受限（例如，在七段显示器上就很难显示字符Q、W或Z等）。实际上，市面上还有其他的数字LED显示器，它们不止七段，因此可以显示更多的字符。例如，图7.2中最上面一排显示的就是这样一种显示器，这种类型的显示器不在本书讨论范围之内。

在选择七段显示器时，重点要考虑的事项之一就是在两种主要的连接类型中选择一种，包括共阴极配置和共阳极配置。在共阴极显示器中的LED，所有7个阴极均连接在一起；而在共阳极显示器中的LED，则是所有7个阳极连接在一起（如果包含小数点的话，则是8个）。

您可以参考图7.3所示的LED布局，再结合表7.1中的代码，即可了解如何通过激活七段LED（A～G）的各种组合来生成数字0～9。表格中的数值1

表示LED已经点亮发光，而数值0则表示LED关闭。

表7.1 七段显示器代码

显示的数字	A	B	C	D	E	F	G
0	1	1	1	1	1	1	0
1	0	1	1	0	0	0	0
2	1	1	0	1	1	0	1
3	1	1	1	1	0	0	1
4	0	1	1	0	0	1	1
5	1	0	1	1	0	1	1
6	1	0	1	1	1	1	1
7	1	1	1	0	0	0	0
8	1	1	1	1	1	1	1
9	1	1	1	1	0	1	1

表7.1显示了可以在七段显示器上产生数字0～9的7位二进制代码，所以，您现在所需要的，就是一个能生成合适的7位二进制计数的设备，这个计数应该就像表7.1其中的一行那样。幸运的是，市面上有很多集成电路都可以轻而易举地做到这一点，其中有两个例子就是4026B和4511B集成电路，它们都是CMOS设备。我们将在接下来的项目中对它们进行具体的讨论。还有一种驱动七段显示器的方法，那就是使用微控制器，并且利用代码进行编程，以便在显示器上生成数字。此外，你也可以考虑使用多路复用技术来点亮多个显示器（对不起，我好像有点忘乎所以，直接越过现在要讲述的内容了！您将会在后面的章节遇到这种技术）。

如果现在您已经理解了点亮七段显示器的概念和原理，那么我们就可以组装自己的七段显示器记分牌。

7.2 项目6 微型数字显示记分牌

在本项目中组装的微型数字显示记分牌可以在两个七段显示器上产生数字，并且被设计成具有两种运行模式。

7.2.1 电路工作原理

正如之前我们所提到的那样，某些集成电路就是被设计用来驱动七段显示器的。我最开始考虑的是4511B集成电路，因为它有良好的拉电流能力，可以使LED的发光非常明亮。但是，它还需要一个采用4位二进制编码的十进制（BCD）计数器，这样才能从0数到9。我希望使用尽可能少的芯片，所以我决定放弃4511B，转而使用4026B集成电路。4026B设备是该项目的理想元器件，因为它可以产生在七段显示器上创建数字所需的7位二进制编码，并且不需要额外的计数器，集成电路本身就可以"计时"。使用4026B唯一的缺陷就是它的拉电流能力不像4511B那样好，实际上，它的每个输出只能根据供电电压驱动几毫安的电流。如果您想要使LED显示更加明亮，那么需要加入某些额外的驱动电路，例如，一排晶体管。当然，由于LED的低电流特性，即使它只能获得有限的一点电流，也可以产生很明亮的输出，所以，4026B设备在本项目中仍然可以很好地工作。

项目说明

- 微型数字显示记分牌使用了两种独立的七段LED显示器。
- 该项目有两个独立的计数按钮，允许您递增每个显示的数字。
- 第3个按钮则允许您将显示的数字重置为0。
- 在模式1中，每个显示器都可以单独从0~9计数。这可以用于记录两个运动员的成绩，例如，桌式足球计分。
- 在模式2中，两个显示器连接在一起，它们可以记录从0～99的数字（当然，您也可以制作两个独立的记分牌，每个运动员都有一个记分牌）。

说明　4026B集成电路只能向上计数，因此，如果您需要组装一个能够向上或向下计数的数字计数器，那么需要使用不同的集成电路。

图7.4所示就是七段数字显示记分牌项目的最终电路图。

该电路的运行非常简单，因为绝大多数工作都是由两个4026B集成电路来完成的。这两个集成电路通过串联电阻器R_1~R_{14}直接连接到七段显示器。这些电阻器连接到每个4026B集成电路（引脚6、7、9、10、11、12和13）生成的7个输出信号，其中提供了一个高输出信号，以驱动七段显示器中单独的LED。

正如您所看到的，这些七段显示器需要的是共阴极类型。另外，您还会发现，这两个七段显示器电路是一样的，并且它们还共享复位信号和供电线路。假设当电路被激活（模式1）时，跳线连接1在原地，当按键开关SW_1被按下时，显示器D_1上的数字增加1，于是显示数字1；再次按下开关则生成数字2，以此类推。按下开关SW_2，则可以在显示器D_2上显示同样类型的计数。当显示器显示数字9时，如果再次按下对应的按键开关，则数字又返回采用0。这种运

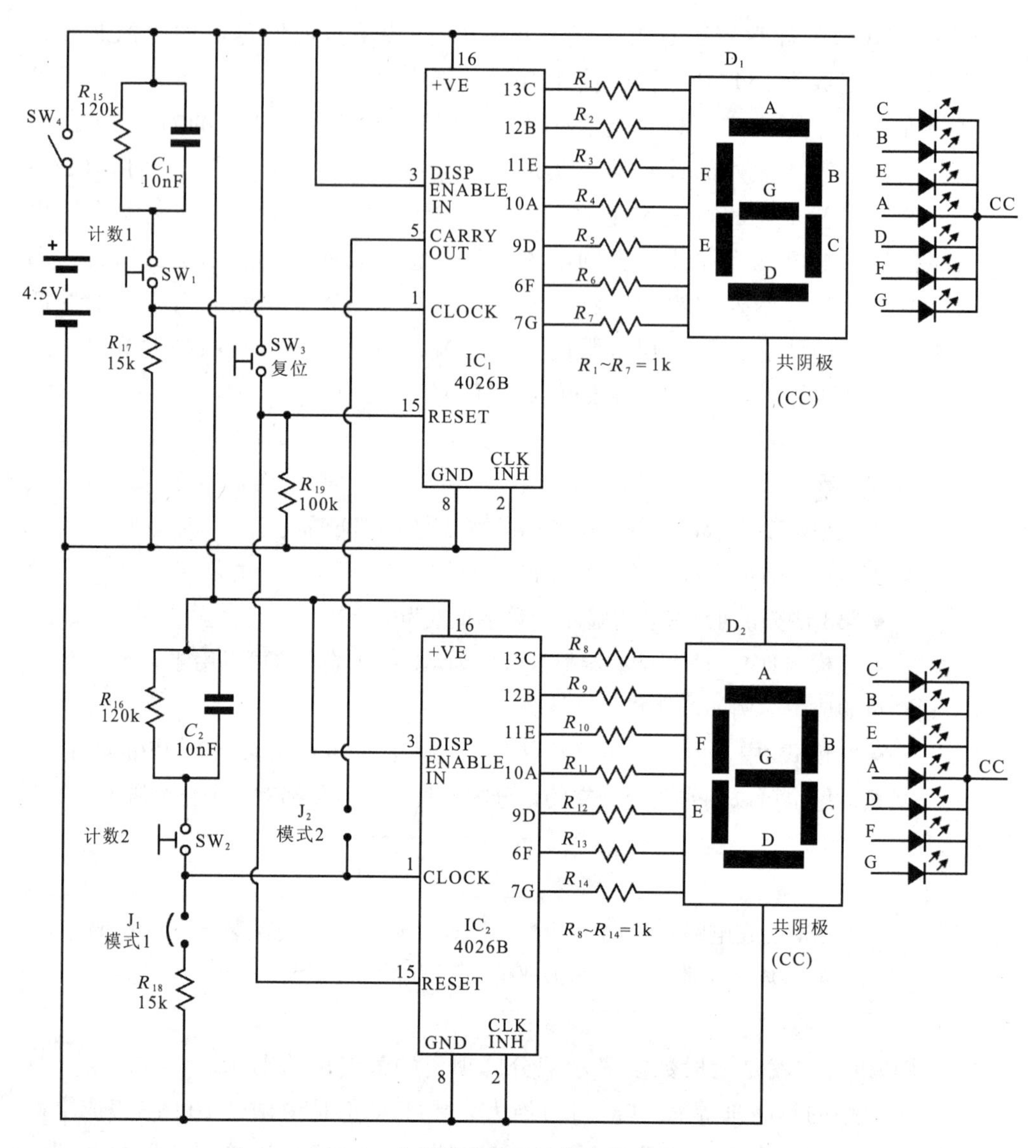

图7.4 七段数字显示记分牌电路图

行模式可以创建一个微型记分牌，为运动员计算积分，最高到9分。

如果您撤除跳线连接1，然后将它跨越到跳线连接2以激活模式2，电路将以一种不同的方式运行，它会把集成电路IC_1引脚5上的输出信号连接到IC_2的时钟输入引脚1。这意味着每次开关SW_1被按下时，显示器D_1向上计数，当它从9回到0时，来自集成电路IC_1的输出脉冲将给IC_2计数，在显示器D_2上生成数字1。这样产生的效果就是两个显示器合在一起显示数字10。所以，这种模式允许您使用两个显示器来生成数字0~99。

无论哪一种模式，您都可以通过按下复位按键SW_3来使显示数字归零。

一般情况下，两个复位引脚15都通过电阻器R_{19}被置于低电平，当复位按钮被按下时，这两个集成电路的复位引脚都获得了高电平，从而使两个显示器的数字均重置为0。这两个集成电路上的时钟抑制引脚2被置于低电平，以允许计数发生。

您可能还会注意到，围绕每个时钟和开关电路有2个电阻器和1个电容器，就是集成电路IC_1旁边的R_{15}、C_1和R_{17}，以及IC_2旁边的R_{16}、C_2和R_{18}。当您按下开关时，电路中包含的这些元器件就会反跳开关的计数脉冲。如果没有这些元器件，那么当您按下计数按钮时，显示器可能会累加2个或3个数字，因为当您按下机械开关时，它也许会“弹跳”多次，而这会被数字时钟电路看作多重脉冲。如果您发现开关不太正常，那么您可以尝试增加电容C_1和C_2的值，看一看是否能解决问题。注意，当您撤除跳线连接1并将它跨越到跳线连接2以进入模式2时，集成电路IC_2的时钟输入不再通过R_{18}被置于低电平，这样就允许来自IC_1的输出信号以需要的方式给IC_2计时。

正如我们前面所提到的那样，来自4026B的显示输出只能驱动很少的一点电流，这也就是每个LED的串联电阻器的额定电阻值为1kΩ的原因。虽然这样会使每个LED段的电流供应降低到小于2.5mA，但是LED显示器仍然足够明亮，您完全能够看得清清楚楚。整个电路由4.5V电源驱动，因此只要3节AA电池就可以了。

7.2.2　项目零部件列表

微型数字显示记分牌项目所需要的零部件列表见表7.2。

说明　表7.2以单独的列显示了我在本项目中所使用的特定零部件的供应商和零部件编号，您可以参考本书附录或通过网络搜索等方式查找和购买您所需要的零部件。

表7.2　微型数字显示记分牌零部件列表

代　码	数　量	说　明	供应商和零部件编号
$IC_{1,2}$	2	带七段显示器输出的4026B十进制计数器	ESR Electronic Components 4026B
D_1，D_2	2	七段绿色共阴极显示器 V_F（典型值）=2.1V，I_F（最大值）=30mA	RS Components 195-108 （制造商编号：Avago Tech. HDSP-5603）
R_1~R_{14}*	14	1kΩ 0.5W ±5%容差碳膜电阻器	-
R_{15}，R_{16}	2	120kΩ 0.5W ±5%容差碳膜电阻器	-
R_{17}，R_{18}	2	15kΩ 0.5W ±5%容差碳膜电阻器	-

续表7.2

代码	数量	说明	供应商和零部件编号
R_{19}	1	100kΩ 0.5W ±5%容差碳膜电阻器	-
C_1，C_2	2	10nF 陶瓷圆盘电容器（最低额定值16V）	-
SW_1~SW_3	3	6mm×6mm瞬时按键开关，17mm高，额定电流为50mA	RS Components 479-1463（20个一包）
SW_4	1	单杆面板安装切换开关，2A 额定值	RS Components 710-9674
硬件	1	条形焊接板，2.54mm孔距，37孔宽×24轨道高	-
硬件	2	16引脚双列直插式插槽	-
硬件（J_1和J_2）	1	4路单行PCB引脚头	ESR Electronic Components 111-104
硬件（J_1和J_2）	1	适应单行PCB引脚头的跳线连接	ESR Electronic Components 111-930
硬件	1	20路转向引脚单列直插式插槽条	RS Components 267-7400（5个一包）
硬件	1	外壳：半透明蓝色 150mm×80mm×50mm	RS Components 528-6906（制造商编号：Hammond 1591DTBU）
硬件	1	PP3电池夹和导线	RS Components 489-021（5个一包）
硬件	1	AA电池座（3节AA电池）	Maplin YR61R
硬件	3	AA电池（1.5V）	-
硬件	4	M3×20mm尼龙槽螺丝	RS Components 527-656（100个一袋）
硬件	12	M3尼龙螺母	RS Components 527-701（50个一袋）
硬件	-	双面不干胶带、扎线带	-

*说明：如果您使用了和本零部件列表中不同的V_F和I_F值的LED，那么您可能需要修改这些LED串联电阻器的电阻和瓦数值，具体的做法请参考本书第2章。另外还需要注意，在本项目的计算中，I_F的值应该小于2.5mA，如果可能的话，最理想的值是1mA。

7.2.3 条形焊接板布局

微型数字显示记分牌项目的条形焊接板布局如图7.5所示。如果您已经按顺序组装了本书前面的项目，那么这个项目的条形焊接板布局应该是到目前为止您所遇到的最“热闹”的条形焊接板布局。理由是它太拥挤了，这么多元器件安装在一块条形焊接板上。您可能会想要将两个LED显示器单独安装在一块条形焊接板上，但是那样的话您就需要给每个LED段焊接互连导线，可能要使用比较长的带状电缆。

您也可能会决定使用不同类型的七段显示器，它们可能具有和我所使用的七段显示器不同的引脚输出。在这种情况下，您需要对条形焊接板的布局或串联电阻器的值做出一些修改，以适应您所使用的设备。

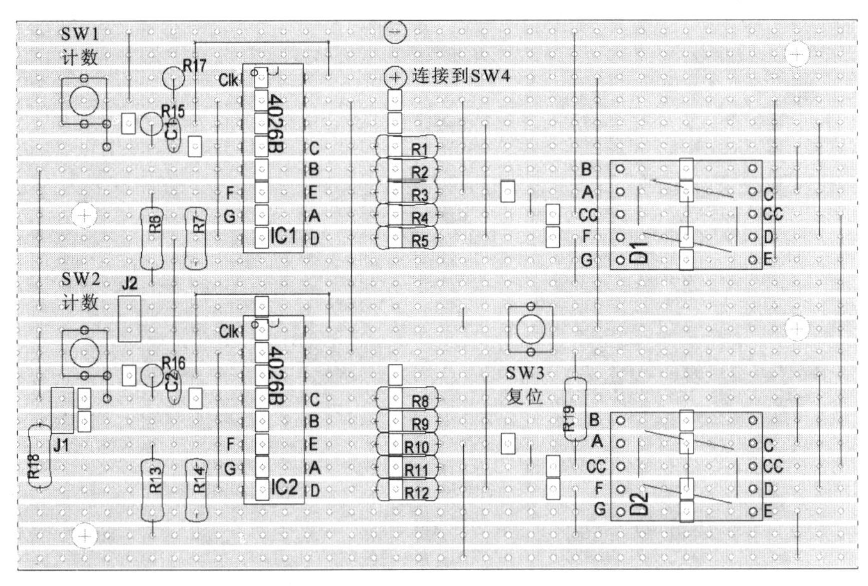

图7.5　微型数字显示记分牌的条形焊接板布局

注意，您需要在条形焊接板上制作50个切断的轨道，它们位于集成电路插槽和七段显示器的下面，在布局示意图中显示为白色矩形块，如图7.5所示。您还需要在条形焊接板中钻出4个直径3mm的小孔，它们在布局图中以4个白色圆圈表示，并且中间有十字符号（+）。

7.2.4　组装及测试电路板

说明　请参考本书第1章中的焊接提示和技巧，并遵照条形焊接板的一般组装原则进行操作。

请仔细按照图7.5所示的条形焊接板布局组装电路。您可以将四通针裁剪一半，变成两个双向针，以创建J_1和J_2，您需要将它们焊接在原地。另外，我还决定对七段显示器使用翻转引脚单列直插式插槽，而不是直接将显示器焊接到板子上。您可以将20路单列直插式插槽分割为4个5路单列直插式插槽带，然后将它们焊接在原地。当条形焊接板的组装完成之后，您可以将七段显示器的引脚插入到单列直插式插槽内。完成后的条形焊接板外观应该如图7.6、图7.7所示。

图7.6　已经完成组装的条形焊接板布局

图7.7　条形焊接板背面
注意电阻器的位置和开关下面连接的电线

图7.7显示了14个电阻器（从R_1到R_{14}）的位置安排，也就是按交替方式安装，这样可以防止电阻器在无意中碰触到一起时发生导线短路的情况。另外一

件值得注意的事情是，在将开关SW_1和SW_2焊接到原地之前，我已经在它们的下面插入了连接电线，这从图7.6和图7.7的左侧也能看得出来。

在插入两个4026B集成电路之前，您可以先测试一下电路，测试的方式和我们在第6章中测试变色灯箱项目是一样的。在没有插入集成电路的情况下，给电路提供4.5V电压，此时应该没有任何显示器会被点亮。用万用表测量两个集成电路插槽的引脚16和引脚8之间的电压，您会发现两个集成电路的引脚16相对引脚8的电压为+4.5V。您也可以检查显示器的每一段是否工作正常。例如，将集成电路IC_1的双列直插式插槽的引脚16（+）短路连接到引脚13，那么此时显示器D_1的C段将点亮发光；将集成电路IC_1的双列直插式插槽的引脚16（+）短路连接到引脚12，那么此时显示器D_1的B段将点亮发光。按照这种方法，您可以验证两个显示器的所有14段是否都能正常工作。

当您对测试的结果感到满意时，即可从电路中撤除电池，然后将两个4026B集成电路插入到双列直插式插槽中。注意，在插入的时候要确认正确的方向。然后插入跳线连接跨越J_1接头，并且将电池连接到电路，此时您将看到两个显示器均显示数字0。按下SW_1开关一次，显示器D_1的计数将增加1，按下SW_2开关一次，相应地，显示器D_2的计数也将增加1。继续按下SW_1开关，以确认显示器D_1是否能够正确地显示从0~9的数字；然后同样按下SW_2开关，确认显示器D_2是否能够正确地显示从0~9的数字。如果您的电路不能按这种方式运行，那么需要对条形焊接板做整体的检查，确认导线连接和元器件都焊接在正确的位置，并且没有轨道因为多余的焊料而连接在一起。如果您发现按压一次开关却导致计数增加了2或3，那么需要调整反跳电阻器和电容器的值，以适应开关的类型。有时候，在按下开关时轻柔一点，也可以防止反跳，但是它同样取决于您所使用的开关的类型。

如果一切工作正常，那么按下复位开关SW_3，则两个显示器的数字都将重置为0。现在我们取下J_1上的跳线连接，然后将它插入跨越J_2接头。您会发现，如果保持按下开关SW_1，那么您可以把两个显示器当成一个来用，从0开始，计数到99，然后再从0开始计数。

7.2.5 将记分牌安装到外壳中

我决定为该项目选择一个蓝色透明的外壳，这样我就可以看见盒子里面的电子元器件，盒子本身可以作为两个绿色LED显示器的滤镜，而且可以使显示器看起来更加清晰。如果您也决定用一个像这样的盒子，那么我建议先在盖子上标记4个开关和4个固定螺丝的钻孔位置。图7.8所示就是我使用的盖子，我已经钻出几个小孔，并在用于固定的小孔中插入了4个M3尼龙螺丝。您还可以看到，在图7.8的右侧，我已经将电源开关SW_4插入到位了。

图7.8 盖子已经钻孔，并且已经插入尼龙螺丝和螺母

我使用了4个尼龙螺丝和螺母来创建支座，将条形焊接板安装到盖子上。4个螺母的位置要非常低才行，这样才能让板子上安装的开关穿透盖子上的小孔。板子需要穿入4个尼龙螺丝，然后将4个尼龙螺母拧紧。我还另外使用了4个尼龙螺母将条形焊接板固定在原地，如图7.9所示。

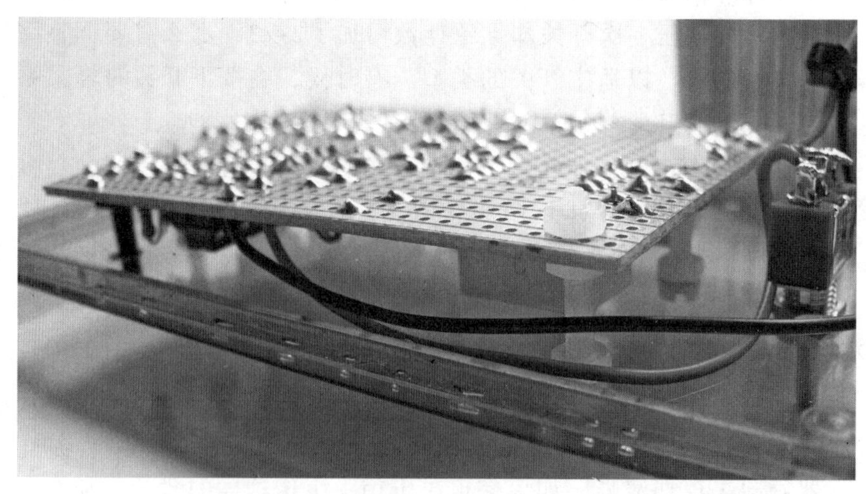

图7.9 条形焊接板已经安装在尼龙螺丝上，并且已经在原地固定

注意　请确认您使用了绝缘螺丝和螺母将板子安装到外壳上。如果您使用的是金属螺丝和螺母，那么条形焊接板轨道将会短路，导致电路无法正常工作，甚至有可能损坏元器件。

现在您可以剪断电池连接线和板子之间的正极供电线缆，然后将这两个正极跨线焊接到电源开关SW_4。使用双面胶将AA电池座固定到盒子内部，然后再装入电池即可。完成组装之后的外壳和盖子如图7.10所示。

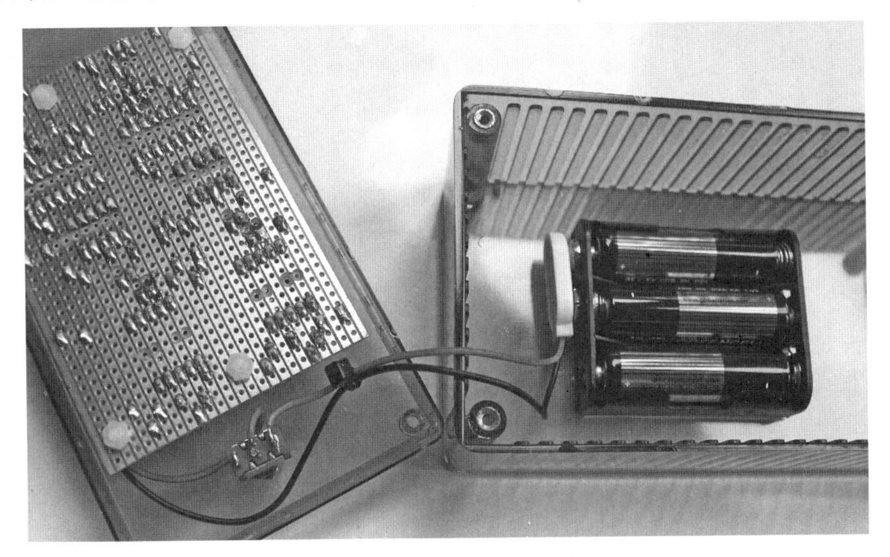

图7.10　已经完成的盖子和固定在盒子里面的电池座

最后，您可以用螺丝将盖子和外壳拧紧，最终完成的记分牌如图7.11所示。

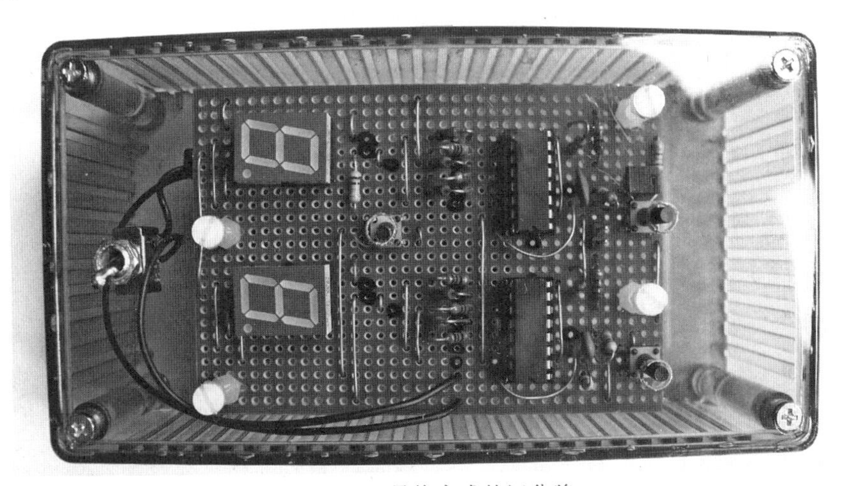

图7.11　最终完成的记分牌

7.2.6 进一步的改进

出于方便的考虑，您可能会决定将板子上安装的跳线引脚J_1和J_2替换掉，转而使用一个“模式”开关，安装在外壳的前面。做出这样的修改之后，在需要改变运行模式时，就不必每次都拆开条形焊接板和盖子了。

如果您确实勇于尝试，那么可以重新设计电路，制作更大的电路板，这样您就可以扩展电路来驱动3个七段显示器，如果您使用的第3个集成电路是4026B，那么它将允许从0开始计数，直到999（有一个更简洁的方法可以做到这一点，我们将在后面的章节中对此进行探讨）。

第2部分
时序项目

第 8 章

使用4017十进制计数器：实验性LED时序电路

在本书第1部分的项目中，介绍了LED基本的照明和闪光等应用。从本章开始，我们将介绍加入了时序电路的系列项目，本章项目是系列时序项目中的第一个。也就是说，这些项目包含若干按顺序点亮的LED。在同一时间，既可以只点亮一个LED，也可以点亮多个LED。这些时序电路也可以被称为“瀑布”或“追逐”电路，因为有时它们产生的视觉效果就像一连串的灯光瀑布，或者每个灯光都会在循环中互相追逐。如果您参观过展览会、剧院或者见识过像北京、上海这样的大都市五彩缤纷的灯光夜景，那么想必您应该对那些跑马灯一样的广告留下深刻的印象，它们就是时序电路的实际应用，广告标志被彩色灯光环绕起来，而这些彩色灯光则在循环中互相追逐，或者闪闪发亮。

说明　如果您已经完成了本书第6章的项目，那么您已经接触到了利用基础的时序电路点亮LED的电路了，当然这个时序电路可能表现得不是那么直接和明显。变色灯箱项目使用了一个4060集成电路，以输出一个二进制的计数时序，然后有3种二进制输出都被用于改变RGB LED的颜色。

本章将首先为您介绍如何组装一个如图8.1所示的实验性的时序电路，然后我们将探索用这种时序电路来做更多的事情。本项目中我们仍然使用条形焊接板作为更大的LED显示器的基础。在本书第2部分接下来的章节中，我们还将为您介绍一些更加有趣的时序电路项目的组装方法。

图8.1　实验性时序电路板

8.1　74HC系列集成电路

4000系列的集成电路设备，例如本章我们将要介绍的4017、在第6章项目中使用的4060、在第7章项目中使用的4026B，其拉电流输出能力都比较有限，需要提供额外的驱动电路以提高电流，或者增加串联电阻器的值以降低LED吸收的电流。而CMOS 4000系列集成电路的好处之一，就是它们能接受较大范围的供电电压，一般3～18V都可以。但是，由此带来的后果就是它们的电流输出能力被限制为只有几毫安。

另外一个可用的4000系列集成电路是74HC。74HC系列集成电路的好处之一，是它们的输出电流功率有时要高于上面我们介绍的4000版本的集成电路。但是，该系列设备也有一个缺陷，那就是它们允许的最大供电电压通常只有5V或6V。

您将会发现，有些CMOS 4000设备（但不是全部）和74HC系列是重复的。当然，需要注意的是，在两个系列中相同设备的引脚输出还是有所不同的，因此，我们的建议是，一定要仔细查看制造商的技术参数表，以确认其引脚输出，而不是想当然地假定它们的引脚能相互兼容。幸运的是，我们在本项目中使用的4017十进制计数器在74HC版本中也有供应，它的输出引脚拉电流能力为25mA，这意味着无需加入任何其他驱动电路，就可以在每个输出引脚上运行单个的LED。从理论上来说，在本项目中使用标准的4017集成电路是可行的，因为这两种设备（标准版和74HC版本）的引脚输出是一样的，但是如果真要这么做的话，则需要确认提高了LED串联电阻器R_4的值，以确保LED电流被降低到只有1mA或2mA，否则，就可能会损坏集成电路。

8.2 项目7 实验性LED时序电路

就本人观点而言，我认为4017十进制计数器是在时序电路核心中应用得最广泛的设备之一。本章的这个项目就是为了介绍这个该集成电路而设计的实验性电路。

项目说明

- 该实验性电路板使用了一个LED条形显示器，以演示时序电路的运行。
- 您无需从板子上脱焊任何元器件，即可轻松修改电路的运行方式。
- 该实验性LED时序电路可以作为更大的LED项目的核心。

本项目中使用的集成电路是4017十进制计数器的74HC变体。它包含10个单独的解码输出，这意味着在任何一个时间都将只有一个高状态输出。每次4017从外部时钟电路接收到一个时钟信号时，时序中的下一个输出将达到高电平状态。因此，您可以用这10个解码输出控制单独的LED，然后按照您的意愿产生某些特殊的照明效果。正如我们所提到的那样，4017设备确实需要一个独立的时钟电路来触发下一次输出，而不像我们在变色灯箱项目中使用过的4060设备，它有自己的内部振荡器。表8.1显示了当4017集成电路接收到时钟信号时，其10个输出（Q_0 ~ Q_9）的运行方式。表格中的数值1表示输出为高电平，而数值0则表示输出为低电平。

表8.1 4017集成电路输出的运行方式

时钟脉冲	Q_0	Q_1	Q_2	Q_3	Q_4	Q_5	Q_6	Q_7	Q_8	Q_9
1	1	0	0	0	0	0	0	0	0	0
2	0	1	0	0	0	0	0	0	0	0
3	0	0	1	0	0	0	0	0	0	0
4	0	0	0	1	0	0	0	0	0	0
5	0	0	0	0	1	0	0	0	0	0
6	0	0	0	0	0	1	0	0	0	0
7	0	0	0	0	0	0	1	0	0	0
8	0	0	0	0	0	0	0	1	0	0
9	0	0	0	0	0	0	0	0	1	0
10	0	0	0	0	0	0	0	0	0	1
11	1	0	0	0	0	0	0	0	0	0
12	0	1	0	0	0	0	0	0	0	0

8.2.1 电路工作原理

图8.2所示就是实验性LED时序电路项目的电路图。

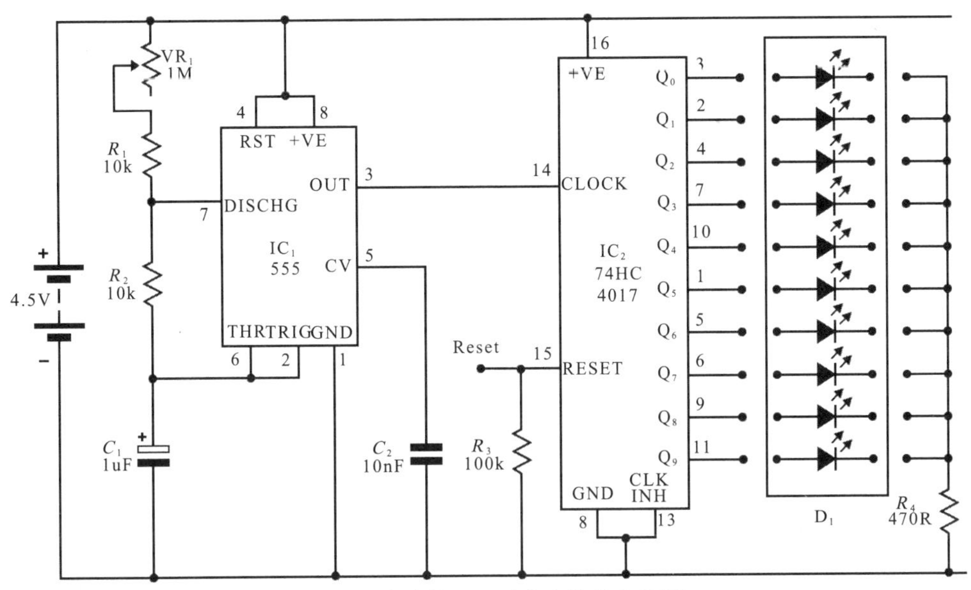

图8.2　实验性LED时序电路的电路图

在本项目中，将用到两个集成电路：IC_1是时钟电路，IC_2是时序电路。和前面的项目一样，围绕IC_1的电路是一个非稳态模式的555计时器，它的输出时钟速度是由电阻器R_1、R_2，可变电阻器VR_1和电容器C_1决定的。IC_1的时钟输出是引脚3，它将直接连接到IC_2的时钟输入引脚14，而IC_2则是一个74HC4017十进制计数器。每当IC_2的引脚14接收到来自555计时器的时钟信号时，它将激活表8.1中列出的10个输出中的一个。74HC4017的剩余引脚通过电阻器R_3保持低电平，如果该引脚变成高电平，则十进制计数器将复位到起始输出Q_0（引脚3）。IC_2的引脚13是“支持时钟”引脚，它需要保持低电平才能让计数器运行。在该电路中唯一没有使用的引脚是引脚12，这是一个“计数器超出”引脚，它可以用于将多个74HC4017集成电路叠加到一起，允许您根据需要点亮10个以上的LED序列。

IC_2的10个解码输出将连接到20引脚的双列直插式插槽，您可以在该插槽中插入D_1，也就是十段LED条形显示器。本项目首次使用了这种类型的LED包。这种设备通常包含10个或20个单独的LED条形显示器，并且很方便地封装到单个包中。一般情况下，它们多用于需要条形显示的环境，例如，混合器台面或立体声系统中的图形均衡器。本项目使用了一个包含10个LED的条形显示LED包，为您演示74HC4017集成电路是如何点亮一行LED的。

另外还需要注意的是，只有一个串联电阻器可以限制10个LED的电流，那就是R_4。这样设计的理由是：每次只有一个LED会被点亮，所以串联一个电阻器就已经足够了。

8.2.2 项目零部件列表

实验性LED时序电路项目所需要的零部件列表见表8.2。

表8.2 实验性LED时序电路零部件列表

代 码	数 量	说 明	供应商和零部件编号
IC_1	1	555计时器	RS Components534-3469（或类似芯片）
IC_2	1	74HC4017十进制计数器	RS Components 709-3062（10个一包）或ESR Electronic Components 74HC4017
R_1,R_2	2	10kΩ 0.5W ±5%容差碳膜电阻器	–
R_3	1	100kΩ 0.5W ±5%容差碳膜电阻器	–
R_4*	1	470Ω 0.5W ±5%容差碳膜电阻器	–
VR_1	1	1MΩ微型封闭水平预置电位计（最低额定值0.15W）	–
C_1	1	1μF 16V径向电解质电容器	–
C_2	1	10nF 16V陶瓷圆盘电容器	–
D_1	1	十段LED绿色条形显示器（详情请参考本章文字说明）V_F（典型值）=2.1V，I_F（典型值）=20mA	RS Components 719-2409（2个一包）（制造商编号：Kingbright DC-10CGKWA）
D_1（备选）	1	七段红色共阴极显示器 HDSP-5503（详情请参考本章文字说明）V_F（典型值）=2.1V、I_F（典型值）=20mA	RS Components 587-951（制造商编号：Avago Tech. HDSP-5503）
硬件	1	条形焊接板，2.54mm孔距，37孔宽×24轨道高	–
硬件	1	8引脚双列直插式插槽	–
硬件	1	16引脚双列直插式插槽	–
硬件	1	20引脚双列直插式插槽（转向引脚版本）	–
硬件	1	20路转向引脚单列直插式插槽条	RS Components 267-7400（5个一包）
硬件	1	PP3电池夹和导线	RS Components 489-021（5个一包）
硬件	1	AA电池座（3节AA电池）	Maplin YR61R
硬件	3	AA电池（1.5V）	–
硬件	–	实心互连电线	–
硬件	1	模拟电路板	–

*说明：如果您使用了和本零部件列表中不同的V_F和I_F值的LED，那么您可能需要修改这些LED串联电阻器的电阻和瓦数值。具体的做法请参考本书第2章。

说明　表8.2以单独的列显示了我在本项目中所使用的特定零部件的供应商和零部件编号，您可以参考本书附录或通过网络搜索等方式查找和购买您所需要的零部件。

8.2.3　条形焊接板布局

实验性LED时序电路的条形焊接板布局如图8.3所示，它显示了各个元器件的位置以及需要切断的29个轨道切口（均以白色矩形块显示）。

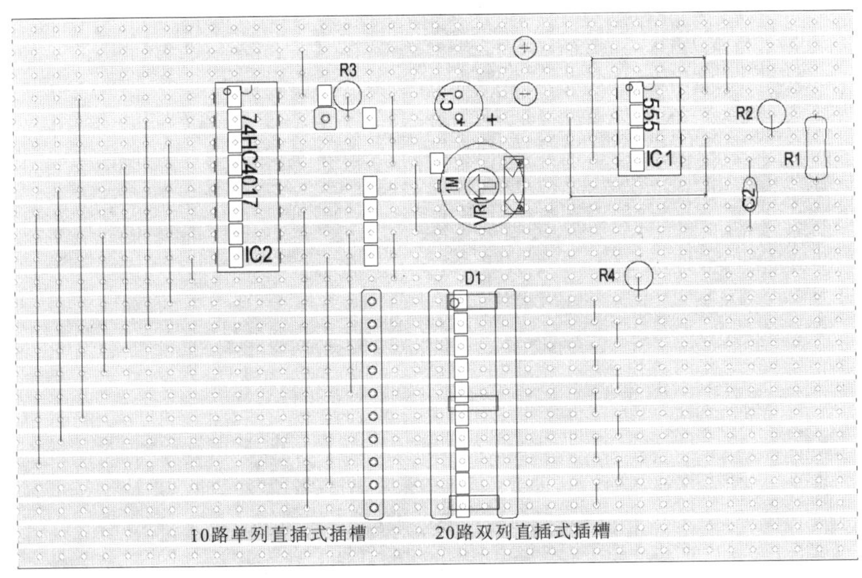

图8.3　实验性LED时序电路项目的条形焊接板布局

注意，在板子的底部有一个10路单列直插式（SIL）插槽，而它的旁边则是20个引脚的双列直插式（DIL）插槽。十段LED显示器将插入到20路双列直插式插槽内，这意味着在必要时可以轻松取下和替换该显示器。10路转向引脚单列直插式插槽用于将互连线缆连接到板子上以便进行电路实验，我们以后将会做具体的介绍。此外还有一个转向引脚的插槽，它在IC_2的复位引脚15的旁边。您可以通过裁剪一个20个引脚的单列直插式插槽，来分别获得10个引脚和1个引脚的单列直插式插槽。

8.2.4　组装及测试电路板

说明　请参考本书第1章中的焊接提示和技巧，并遵照条形焊接板的一般组装原则进行操作。

您可以按照图8.3所示的条形焊接板布局来组装该时序电路。组装完成之后，条形焊接板的外观应该如图8.4和图8.5所示。

图8.4　已经组装完成的条形焊接板布局

图8.5　环绕74HC4017集成电路的连接线特写

在将两个集成电路插入到对应的插槽之前，您可以先将十段LED显示器插入到20个引脚的双列直插式插槽中，并确认该显示器的阳极（+）在条形焊接板的左边。您可以通过仔细查看LED显示器的技术参数表来识别阳极插脚的位置。

现在您可以通过进行某些测试来确认LED部分是否能正常工作。图8.6显示了如何在IC_2的双列直插式插槽的引脚16和单列直插式插槽最上面的引脚（引脚1）之间连接一段导线。在进行这项连接之前，您可以将4.5V电池连接到电路，并且确认IC_1的双列直插式插槽的引脚1、8，以及IC_2的引脚16、8和预期的供电电压保持一致。如果这些都没问题，那么即可如图8.6所示使用连接线，这样将会点亮十段LED显示器最上面的LED。接下来，继续保持对IC_2双列直插式插槽引脚16的连接，而另外一端的连接则向下移动到单列直插式插槽的引脚2。现在您将看到十段LED显示器中被点亮的LED不再是最上面的第一个，而是它下面的那个。

图8.6 使用连接线轮番测试每个LED

继续向下移动单列直插式插槽的连接线，直到十段LED显示器中全部10个LED都已经通过测试为止。如果只有几个LED被点亮，或者干脆没有任何LED被点亮，那可能是某些地方出错了，最大的嫌疑就是在相邻的轨道之间出现了焊接搭桥的现象。

接下来我们要做的是相同的测试，不过这次导线要连接在IC_2的引脚3和引脚16之间。这将再次点亮十段LED显示器最上面的LED。现在您可以依次测试IC_2的输出引脚，确认十段LED显示器中10个LED都可以点亮（Q_0~Q_9）。在测试时，导线的一端始终连接着正极引脚16，而另外一端则可以轮流替换为引脚3、2、4、7、10、1、5、6、9和11。该测试模拟的是74HC4017芯片在接收555计时器时钟信号时的过程。

当您对所有测试的结果都感到满意时，即可从电路中撤除电池，然后将两个集成电路插入到它们的插槽中。注意，在插入的时候要确认正确的方向。接下来，旋转可变电阻器，使它处在半开位置，然后重新连接电池。如果计时器电路工作正常，那么您将发现十段LED显示器中的每个LED都将按顺序依次点亮，从上到下，然后再从上面重复开始，如图8.7所示。如果没有出现这种情况，那么555计时器相关部分可能出现了问题，需要解决问题才能继续。

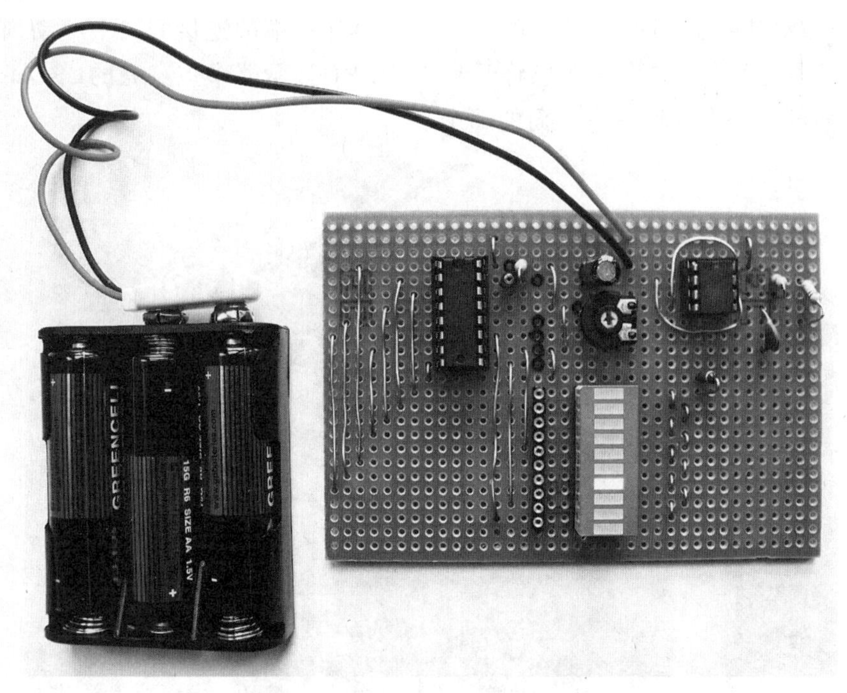

图8.7 按顺序每次点亮一个LED

8.2.5 实验时间

您可以用一把小螺丝刀来调整可变电阻器的位置，这样做可以加快或减慢十段LED显示器的顺序闪现速度。74HC4017和4017集成电路还有另外一个实用功能，那就是可以从2和10之间的任意数字开始按顺序计数。

例如，目前电路已经被设置为计数到10，但是，如果您在IC_2的复位引脚15旁边的一路单列直插式插槽和10路单列直插式插槽的引脚7（IC_2的Q_6引脚5）之间连接一根导线，如图8.8所示，那么就可以使LED计数到6。

出现这种情况的原因是：每当IC_2的第7个引脚到达高电平时，它会立即给复位引脚15发送高电平信号，而这会使得计时器复位。现在您可以进行图8.9所示操作，从复位引脚15连接一根导线到单列直插式插槽的引脚4，这样会使电路计数到3，也就是说，只有3个LED在依次点亮中。

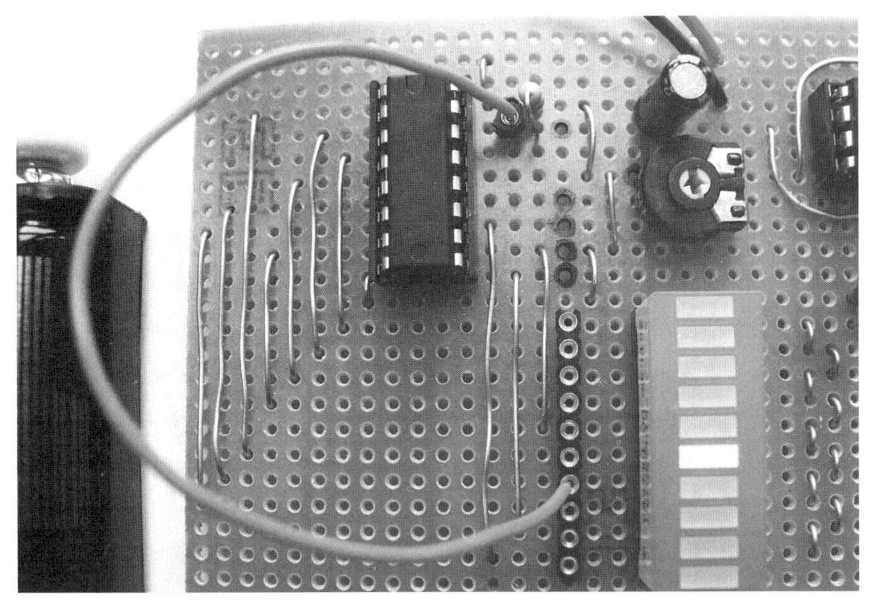

图8.8　将电路转换为计数到6

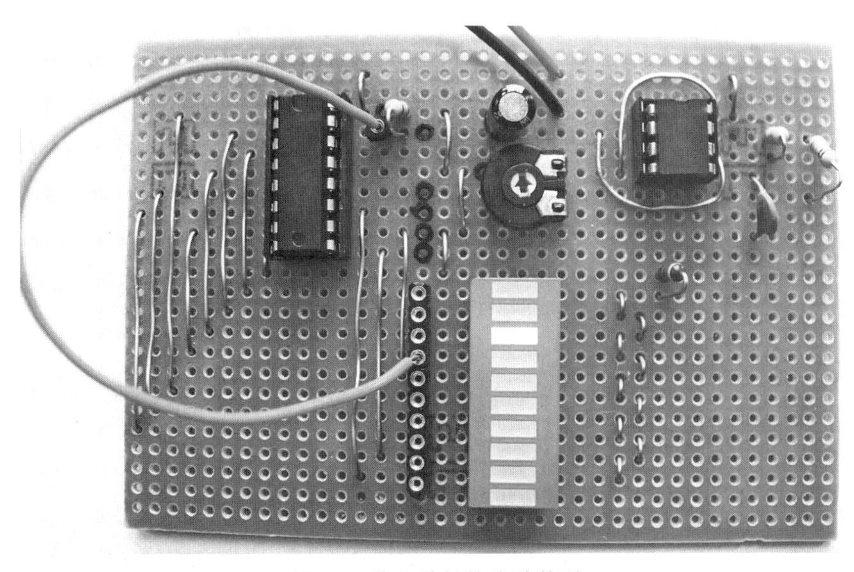

图8.9　将电路转换为计数到3

上述实验表明了4017计数器的多功能性。您可以用相同的原理去实验七段LED显示器，并且按不同的方式去点亮它。将电池从板子上撤除，然后小心地将十段LED显示器从双列直插式插槽中取下。这时，您可能需要用一把小螺丝刀轻轻地从插槽中撬一下它。在撬的时候用力一定要轻，而且要在显示器的两边来回撬，千万不能动作过大，否则会损坏显示器或其引脚。

现在将一个共阴极七段显示器插入到一小块面包板上，然后用实心互连导线，按图8.10所示将面包板连接到条形焊接板的引脚。在这里我使用的是

HDSP-5503设备（RS部件编号587-951）。如果您使用的七段LED显示器和我所使用的具有不同的引脚输出，那么您需要相应地调整连接线的位置。

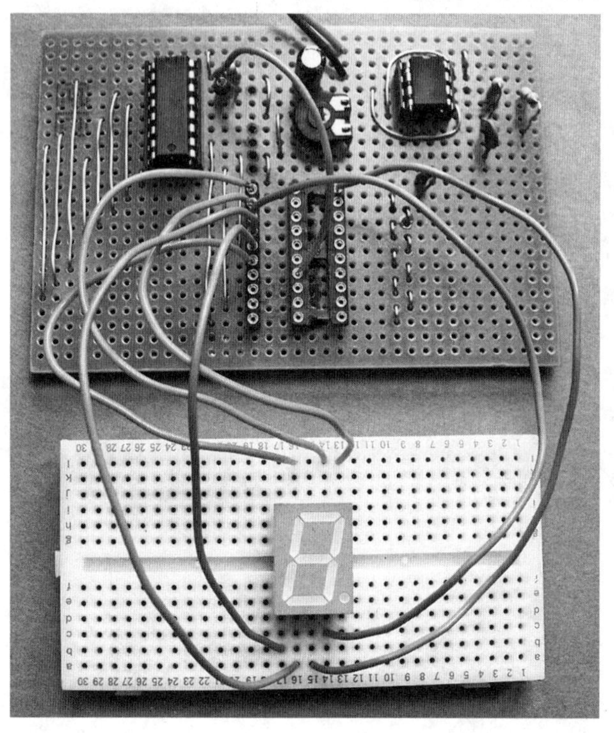

图8.10 将七段LED显示器连接到实验板

IC_2和七段LED显示器的LED字符之间的连接如图8.2所示。另外值得注意的是，您需要在共用阴极连接（D_1的20路双列直插式插槽的引脚20）和七段LED显示器的共阴极连接之间连接一根导线。

举例来说，参考表8.3，您可以看到10路单列直插式插槽的引脚1需要连接到七段LED显示器的字符A。

表8.3 条形焊接板和七段LED显示器之间的连接

10路或20路单列直插式插槽编号（1是最上面的插槽）	七段LED显示器的字符
1	A
2	B
3	C
4	D
5	E
6	F
7	连接到IC_2（74HC4017）复位引脚15旁边的一路单列直插式插槽

一旦您按表8.3所示将七段LED显示器连接到实验性时序电路板，即可将电池连接到板子上。我们在这里创建的是一个数到6的计数器，所以您将看到的是，时序电路依次点亮七段LED显示器中的6个LED，产生的效果就是LED字符A、B、C、D、E和F循环点亮。通过调节可变电阻器VR_1，您可以加快或减慢显示的速度。修改10路单列直插式插槽的引脚1~6和七段显示器之间的连接配置，可以改变七段LED显示器闪亮的顺序。

8.2.6　进一步的改进

本章项目的主要意义是演示基础的时序电路，但是您也可以将该板子作为更大型项目的基础。如果您撤掉了十段LED条形显示器，那么您可以焊接互连导线，从板子连接到10个外置的5mmLED也可以，也可以产生灯光闪烁的效果。如果您使用了各种不同颜色的LED，那么就能看到五彩缤纷的闪光效果了。按照这种思路，您甚至可以创建一个小型的节日灯光特效电路。如果您决定这样做，那么需要改变R_4的电阻和瓦数值，以适应每个彩色LED。

您可能也已经意识到了，IC_2每次输出的拉电流只够驱动一个明亮的LED。如果您决定用单个4017集成电路驱动24个LED，那么如何才能突破这种限制呢？接下来的项目将告诉您！

第9章

单个集成电路输出点亮多个LED：变色迪斯科灯光

本章的项目是在上一章项目7中组装的实验性时序电路的基础上修改而来的，同样是LED应用电路的示例。本章项目的最终作品可以产生引人瞩目的迪斯科灯光效果，如图9.1所示。您甚至可以对它进行修改，来模拟太空飞船控制面板的闪烁灯光，就像您在科幻电影中看到的那样。

图9.1　变色迪斯科灯光项目

说明　如果您尚未组装过项目7，那么我们建议您在组装本项目之前，至少阅读一下第8章的内容，这样您就能理解创建本项目所需要的一些电路基本概念。

9.1　项目8　变色迪斯科灯光

在第8章的项目7中已经证实，74HC4017十进制计数器集成电路每次输出时能够提供的拉电流总值为25mA。如果您只需要用它驱动一个LED，那么这些拉电流已经足够了，完全可以使LED产生非常明亮的输出，但是，在本项目中，我们需要计数器每次输出时能驱动4个LED，也就是说，根据所使用的串联电阻器的值，计数器每次输出的拉电流大约需要70mA或80mA。因此，在本项目中需要添加一些额外的驱动电路，以提高计数器输出的拉电流。时序电路将计数到7，所以可以使用7个单独的晶体管来提高输出电流，但是，在这里我要为您演示另外一种方法，可以降低最终电路所使用元器件的总体数量。

项目说明

- 项目的最终结果是要产生引人瞩目、色彩缤纷的迪斯科灯光特效。
- 该显示器总共包括24个彩色LED，并且按独特的顺序闪亮。
- 在显示器中使用了5种不同的LED颜色。
- 本项目中加入了一个可以调节速度的时序电路，并且设置为计数到7。
- 附加的驱动电路允许时序电路同时驱动4个LED。
- 供电电压为4.5V AC。

9.1.1　电路工作原理

图9.2所示就是变色迪斯科灯光项目的电路图,它包含了许多在项目7中已经用过的元器件。

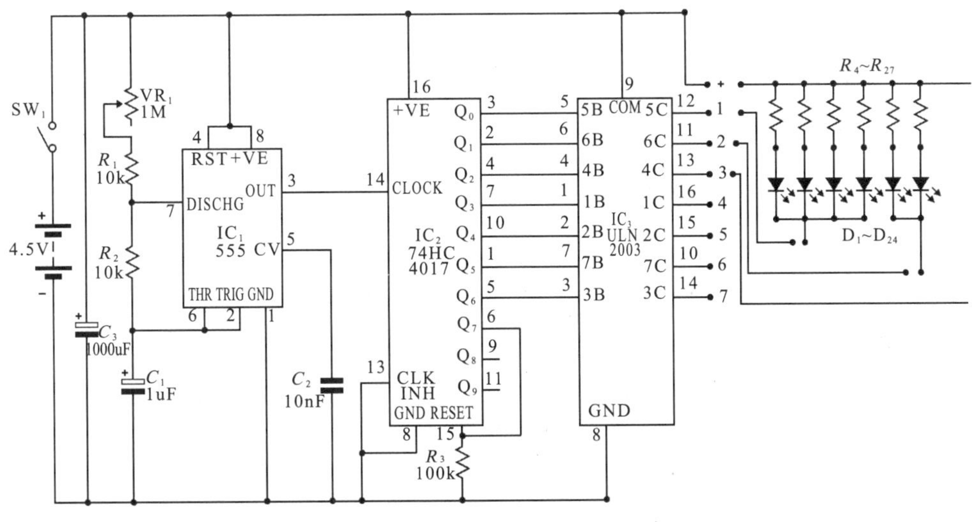

图9.2　变色迪斯科灯光项目的电路图

环绕IC_1和IC_2的电路和项目7中的电路非常相似，IC_1是555计时器，用于给IC_2发送时钟信号，IC_2是一个74HC4017十进制计数器，它可以创建顺序输出。但是，本项目中的电路和项目7中的电路有3个主要的区别。

第1个区别是IC_2的引脚6被直接连接到复位引脚15，这意味着IC_2将计数到7而不是计数到10，因为当第8个计数器输出（Q_7）到达高电平时，计数器就会复位。

第2个区别是本电路包含了IC_3。IC_3是一个ULN2003集成电路，该芯片是一个达林顿晶体管阵列，它在单个封装中包含了7个达林顿晶体管。该设备的工作方式是：每当一个正极信号被应用于一个基极连接（例如，1B）时，其相应的集电极输出（在这种情况下为1C）则变为低电平。ULN2003有7个基极连接，每一个设备内部都包含一个2.7kΩ的电阻器，所以在电路中无需提供额外的基极电阻器。此外，集电极输出可以产生500mA的驱动电流，已经足够满足本项目中同时驱动4个LED的要求了。该电路图还显示，IC_3的7个输出都同时连接到4个LED的阴极（–），您可以调节这些连接，制作自己的定制显示布局。24个LED通过每个LED的串联电阻器，连接到一个通用阳极（+）。该电路图并未显示所有24个LED，但是您应该能够找到连接这些设备的简明方式。

最后，要注意该电路图还包含一个附加的电解质电容器C_3，它连接到4.5V电池。该电容器也被称为去耦电容器，在类似的电路中，我建议您都加上这样一个电容器，它的目的是使得供电电压更加平稳。如果电路中没有去耦电容器，那么很可能会发生敏感CMOS设备的杂散触发现象，有了去耦电容器，就可以阻止这种现象的发生。该电路在每次时钟脉冲到达的瞬间，从每个输出获取大约70mA的电流，也就是说，电路并没有从去耦电容器中获得电流。C_3的值取决于电路获取的总电流，在本项目中，一个1000μF的电容器就可以工作得很好。还有一点需要注意，由于加入了LED驱动器（IC_3），那么现在可以根据自己的需要对IC_2使用标准的4017 CMOS设备了。

9.1.2 项目零部件列表

变色迪斯科灯光项目所需要的零部件列表见表9.1。

说明 表9.1以单独的列显示了我在本项目中所使用的特定零部件的供应商和零部件编号，您可以参考本书附录或通过网络搜索等方式查找和购买您所需要的零部件。

表9.1 变色迪斯科灯光零部件列表

代 码	数 量	说 明	供应商和零部件编号
IC_1	1	555计时器	RS Components 534-3469（或类似芯片）
IC_2	1	74HC4017十进制计数器	RS Components 709-3062（10个一包） 或ESR Electronic Components 74HC4017
IC_3	1	ULN2003A达林顿晶体管阵列	RS Components 436-8451
R_1, R_2	2	10kΩ 0.5W ± 5%容差碳膜电阻器	-
R_3	1	100kΩ 0.5W ± 5%容差碳膜电阻器	-
R_4-R_{27}*	24	150Ω和180Ω 0.5W ± 5%容差碳膜电阻器（详情请参考本章文字说明）	-
VR_1	1	1MΩ微型封闭水平预置电位计（最低额定值0.15W）	-
C_1	1	1μF 10V径向电解质电容器	-
C_2	1	10nF陶瓷圆盘电容器（最低额定值16V）	-
C_3	1	1000μF 10V径向电解质电容器	-
D_1~D_{24}	总共24个： 4蓝 5红 5橙 5黄 5绿	5mmLED，各种颜色： 蓝色：V_F（典型值）=4.0V，I_F（最大值）=30mA 红色：V_F（典型值）=2.0V，I_F（最大值）=30mA 橙色：V_F（典型值）=2.0V，I_F（最大值）=25mA 黄色：V_F（典型值）=2.1V，I_F（最大值）=30mA 绿色：V_F（典型值）=2.0V，I_F（最大值）=25mA	RS Components： 蓝色：466-3548 红色：228-5972 橙色：228-5994 黄色：228-6010 绿色：228-6004
D_1~D_{24}（硬件）	24	LED安装挡板，5mm	RS Components 262-2999
SW_1	1	面板安装切换开关，额定电流2A	RS Components 710-9674
硬件	1	条形焊接板，2.54mm孔距，37孔宽 × 24轨道高（需要裁剪得更小一点，详情请参考本章文字说明）	-
硬件	1	8引脚双列直插式插槽	-
硬件	2	16引脚双列直插式插槽	-
硬件	1	8引脚单列直插式引脚头	-
硬件	1	PP3电池夹和导线	RS Components 489-021（5个一包）
硬件	1	AA电池座（3节AA电池）	Maplin YR61R
硬件	3	AA电池（1.5V）	-
硬件	1	外壳：半透明蓝色，100mm × 50mm × 25mm	RS Components 415-2745 制造商编号：Hammond 1591ATBU
硬件	-	LED显示器外壳（详情请参考本章文字说明），2mm透明亚克力板、多种颜色的互连导线、M3安装柱、M3螺母、不干胶垫、扎线带、扎线带基座	-

*说明：如果您使用了和本零部件列表中不同的V_F和I_F值的LED，那么您可能需要修改这些LED串联电阻器的电阻和瓦数值。具体的做法请参考本书第2章。

9.1.3 LED外壳

很快您会发现，我用来显示24个LED的外壳稍微有点标新立异。因为我使用的是一盒巧克力的塑料外壳，它对于组装该项目正合适，我也是在要将它们扔掉时忽然想到这一点的。这个巧克力盒大概是9 × 9in，它是由透明塑料制成的，有一个底座和一个盖子。它还有一个塑料圆盘，可以将24个巧克力固定在上面（当然，巧克力已经被我吃掉了），这个圆盘有金属光泽，可以将它做成24个独立的反光板，以提升每个LED的输出亮度。您可以制作自己的LED显示外壳，或者干脆购买一个预先制作好的具有透明盖子的外壳（在很多元器件供应商那里都可以买到各种大小和样式的外壳）。接下来我将介绍如何用巧克力盒子来组装我的项目，我的介绍更多是为您组装自己的项目提供一些思路，因为您可能很难去找一个和我的巧克力盒子一样的外壳。

9.1.4 条形焊接板布局

首先需要做的事情就是组装包含所有驱动电路的条形焊接板，其布局如图9.3所示。

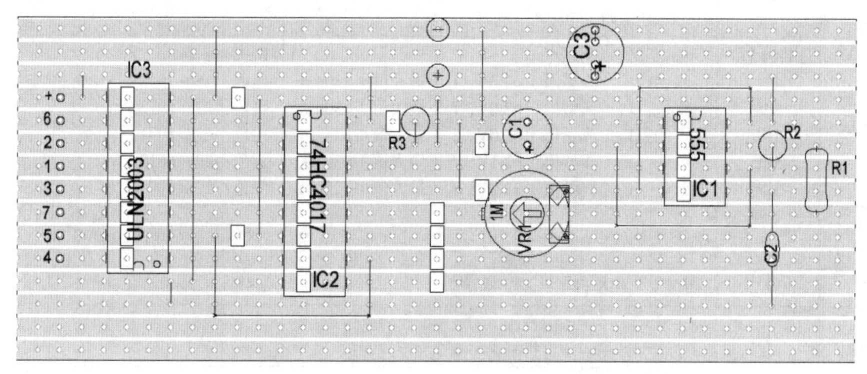

图9.3 变色迪斯科灯光项目的条形焊接板布局

正如我们在零部件列表中所指定的，条形焊接板的大小是36孔宽×15轨道高；我使用的板子是从一块大的条形焊接板上剪裁下来的。在IC_3旁边有8个引脚，它们是8路单列直插式引脚头的一部分，在使用8路单列直插式引脚头之后，就可以轻松地将远处的LED焊接到板子上。在将元器件焊接到板子上之前，还需要制作29个轨道切口，它们在图9.3中是以白色矩形块显示的。

9.1.5 组装及测试电路板

> **说明** 请参考本书第1章中的焊接提示和技巧，并遵照条形焊接板的一般组装原则进行操作。

由于我的巧克力盒子不够深，不能完全容纳24个LED、条形焊接板和电池，所以我决定用一个单独的外壳来封装电路板，然后再将这个外壳安装到巧克力盒子的背面。我用来封装条形焊接板的是哈蒙德外壳，它在每个角落都有螺丝固定，所以我不得不将条形焊接板的4个角裁剪掉，以使它能够放进外壳中。如果您决定采用不同的方法，并且放弃独立的外壳，那么您可以将条形焊接板也放到LED显示器的外壳中，这样就不必裁剪条形焊接板的4个角了。

您可以按照图9.3所示的条形焊接板布局来仔细地组装该项目。组装完成之后，条形焊接板的外观应该如图9.4和图9.5所示。最后是来自LED显示器的8根导线，您需要将这些导线都焊接到8个引脚头上，也就是布局图左侧的8个圆点。

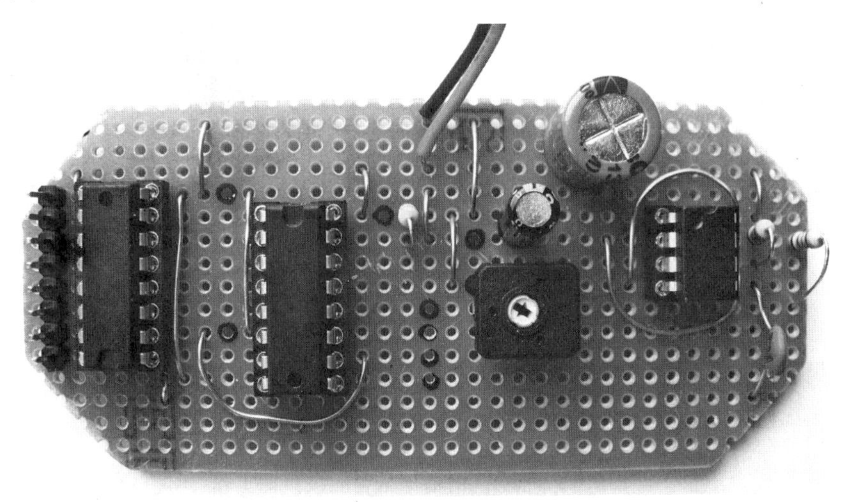

图9.4　已经组装完成的条形焊接板外观

图9.5　环绕555计时器的电路特写

接下来要做的事情就是测试电路板，确认它能按正确的方式工作。一旦您完成了电路板的一般性外观检查，则可以连通4.5V电源，然后用万用表检查3个集成电路插槽中每一个的电源线路引脚读数是否和预期的一致。现在可以撤除电源，然后只插入IC_3，插入时请辨别正确的方向，您会发现引脚1正对条形焊接板的底部，这和IC_1、IC_2都不同。重新连接电源，用跳线连接IC_2的双列直插式插槽的引脚16和引脚1，如图9.6所示。这样做将给IC_3的引脚7提供正极电流，而在IC_3的引脚10上产生一个负极电流输出。

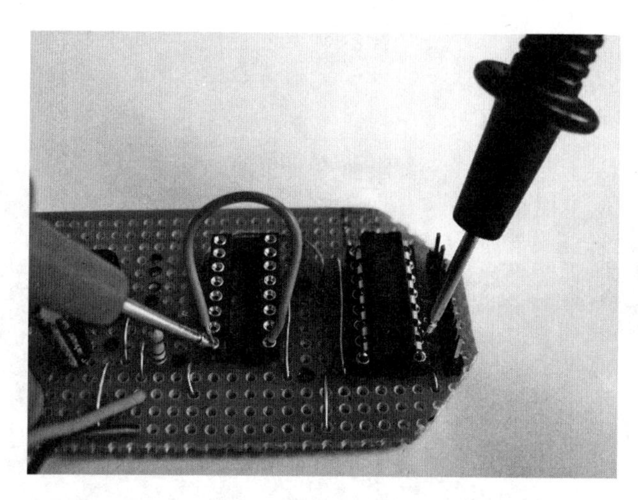

图9.6 测试IC_3的输出是否能按预期工作

如果该项测试通过，那么可以移动跳线连接，逐个激活IC_3的基极连接，确认它们对应的集电极输出变成低电平。始终保持跳线的一端连接到IC_2的引脚16（+），然后移动另外一端，依次连接IC_2的双列直插式插槽的引脚1、2、3（图9.7）、4、5、7和10，检查IC_3的引脚10~16是否相应地变成低电平。

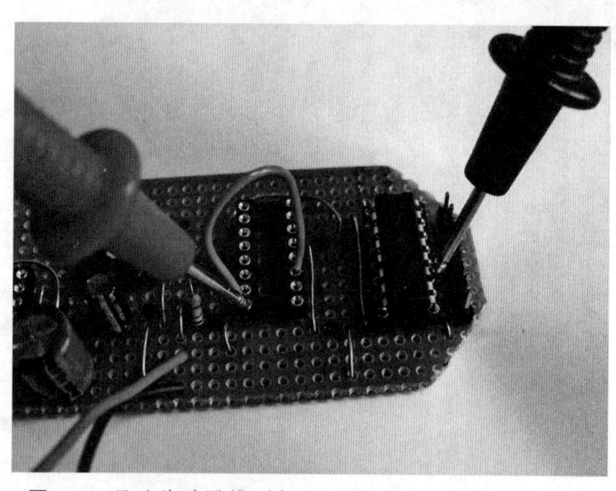

图9.7 通过移动跳线到每个引脚，逐个检查IC_3的输出

如果IC_3的运行结果令人满意，那么可以切断板子上的电源。在安装IC_1和IC_2之前，建议您切断电源，并确保C_3已经完全放电。要验证C_3是否已经放电完毕，可以用一个470Ω的串联电阻器跨越条形焊接板的供电线路连接一个5mm红色LED。要完成这项工作，可以将串联电阻器的一个引脚连接到IC_1的双列直插式插槽的引脚8（正极连接线），将串联电阻器的另外一个引脚连接到LED的阳极，最后，将LED的阴极引脚连接到IC_1的双列直插式插槽的引脚1（负极连接线）。此时C_3中如果有剩余电量，就会立即点亮LED，当LED不再亮起时，表明C_3已经放电完毕，可以安全地插入IC_1和IC_2了。现在可以将可变电阻器VR_1逆时针旋转到底，将IC_1和IC_2插入到双列直插式插槽中，然后重新连接4.5V电源。用万用表检查IC_3旁边的7个引脚头（编号1~7），当十进制计数器轮流激活时，看一看它们能否立即变成低电平。如果电路运行完全正常，那么现在您可以组装LED显示器了。

9.1.6　如何组装LED显示器

这个环节是您发挥创意的地方，您可以自行决定LED闪亮的顺序，以达到期望的效果。如果您不需要，也可以不复制我的设计，但是，在设计您自己的LED显示器时，需要注意以下因素和规则：

- 在时序电路中有7个阶段。
- ULN2003的7个阶段输出中的每一个都可以连接最多4个LED阴极。
- 24个LED阳极中的每一个都需要有自己的串联电阻器，并且对应焊接。
- 24个LED串联电阻器的另外一端则需要连接在一起，以创建反馈回条形焊接板所需要的共同正极（+）连接，并焊接到引脚头的正极（+）引脚上。
- 从LED显示器出发的8根导线应该反馈到条形焊接板：其中一个是共同正极（+）连接，而另外7个则是单独的负极（–）连接。

在规划LED显示器时，我先在遮蔽胶带上写下顺序数字1~7，然后将它们撕成小片，放在巧克力盒子上，通过来回移动它们来模拟不同的设置，这样就能更直观地想象不同点亮顺序的视觉效果了。如图9.8所示，实际托盘（不是遮蔽胶带）上的数字显示的就是我通过遮蔽胶带小片比划之后设计的最终布局方案。

图9.8　在连接LED之前设计的LED点亮顺序方案

正如您所看到的，在顺序的第1阶段点亮了一组4个LED，每个角落一个。我为这个阶段选择了4个蓝色的LED；在顺序的第2阶段，点亮了一组4个红色LED，它在第1个阶段的正方形之中，组成了另外一个正方形；在顺序的第3阶段，点亮了一组4个黄色的LED，位于托盘的中心。在图9.8中，您应该还能看到第4阶段到第7阶段的LED点亮顺序，兹不赘述。这种布局最终的视觉效果就是一系列的方块移进移出，产生了非常理想的迪斯科灯光特效。表9.2显示了我的LED连接方式，同时列出了不同颜色LED所使用的串联电阻器的电阻值。蓝色和红色LED串联电阻器的阻值要比其他颜色LED的更高一些，这样有助于使它们的亮度和其他LED保持一致。如果您所使用的LED类型和我的不同，那么您可能需要相应地改变串联电阻器的阻值。

表9.2　用于项目显示器的LED配置

阶段编号	LED颜色和数量	串联电阻器的电阻值和数量
1	蓝色（4）	180Ω（4）
2	红色（4）	180Ω（4）
3	黄色（4）	150Ω（4）
4	绿色（4）	150Ω（4）
5	橙色（4）	150Ω（4）
6	红色（1） 橙色（1）	180Ω（4） 150Ω（4）
7	绿色（1） 黄色（1）	150Ω（4） 150Ω（4）

接下来我将介绍用巧克力盒子外壳来组装显示器的方法。您可以参考这些方法来制作自己的外壳。

（1）裁剪一块2mm厚的透明亚克力板，使它足够小到能塞进显示器的外壳中。在亚克力板上标记24个LED的位置。我在亚克力板上标记的LED位置与最初的巧克力托盘布局相同。在亚克力板上仔细地为LED钻孔，确保这些孔都足够大，能够容纳LED支架。另外再钻4个更小的孔，使得亚克力板可以固定在主外壳上。插入4个M3螺丝，用M3支座将它们固定在亚克力板中，如图9.9所示。然后您需要在LED外壳基座上仔细钻出4个小孔，以对应4个亚克力安装点。另外，还需要钻一个小孔，以便插入导线。

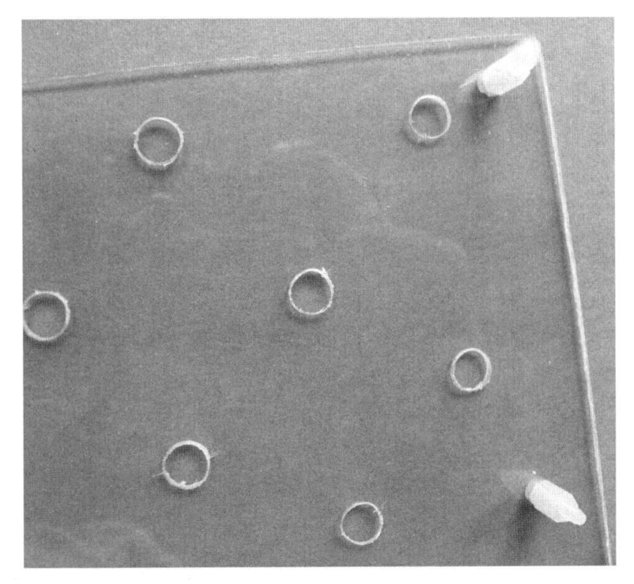

图9.9 在亚克力板上按LED位置方案钻孔，并且插入安装支座

注意 在给巧克力盒子或类似的薄塑料钻孔时，要特别小心，因为它们很容易破碎和分裂。您可以用电池供电的电钻，这样的电钻有锋利的钻头，但是速度非常慢，可以先钻出一个试验性的小孔，然后用更大的钻头，同样以慢速钻出大小合适的孔。在钻孔时记住始终佩戴安全护目镜，并且把握好时间。如果您钻破了几个塑料小孔，那么完全不必在意，因为这很难避免，后面您会看到我的显示器上也有几个破损的小孔。

如果您采纳了我的设计，并且使用了相似的反光材料，那么需要确认您所使用的材料是绝缘的，不会导电。找到这样的材料应该不是什么难事，例如，空鸡蛋纸箱通常就会喷上一层非金属银色漆。

（2）用LED支架将24个LED插入到小孔中，然后弯曲LED的引脚，在弯曲的时候要小心，不要在引脚靠近LED的那一端施加压力。您可以用钳子紧紧抓住LED引脚的基座，然后用手弯曲引脚，如图9.10所示，我已经将LED插入亚克力板的小孔中，并且其引脚已经弯曲90°。

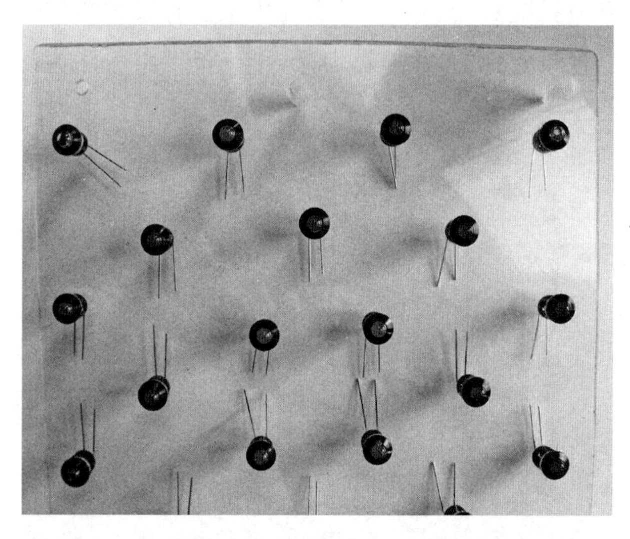

图9.10 将LED插入到亚克力板中并弯曲其引脚

（3）用砂纸打磨LED外壳盖子的反面，这样可以产生磨砂效果（图9.11），并且有助于使LED发出的光在黑暗中看起来更亮。

图9.11 用砂纸打磨盖子反面

（4）按需要的方式将所有LED焊接在一起。如果您处理得非常仔细，那么这个过程可能需要好几个小时的时间，不过最终的结果还是很值得的。以下是具体的步骤：

● 将多个LED的负极（–）连接、焊接到一起，使它们变成一组。首先，我连接的是中间的4个黄色LED，也就是图9.8中显示的第3阶段的4个LED。将这4个LED的共阴极连接焊接到一段导线上。注意导线要足够长，能够从显示器连接到条形焊接板。我为每组LED选择了不同颜色的导线，以匹配各组中LED的颜色，这样有助于识别导线具体连接的是哪一组LED。因此，对于中间这一组黄色LED，我使用的是黄色的连接线。只要您所使用的导线能够支持每组LED所获取的总电流，那么也可以为跨线使用单独的带状导线。

● 给4个LED的每个正极（+）引脚都焊接上一个电阻器。将4个电阻器的另外一端连接在一起，如图9.12中间所示，组成一个共阳极连接，然后再将它连接到条形焊接板。在图9.12中，中间那一组LED的共阳极电阻器连接仍然需要跨线才能连接到条形焊接板。另外，在图9.12中，您还可以看到一部分第1阶段的蓝色LED组的连线。由于这些LED相互之间的距离都相对较远，无法直接将电阻器的末端连接在一起，因此，每个电阻器都需要使用跨线才能进行连接。我使用了白色的导线来做跨线。所有24个电阻器都将采用这种共阳极连接。

图9.12　使用彩色导线有助于识别不同颜色的LED组

● 要测试一组LED是否能正常工作，可以将4.5V电池的负极连接到一组4个LED的共阴极，将4.5V电池的正极连接到电阻器的共阳极，此时该组中的全部4个LED都应该点亮（通过这种方式测试一组LED，确保它们能正常工作，可以减少在完成整个项目组装之后的错误排查时间）。

● 重复前面3个步骤，对每组中的4个LED进行连接和测试（第6阶段和第7阶段只有两个LED）。

● 用自粘垫和扎带将8组跨线（其中7组分别对应每一组LED，还有一组是电阻器的共阳极连接）粘贴到亚克力板。

我设计的LED显示器的最终布局如图9.13和图9.14所示。图9.13是底面，也就是焊接面，图9.14是显示面。

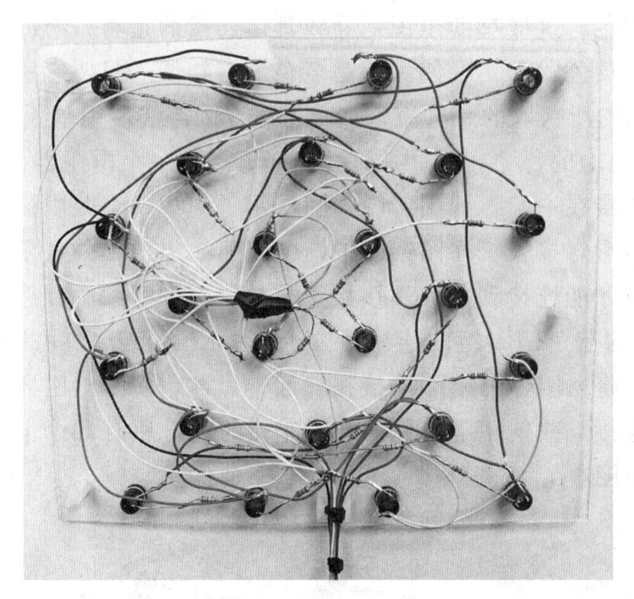

图9.13 显示器的焊接面

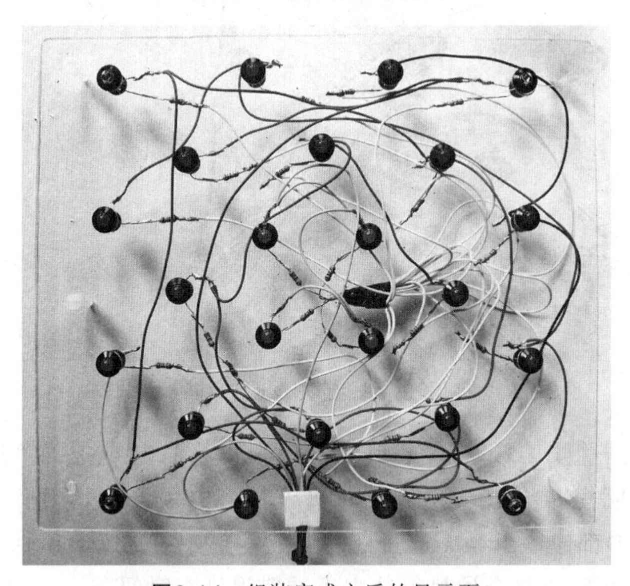

图9.14 组装完成之后的显示面

（5）用M3螺丝和螺母将已经完成的亚克力板LED显示器安装到主显示器外壳的后面，如图9.15所示。然后用双面胶将AA电池座和电路板外壳粘贴到显示器外壳的背面，如图9.16所示。

图9.15　用M3螺丝将亚克力板安装到主显示器外壳上

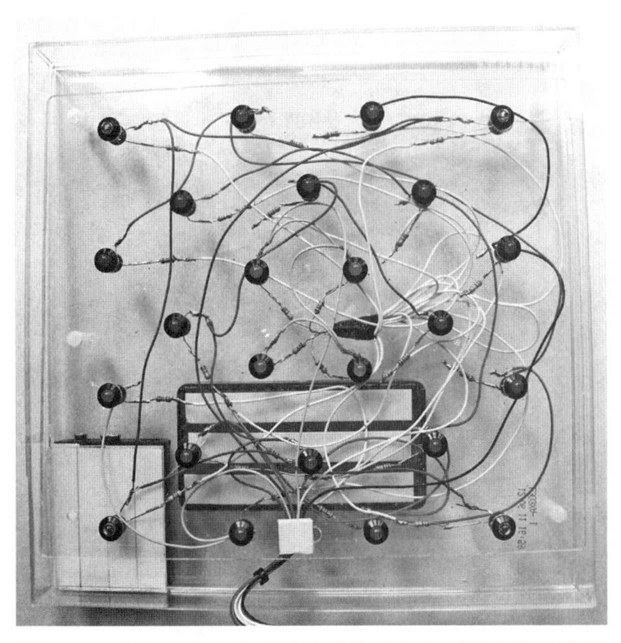

图9.16　将电池座和条形焊接板外壳粘贴到显示器的背面

（6）将8根LED跨线穿过条形焊接板外壳中的小孔，然后按正确的顺序将这些连接线焊接到IC_3旁边的引脚头上。将所有24个LED的共阳极连接到图9.3条形焊接板布局中标记加号（+）的引脚头上。将电池连接线焊接到板子上，确认其正极连接线通过电源开关SW_1。图9.17和9.18显示了我的项目焊接结果。

图9.17 将LED连接线焊接到引脚头上

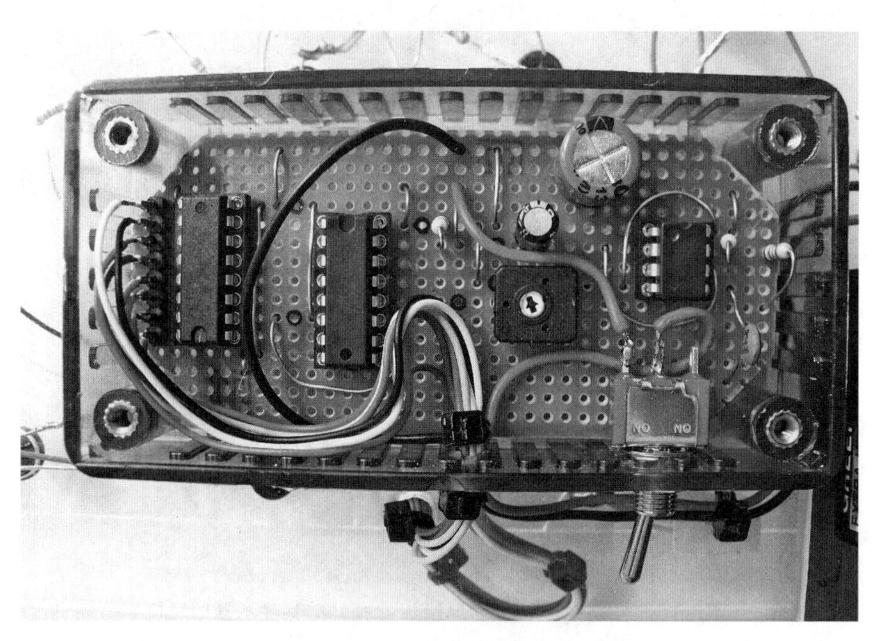

图9.18 焊接已经完成

（7）到了现在这个阶段，还不能立即盖上盖子，需要连接电池，把设备打开，确认LED序列可以正常工作。您应该能看到一个五彩缤纷的LED序列。如果您完全仿照了我的设计，那么您看到的应该是一个由4个LED组成的方块不断移进和移出的显示，产生绚丽夺目的微型动画效果。如果您在组装时非常仔细，并且在组装过程中已经按提示排查错误和进行测试，那么应该能做到一次就成功。

（8）给显示器外壳盖上盖子（在此之前，已经在托盘上制作了很多小孔，使得每个LED都可以从中穿出，然后我将托盘放在LED显示器上，如图9.19所示）。用长条透明胶带将托盘的每个边都固定在盖子上。

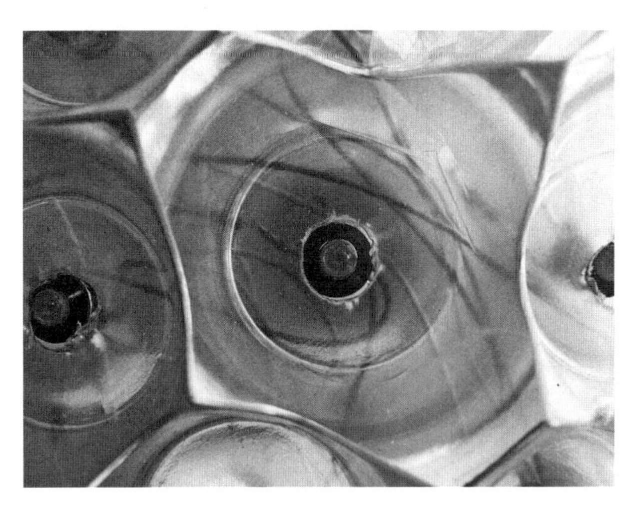

图9.19　使LED穿过小孔发光

图9.20和图9.21显示了我组装完成的项目。您可能还会注意到，我在条形焊接板外壳的盖子上也钻了一个小孔，这样就可以方便调节可变电阻器，改变显示的速度。

图9.20　已经组装完成的项目背面

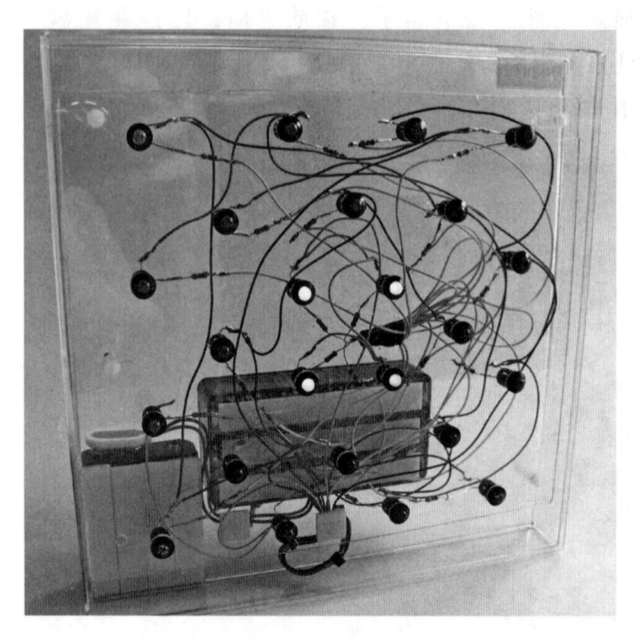

图9.21 LED显示器的前面，没有安装反射托盘和盖子

9.1.7 迪斯科时间到

迪斯科灯光特效在暗夜中欣赏最为迷人（特别是同时配上一段劲爆的音乐，那感觉真是帅呆了），磨砂的盖子和单独的反射面，都能让迪斯科灯光特效更加漂亮。

您可以尝试着调节可变电阻器，来改变显示的速度。您可能会发现，在全速的情况下，LED闪烁得特别快，看起来就好像是24个LED全部在同一时间亮起。在本书的第3部分，我们将继续研究该项目，并进行很好的利用。

第 10 章

LED二进制纹波计数器

本章中的项目演示了二进制纹波计数器集成电路的运行过程。我们通过组装实验性电路板，在每次输出时都使用单个LED指示器，展示集成电路运行时每次的输出。您可以出于教育目的而使用该电路板，以演示如何按二进制计数，或者您也可以组装多个这样的板子，以创建一个大型计算机的实物模型，使它看起来好像真的要执行一些复杂计算！

如果您此前已经组装过第6章中的变色灯箱项目，那么相信您已经接触过4064这种14阶的二进制纹波计数器集成电路。变色灯箱项目只是用它的3个输出来改变RGB LED的颜色。本章首先将深入探讨这种集成电路及其74HC版本的运行原理，然后再为您介绍如何组装图10.1所示的实验性电路板。

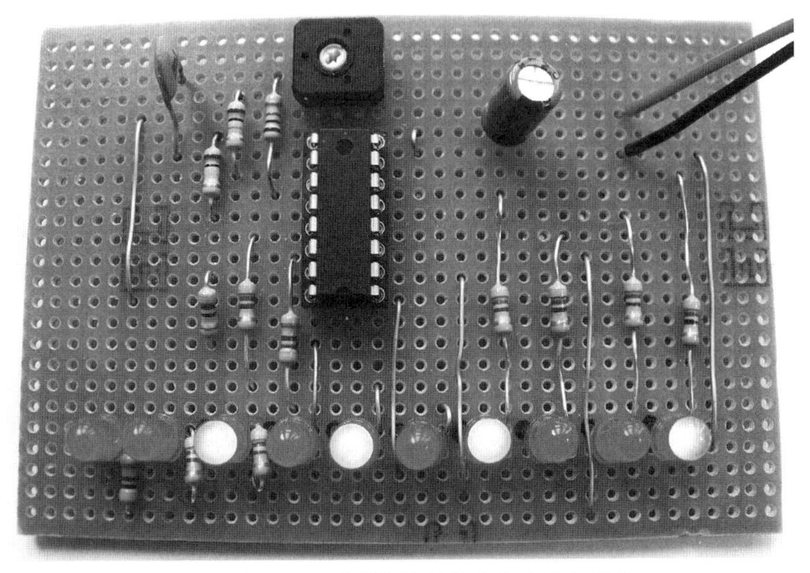

图10.1　LED二进制纹波计数器实验性电路板

10.1 4060和74HC4060二进制纹波计数器

4060 CMOS设备是一个14阶二进制纹波计数器，它还有一个好处，就是它有自己的内部振荡器，这意味着无需为它提供额外的时钟电路。当您用它设计项目时，这是一项非常好的功能，有助于控制电路中元器件的总数。该集成电路的内部振荡器既可以只通过电阻器/电容器（*RC*）网络生成，也可以同时通过*RC*网络和数字指示器生成。如果需要精确计时（例如，为数字时钟创建计时电路），则采用后一种方式显然更为合适。在本项目中，振荡器的精确性不是特别重要，所以我们将只使用*RC*网络，而无需数字指示器。

在第6章的变色灯箱项目中使用了标准的4060 CMOS设备。变色灯箱项目因为4060设备的拉电流能力有限，所以还包含了单独的晶体管驱动电路。在本项目中，您将使用4060设备的74HC变体，它每次可以输出最高25mA的驱动电流，这意味着无需使用额外的晶体管电路就可以在每次输出时驱动单个LED。

注意 在本项目中，不要使用标准的4060设备，因为从LED获取的电流可能会损坏该集成电路。另外还需要注意，在本项目中使用的LED串联电阻器已经被设置为限制通过每个LED的电流小于5mA。这意味着该集成电路的总体电流消耗不会超过推荐的直流供电电流的最大值，在制造商的技术参数表中，该最大值标明为50mA。

10.2 项目9 LED二进制纹波计数器

请看以下有关LED二进制纹波计数器项目的说明。我设计该项目的初衷是展示二进制的计数方式，但是它也可以进行修改以实现其他目的。

项目说明

- 在本项目中使用了10个单独的5mm红色LED以显示二进制计数序列。
- 本项目的最终成品可以用作教学工具或制作科幻道具。
- 项目运行只需要单个芯片，无需额外的时钟集成电路。
- 供电电源为4.5V。

10.2.1　电路工作原理

图10.2所示是LED二进制纹波计数器项目的电路图。

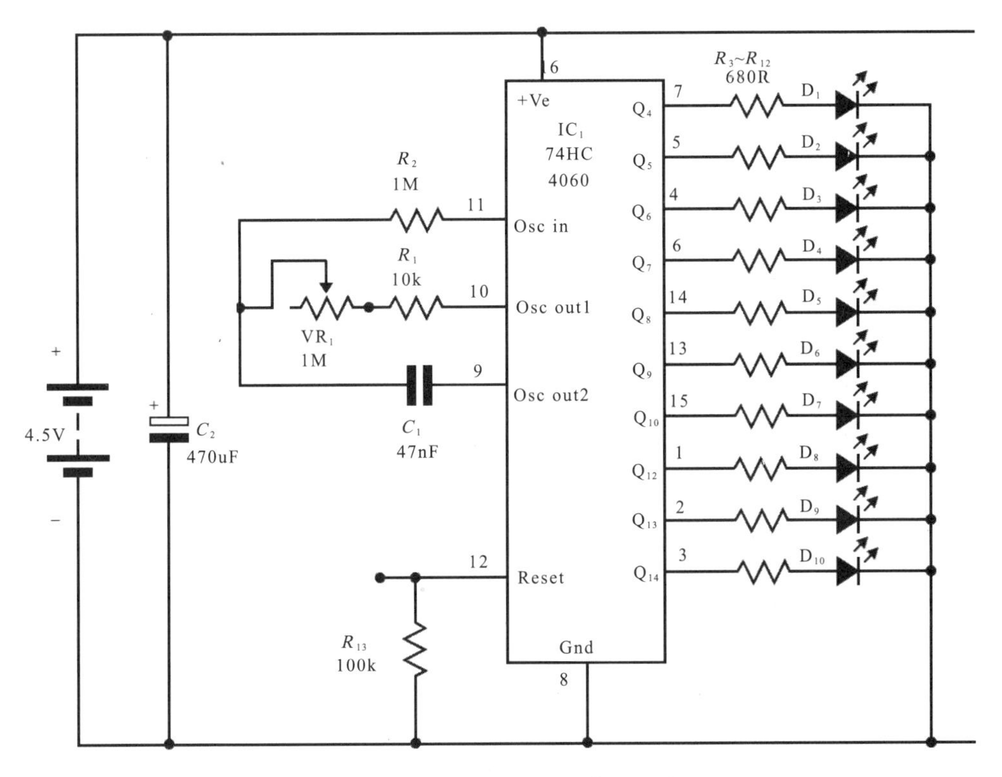

图10.2　LED二进制纹波计数器电路图

该电路相当简单明了，用4.5V电池给板子供电（使用3节1.5V的AA电池），该电流会使74HC4060集成电路工作。不要忘记该集成电路的最大供电电压是6V，这和标准的4060设备不一样，后者拥有更高的供电电压限制。集成电路内部时钟的速度取决于电阻器R_1、R_2和电容器C_1以及可变电阻器VR_1的值。我所使用的74HC4060设备有一个技术参数表，上面提供了一个公式和一些元器件值的指导，它可以帮助我们计算振荡器电路的频率。我们也可以用这些信息识别和实验一些不同的元器件值，为该项目选择合适的元器件。

说明　如果在使用该设备时，您需要更加精确的计时，那么可以使用数字指示器和*RC*网络来驱动振荡器，而不是只使用*RC*网络。您可以参考相关制造商的技术参数表，来了解如何将数字指示器连接到集成电路上。

在本项目的电路中，当VR_1可变电阻器被调节到其最大设定值1MΩ时，

*RC*网络将产生一个大约1Hz的二进制计数频率，而当VR_1被调节为更低的电阻值时，该频率还将增加。当内部振荡器在电路中运行时，它会在其输出引脚（Q_4~Q_{14}）产生一个二进制计数；二进制计数最不显著的位是引脚7上的输出，而最显著的位则是引脚3上的输出。IC_1的复位连接（引脚12）通过R_{13}保持低电平，允许集成电路计数，而C_2则是一个去耦电容器，它连接在供电线路上。

10.2.2 项目零部件列表

LED二进制纹波计数器项目所需要的零部件列表见表10.1。

表10.1 LED二进制纹波计数器零部件列表

代码	数量	说明	供应商和零部件编号
IC_1	1	74HC4060A 14阶二进制带振荡器的纹波计数器	RS Components 625-4871（或类似芯片）
R_1	1	10kΩ 0.5W ±5%容差碳膜电阻器	–
R_2	1	1MΩ 0.5W ±5%容差碳膜电阻器	–
R_3~R_{12}*	10	680Ω0.5W ±5%容差碳膜电阻器	–
R_{13}	1	100kΩ 0.5W ±5%容差碳膜电阻器	–
VR_1	1	1MΩ微型封闭水平预置电位计（最低额定功率0.15W）	–
C_1	1	47nF 陶瓷圆盘电容器（最低额定电压10V）	–
C_2	1	470μF 10V径向电解质电容器	–
D_1~D_{10}	10	5mm红色LED V_F（典型值）=2.0V，I_F（最大值）=30mA	RS Components：228-5972（5个一包）
硬件	1	条形焊接板，2.54mm孔距，37孔宽×24轨道高	–
硬件	2	16引脚双列直插式插槽	–
硬件	1	PP3电池夹和导线	RS Components 489-021（5个一包）
硬件	1	AA电池座（3节AA电池）	Maplin YR61R
硬件	3	AA电池（1.5V）	–

*说明：如果您使用了和本零部件列表中不同的V_F和I_F值的LED，那么您可能需要修改这些LED串联电阻器的电阻和瓦数值。具体的做法请参考本书第2章。另外还需要注意，在本项目的计算中，I_F的值应该小于5mA。

说明 表10.1以单独的列显示了我在本项目中所使用的特定零部件的供应商和零部件编号，您可以参考本书附录或通过网络搜索等方式查找和购买您所需要的零部件。

10.2.3　条形焊接板布局

图10.3所示是LED二进制纹波计数器项目的条形焊接板布局图。

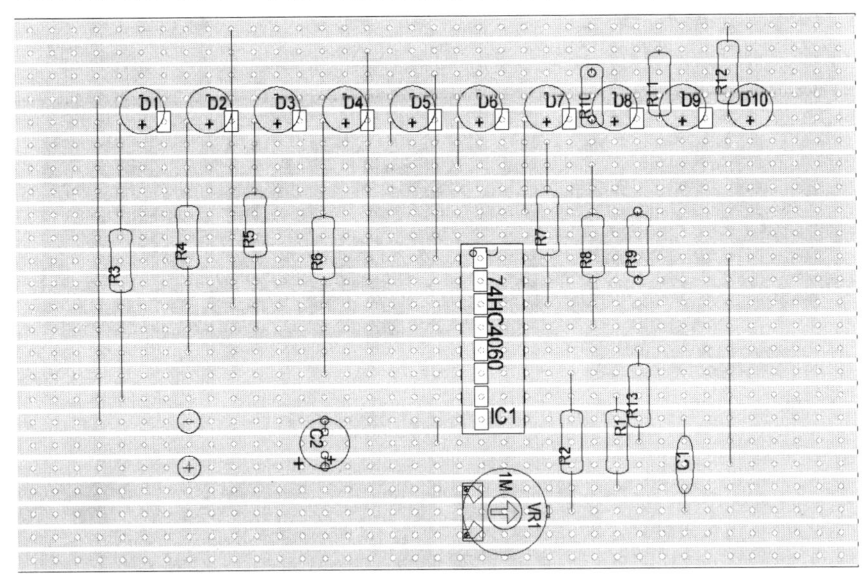

图10.3　LED二进制纹波计数器的条形焊接板布局图

您一共需要制作17个轨道切口（它们在条形焊接板的布局图中以白色矩形块显示），其中8个在IC_1的双列直插式插槽下面，而另外9个则在10个LED的旁边。

10.2.4　组装及测试电路板

说明　请参考本书第1章中的焊接提示和技巧，并遵照条形焊接板的一般组装原则进行操作。

您可以按照图10.3所示的条形焊接板布局图来组装该项目。在组装完成之后，条形焊接板的外观应该如图10.4所示。我建议您最后焊接10个LED，这样在焊接导线和电阻器时就会有比较方便的操作空间；反之如果先焊接LED，那么在后来将电阻器焊接到LED旁边时就会有比较大的妨碍。

图10.5所示是环绕10个LED附近布局的特写，图中我们将板子倒过来，所以您看到的LED在板子的底部。这个方向也是您正确观察二进制计数顺序所需要采取的位置。

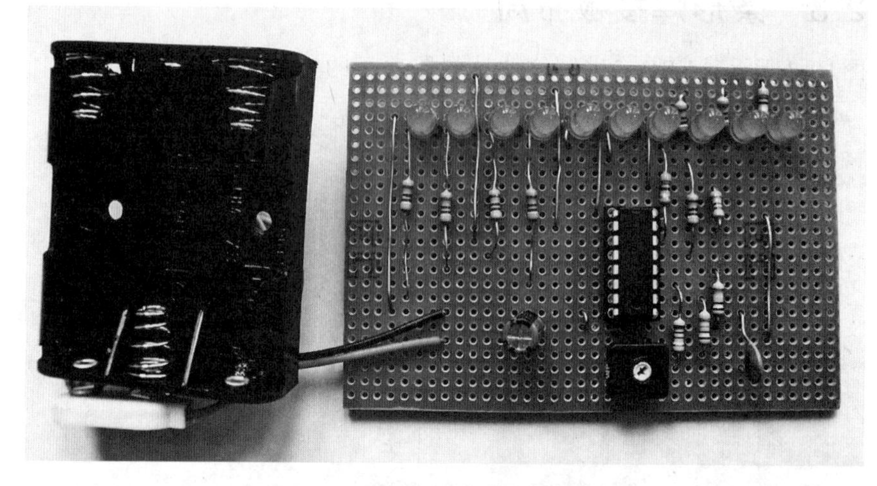

图10.4 已经组装完成的项目

图10.5 围绕10个LED的布局

在将IC_1插入到双列直插式插槽之前，最好能先进行一些测试，这样可以避免由于组装错误而导致集成电路受损的情况。首先，将4.5V电源连接到板子上。在这个阶段，应该没有任何LED被点亮，如果有LED被点亮，那么请立即移除电池，然后检查板子找出问题所在。如果所有LED都不亮，那么可以用万用表检查确认双列直插式插槽的引脚16相比引脚8高4.5V。如果一切正常，那么您可以在双列直插式插槽的引脚16（+）和引脚7之间插入一段跳线，如图10.6所示，此时最右边的LED（D_1）将被点亮。

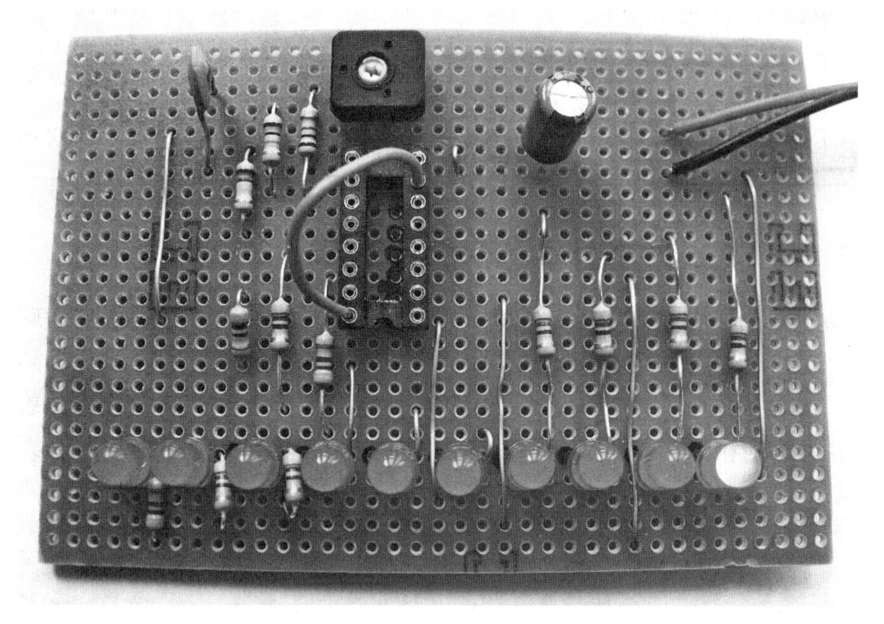

图10.6　连接引脚16和引脚7以点亮D_1

接下来，将跳线的一端保持连接到引脚16，而另外一端则相继移动到输出引脚7、5、4、6、14、13、15、1、2和3（图10.7）。

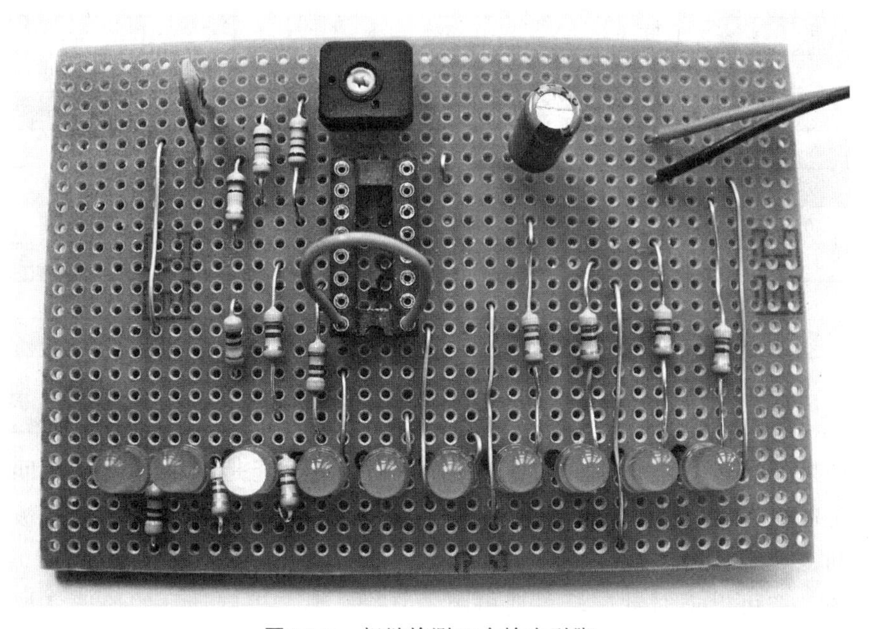

图10.7　相继检测10个输出引脚

这样将可以验证LED是否能够正常运行，板子底部的10个LED（D_1~D_{10}）将从右到左逐个点亮。如果某一个引脚相应的LED没有被点亮，或者有多个LED没有点亮，那么电路肯定存在错误，需要仔细排查。当所有LED的运行都很正常之后，可以移除电池电源，但是仍然保留引脚16和引脚7之间的连接跳线，这样可以在移除电池之后，通过D_1将电容器C_2完全放电。当D_1不再点亮时，即可移除连接跳线，然后将IC_1仔细地插入到双列直插式插槽中，在插入之前请确认其方向。

10.2.5 按二进制计数

在给板子连接电源之前，可以旋转可变电阻器VR_1，将它顺时针旋转到底，然后将板子倒过来，使LED在板子的底部。将4.5V电池电源连接到条形焊接板，这将立即导致LED显示二进制计数序列。其启动模式应该和表10.2中描述的模式相同。该表显示了前4个LED（D_1~D_4）的运行，值为1表示该LED将被点亮，而值为0则表示LED不会亮起。

表10.2 LED（1~4）典型的二进制计数

计数	D_4（Q_7）	D_3（Q_6）	D_2（Q_5）	D_1（Q_4）
0	0	0	0	0
1	0	0	0	1
2	0	0	1	0
3	0	0	1	1
4	0	1	0	0
5	0	1	0	1
6	0	1	1	0
7	0	1	1	1
8	1	0	0	0
9	1	0	0	1
10	1	0	1	0
11	1	0	1	1
12	1	1	0	0
13	1	1	0	1
14	1	1	1	0
15	1	1	1	1

如果您发现电路没有像预期的那样运行，则可能是*RC*网络出现了问题，或者是IC_1有问题。在这种情况下，您需要对照电路图来排查条形焊接板，以找出问题之所在。

现在您可以逆时针旋转可变电阻器VR_1，则二进制计数的速度将加快，这是因为内部振荡器的速度加快了。

如果将可变电阻器VR_1逆时针旋转到最大，那么二进制时钟计数的速度也将变得非常快。还需要注意，如果直接将正极连接线连接到引脚12，那么二进制计数将复位归零。

您可能会注意到，在本设备中没有Q_{11}，这意味着，在连接到引脚Q_4~Q_{10}的LED（也就是D_1~D_7）上，可以看见的真正不间断的二进制计数只能到128。一旦计数超过了128，那么二进制序列中的部分将缺失一段时间，因为无法看到Q_{11}的值。正如我们在本章前面所提示的那样，您可以将本实验性电路板用作教育目的，作为一个可视教具，演示如何按二进制计数，或者您也可以将它作为一个道具，模拟“计算机系统”。

您可以尝试着将可变电阻器旋转到中间的位置，这样时钟速度就相当慢了。您可以将其他LED都盖住，只留下D_1，然后观察其闪亮的速度。再把其他LED都盖住，只留下D_2。您注意到什么？再次将其他LED都盖住，只留下D_3。这次您又注意到什么？您将会发现，D_1闪亮的正常速度大概是2次/s，而当您单独观察D_2时，将注意到它的闪亮速度要比D_1慢。而当您单独观察D_3时，会发现，D_3的速度又比D_2慢。

在下一章中，我们将以一种非常规的方式，利用这种集成电路的数字输出，产生一种完全不一样的灯光效果。

第11章

闪烁的LED蜡烛

本章中的项目将为您演示如何组装一个闪烁的LED蜡烛。该项目最终的产品就是一个小“蜡烛”，它具有非常逼真的烛光视觉效果，如图11.1所示。

图11.1　闪烁的LED蜡烛

本项目只需要驱动一个LED输出。它和本书第2部分的其他时序电路有点不太一样，本项目展示了二进制纹波计数器集成电路的独特用法。通过修改其输出顺序，可以使它产生的效果和集成电路原本预期的效果大相径庭。这也是本项目的创新之处，相信它会为您的电路设计带来更多的灵感。

11.1 项目10 闪烁的LED蜡烛

您在本章中制作的LED蜡烛可以作为夜间照明灯用在很多场合，例如，万圣节的南瓜灯，或者舞台灯光特效等。

项目说明

- 本项目的最终作品是一个没有火焰的电子蜡烛。
- 这样的电子蜡烛具有非常逼真的跳动“燃烧”效果。
- 该蜡烛使用了暖白色的LED作为灯光输出，和真实蜡烛火焰的颜色非常接近。
- 该电路设计非常小巧精致，并且造价低廉，只用了一个集成电路和9个其他元器件。
- 供电电压为4.5V。

11.1.1 电路工作原理

闪烁的LED蜡烛电路图如图11.2所示。

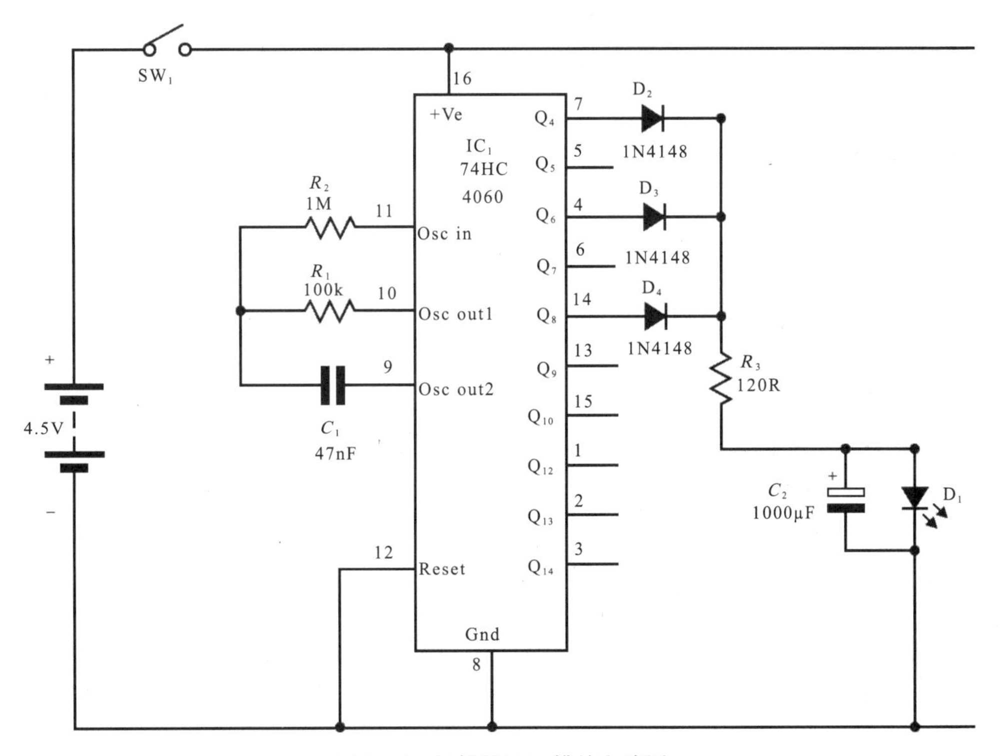

图11.2 闪烁的LED蜡烛电路图

该电路用由3节AAA电池组成的4.5V电压提供电源，它可以驱动我们在第10章中介绍的74HC4060A 14阶二进制计数器（IC_1）。在第10章我们还解释了，该设备的10个输出可以产生一个二进制计数，其速度是由集成电路的内部时钟电路控制的。在本项目中，IC_1的速度利用了一个RC计时配置，该配置使用了电阻器R_1、R_2，以及电容器C_1。本项目表现得比较出色一点的地方在于，如果您加快了集成电路内部振荡器的速度，并且组合3个二进制输出，那么就可以生成一个单脉冲数字输出，当将该输出送入LED时，即可产生类似火焰跳动的闪烁效果。在本电路中，我们通过3个信号二极管（D_2~D_4）将3个数字输出组合为一个输出。

在电路中添加这些二极管是非常重要的，因为它们可以防止每个数字输出相互回馈，如果电路中没有二极管，那么数字输出的相互回馈可能会损坏集成电路。

在设计该电路时，我通过尝试发现，产生最逼真的烛光火焰跳动效果的数字输出组合是Q_4、Q_6和Q_8。因为每个二进制输出是按不同的速度切换开和关的，所以这3个信号的组合产生了一个变形的数字输出。当这个数字输出被送入到单个LED（D_1）时，它就可以产生我们所看到的烛光火焰跳动闪烁的效果。3个信号二极管（D_2~D_4）在将该信号传送到LED时，需要先通过串联电阻器R_3，这使得通过D_1的电流要小于15mA。最开始的时候，我为该项目考虑的是黄色LED，但是最终我使用了一个暖白色的LED，因为它产生的烛光效果更加逼真。

您可能还会注意到，我在LED的位置并联了一个1000μF的电解质电容器（C_2），使用该电容器的目的就是使组合的数字输出信号更加平缓，这样可以产生更加逼真的烛光闪烁效果。该电解质电容器还有一个作用，那就是当您关闭蜡烛的开关时，电容器中将开始放电，使得LED在被切断电源之后仍然能够亮几秒钟，这也使得它就像真正的蜡烛一样，在被扑灭之后仍然有一小会儿的发光时间。

11.1.2 项目零部件列表

闪烁的LED蜡烛项目所需要的零部件见表11.1。

说明 表11.1以单独的列显示了我在本项目中所使用的特定零部件的供应商和零部件编号，您可以参考本书附录或通过网络搜索等方式查找和购买您所需要的零部件。

表11.1　闪烁的LED蜡烛零部件列表

代　码	数　量	说　明	供应商和零部件编号
IC_1	1	74HC4060A 14阶二进制带振荡器的纹波计数器	RS Components 625-4871（或类似芯片）
R_1	1	100kΩ 0.5W ±5%容差碳膜电阻器	-
R_2	1	1MΩ 0.5W ±5%容差碳膜电阻器	-
R_3*	1	120Ω0.5W ±5%容差碳膜电阻器	-
C_1	1	47nF 陶瓷圆盘电容器（最低额定电压10V）	-
C_2	1	1000μF 10V径向电解质电容器（有关详情请参考本章文字说明）	-
D_1	1	5mm暖白色LED（LM520A） V_F（典型值）=3.3V，I_F（典型值）=20mA	RS Components：667-5846（5个一包）
D_2~D_4	3	1N4148信号二极管	-
SW_1	1	面板安装切换开关， 额定电流2A	RS Components 710-9674
硬件	1	条形焊接板，2.54mm孔距，25孔宽×9轨道高	-
硬件	1	16引脚双列直插式插槽	-
硬件	1	AAA电池座（4节AAA电池；有关详情请参考本章说明文字）	RS Components 512-3568
硬件	3	AAA电池（1.5V）	-
硬件	-	外壳、2mm透明亚克力板、扎线带、双面不干胶（详情请参考本章文字说明）	-

*说明：如果您使用了和本零部件列表中不同的V_F和I_F值的LED，那么您可能需要修改这些LED串联电阻器的电阻和瓦数值。具体的做法请参考本书第2章。

11.1.3　条形焊接板布局

闪烁的LED蜡烛项目的条形焊接板布局如图11.3所示。

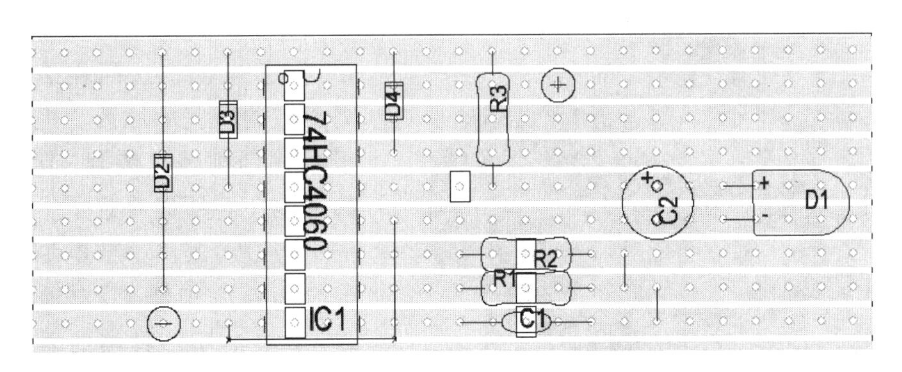

图11.3　闪烁的LED蜡烛项目的条形焊接板布局

该条形焊接板布局非常简单，不需要太多时间就可以组装完成。在将元器件焊接到位之前，您还需要制作12个轨道切口，这些切口包括位于电阻器R_1、R_2和电容器C_1下面的3个，它们在图11.3中是以白色矩形块显示的。

11.1.4 组装及测试电路板

> **说明** 请参考本书第1章中的焊接提示和技巧，并遵照条形焊接板的一般组装原则进行操作。

您可以按照图11.3所示的条形焊接板布局图来仔细地组装该项目。在组装完成之后，条形焊接板的外观应该如图11.4所示。注意，由于电容器C_2和LED D_1挤在一起，所以它们都需要平躺。

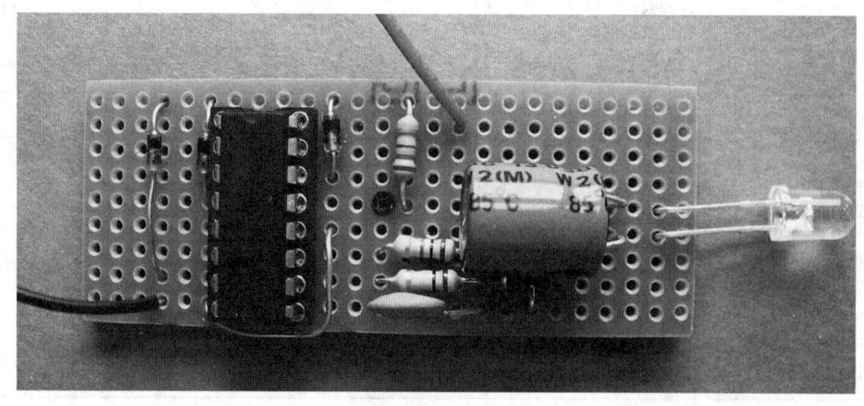

图11.4 已经组装完成的条形焊接板

在图11.3和图11.4中，小孔的位置略有不同，这样做的原因是为了节约空间，并且确保LED可以穿过我使用的蜡烛外壳的顶端。

另外，在电源方面，我只使用了3节AAA电池，而没有使用4节电池，这同样是出于需要节约空间的原因。但是，很难找到刚好只装载3节电池的电池座，所以我想了一个办法，通过给其中一节电池的电池仓短路，来使4节电池座变成3节电池座。具体的做法就是仔细地焊接一小段电池连接线，将其中一个电池仓的正负极连接起来，如图11.5所示。

图11.5 给4个电池仓中的一个焊接一小段电线使其短路

注意 在焊接电池正负极之间的连接线时，一定要小心操作，因为如果电烙铁停留在焊接点的时间过长，那么电烙铁的热量很快就会软化电池座的塑料壳。另外，还需要确保电线的额定电流高于电路的总电流。

在将连接线焊接到位之后，即可将3节AAA电池装入电池座剩余的3个电池仓中，然后用万用表检查一下，看一看该电池座的输出电压是不是4.5V。

本电路所用的元器件总数不多，所以您可能很有信心一次组装成功，但是，从安全性的角度出发，您在将IC_1插入到插槽之前，仍然应该做一些初始的测试。

具体测试方法和我们在第10章中进行过的测试相同。首先，检查双列直插式插槽的引脚16相对于引脚8是否处于正极位置。如果这一点没问题，那么您可以用一段导线连接引脚16，导线的另外一端则依次连接3个输出引脚4、7和14，确认这3个输出引脚每次被连接时都能给LED提供正极（+）电流，使LED亮起。

在确认条形焊接板测试没有任何错误之后，即可将IC_1插入到双列直插式插槽中，然后将4.5V电源连接到板子上。此时应该立即看到LED像烛光一样闪烁亮起。如果未出现预期的效果，那么需要立即移除电池，然后再次检查条形焊接板，查找问题所在。图11.6是我们从另外一个角度拍摄的已经组装完成的条形焊接板特写照片。

图11.6　已经组装完成的条形焊接板特写

11.1.5　LED蜡烛的外壳

LED蜡烛的电子核心部分已经组装完成，现在您需要考虑给它制作一个外壳，使它看上去就像是一个真正的蜡烛。我决定用一个旧的塑料小药瓶，经过简单的清洁处理之后，我给它钻了两个小孔，其中一个小孔位于容器的底部，这是为了LED的光从孔中发出，而另外一个小孔位于容器的一侧，这是给开关预留的位置，如图11.7所示。

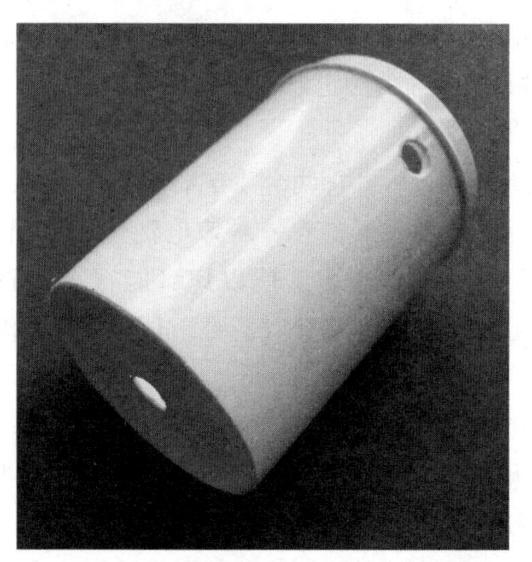

图11.7 在容器上钻出两个小孔

因为药瓶容器内的操作空间有限，所以我决定制作两个单独的格子，其中一个格子放电池座，另外一个格子放条形焊接板。这样做有两个理由：一是防止条形焊接板的铜箔轨道与电池座短路，另外一个则是有助于固定电池座和条形焊接板。我用一块2mm厚的透明亚克力板来制作这样的格子，然后用双面胶将它固定在药瓶的盖子上，如图11.8所示。至于条形焊接板，则可以用电线扎带将它绑定在亚克力板上。然后我将电池的正极连接线从电池座上剪切下来，并且将它的一端焊接到电源开关，而电源开关则通过容器侧面的小孔穿入。

图11.8 用电线扎带将条形焊接板绑定在亚克力板上

请仔细观察图11.8所示的组装结果，AAA电池座位于条形焊接板的下面，它们之间则是亚克力板。

现在您需要做的就是抓住容器的盖子，然后巧妙地将电池座和条形焊接板塞进容器，在这个过程中需要小心，确保开关触点不要和任何东西接触，否则有可能出现意外。在合上容器的盖了时，您可能还需要调整LED的位置，使得LED能从容器底部专门为它钻出的小孔里伸出来。这样，容器的盖子实际上就变成了蜡烛的基座。最终组装好的LED蜡烛项目应该如图11.9所示。

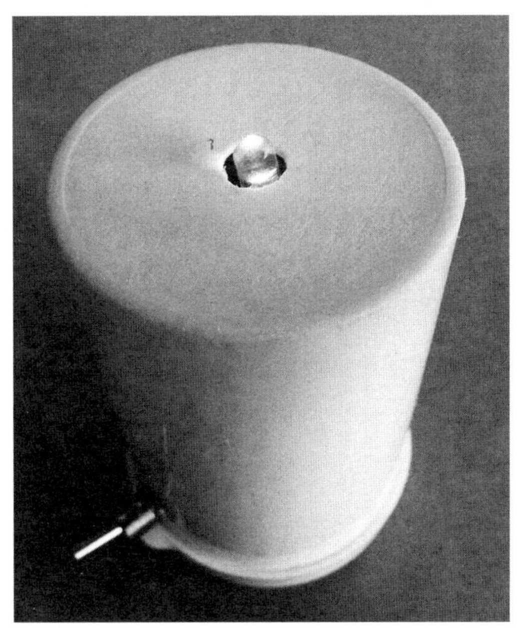

图11.9 已经组装完成的LED蜡烛

为了使您的蜡烛容器看起来更加逼真，可以滴一些浓稠胶水或涂刷一下容器的底面，等到它晾干之后，即可获得熔蜡的效果。

11.1.6 电路实验

虽然本电路可以很好地工作，但是，您也可以将电容器C_2的值增加到2200μF，以便使LED显示的烛光闪烁更加平缓。或者您也可以将电阻器R_1的电阻值增加到180kΩ，这会使得LED蜡烛的火焰闪烁速度变慢。您还可以组装很多这样的电子蜡烛，稍微改变一下内部振荡器的速度，再把它们安装在外形各异的容器中。在暗夜中将这些蜡烛都打开，嘿嘿，一秒钟变万圣节，欢迎来到幽灵的世界！

11.1.7 换个集成电路试一试

最开始的时候，我是围绕74HC4060设备来设计本电路的，因为它与4060B相比有更好的输出电流的能力。但是，我也曾经使用标准的4060B CMOS设备，来实验它在本电路中是否能正常工作。结果显示它不仅能正常工作，而且烛光闪烁的效果似乎比74HC4060设备还要更加逼真一些。我只能猜想这两种设备从一种二进制状态切换到另外一种状态时的方式肯定存在着差异。在一般情况下，4060B设备不应该用于驱动LED，但是在本电路中，LED驱动电流有时会被2个或3个输出共享，而且它们的切换速度非常快，所以采用4060B设备可能有助于降低对集成电路输出的影响。

注意 4060B设备的电流输出能力并不真正适合直接驱动LED，我也没有对在本电路中使用这种集成电路做长期效果的测试，因此，如果您决定使用4060B设备而不是74HC4060设备，那么，如果您的集成电路因此而损坏，可千万别埋怨我哦！

第12章

采用PIC16F628-04/P微控制器：LED扫描器

本项目模拟了一种您以前可能看到过的灯光特效。在上个世纪80年代，曾经有一部非常流行的电视连续剧，名字叫做Knight Rider（中文译名为《霹雳游侠》），故事讲述了Michael Knight驾驶着那辆具有高度人工智能的跑车KITT，在罪犯横行于法律之上的世界里支持那些无辜及无助的人。可能您一下子记不起来《霹雳游侠》，但当您看见霹雳车前面来回扫描的扫描器，听到经典的片头音乐，保证您一下子就能从记忆中找到它。在另外一部美国科幻电视连续剧Battlestar Galactica（中文译名《银河战星》）中，也出现了具有同样效果的扫描器。

本章LED扫描器项目由一排8个LED组成，按顺序点亮8个LED，看起来就像是单个LED从左扫描到右，然后又从右扫描到左，永无停歇。该项目的另外一个特色是，LED从一边扫描到另外一边时，灯光并不是直接熄灭，而是留下一个缓慢变暗的拖尾，直到一小段时间之后才彻底消失。这种LED扫描器可以应用于儿童的玩具，产生极度酷炫的效果，也可以用于创建一个不同寻常的LED小饰品。该LED扫描器项目的外观如图12.1所示，这也是本书中

图12.1　LED扫描器

首次在电路核心使用微控制器的项目。

12.1 PIC16F628-04/P微控制器

如果您对本书第1章介绍的PIC系列以外的微控制器不太熟悉，那么接下来我们将为您介绍PIC16F628-04/P的运行原理，以及它的编程方式。在学习编程之前，您需要了解PIC16F628-04/P微控制器的主要规格，我在本书中选择使用8位类型的微控制器设备。PIC微控制器有很多变体，它们的规格和引脚配置也有所不同，但是，您很快就会了解，PIC16F628-04/P是真正多用途的设备，它可以用于创建许多不同视觉效果的LED项目。

PIC16F628-04/P微控制器的主要规格

- 18引脚双列直插式封装。
- 3~5.5V供电范围。
- 输入/输出（I/O）引脚分隔为端口A和端口B，可以通过软件进行配置。
- 从输出引脚可以提供高达25mA的拉电流或灌电流，已经足够直接驱动一个典型的LED了。这是额定最大绝对值，容易受到其他参数的影响，请参阅下面的说明。
- 内部集成了4MHz时钟（也可以通过外部晶体振荡器控制）。
- 2048个单词的闪存程序存储器（对于更加复杂一些的项目也足够了）。
- 可以从制造商的技术参数表中找到有关该设备的更详细的规格参数（访问www.microchip.com即可查找和下载技术参数表）。

说明：如果您需要为本书中的PIC微控制器项目重新计算任何LED串联电阻器的值，请确认您使用的I_F值低于20mA（在各章中将提供更加详细的相关信息）。如果您想要重新设计本书中的项目，那么您还应该参考制造商的技术参数表，以确认没有超出最大总电流和设备的功率消耗能力。

在项目中使用这种类型的设备，好处是可以写入自己的程序（也被称为固件），它允许您配置微控制器的输入和输出，这样就可以根据您所需要的方式切换开和关。虽然这可能和模拟我们在第8章时序项目中使用的74HC4017十进制计数器集成电路的运行一样简单，但是，在后面的章节中您会明白，该设备可以产生更加有趣和复杂的LED效果。

12.2　项目11　LED扫描器

我们设计LED扫描器的主要项目说明如下。

- 该项目的显示器由一排8个8mm的LED组成。
- 该项目的视觉效果是单个LED从一边扫描到另外一边。
- 扫描的LED后面会留下一个缓慢消失的灯光拖尾。
- 本电路是通过PIC微控制器驱动的。
- LED扫描的速度将通过两个按键开关控制。
- 供电电压为4.5V。

12.2.1　电路工作原理

如果您已经完成了本书前面的某些项目，那么您可能已经意识到，我们可以用一个555计时器和一个或两个4017十进制计数器来组装该项目。但是，我更愿意尝试使用不同的电路和方法，而且该项目还有另外一个重要目标，就是尝试将电路中使用的元器件数量降至最少。另外，我还希望通过这个项目向您介绍PIC微控制器的使用。综上所述，我决定在本项目电路中使用PIC微控制器。这意味着您将只能用一个集成电路，以及少数几个电阻器和电容器。在本项目中使用的PIC微控制器是PIC16F628-04/P设备，它也可以应用于本书后面的一些项目。

本项目的电路图如图12.2所示，从图中可以看出，微控制器的使用可以极大地简化电路布局。4.5V电池通过引脚5和引脚14给集成电路IC_1供电，电阻器R_1输入一个正极信号到引脚4，这意味着当IC_1接通电源时，内部程序即可运行。由于本项目不需要精确的计时，所以您可以使用集成电路内部的4MHz时钟，也就是说，无需使用外部时钟电路，这进一步简化了电路的布局。在程序中，端口B的所有8个输入/输出端口都被配置为输出，这些端口通过8个信号二极管（D_1~D_8）连接到8个LED（D_9~D_{16}）。电阻器R_4~R_{11}是和8个LED串联在一起的限流电阻器。

您可能还会注意到，在图12.2中，每个LED还有一个470μF的电解质电容器横跨在它和串联电阻器上，这样的电阻器/电容器配置使得每个LED都可以保持短时间的发光，从而产生了扫描拖尾所需要的灯光逐渐消失的效果。如果输出引脚6到达高电平，那么该正极电压将通过信号二极管D_1流入并点亮LED D_9，同时给电容器C_1充电。如果引脚6变成了低电平，那么LED D_9通

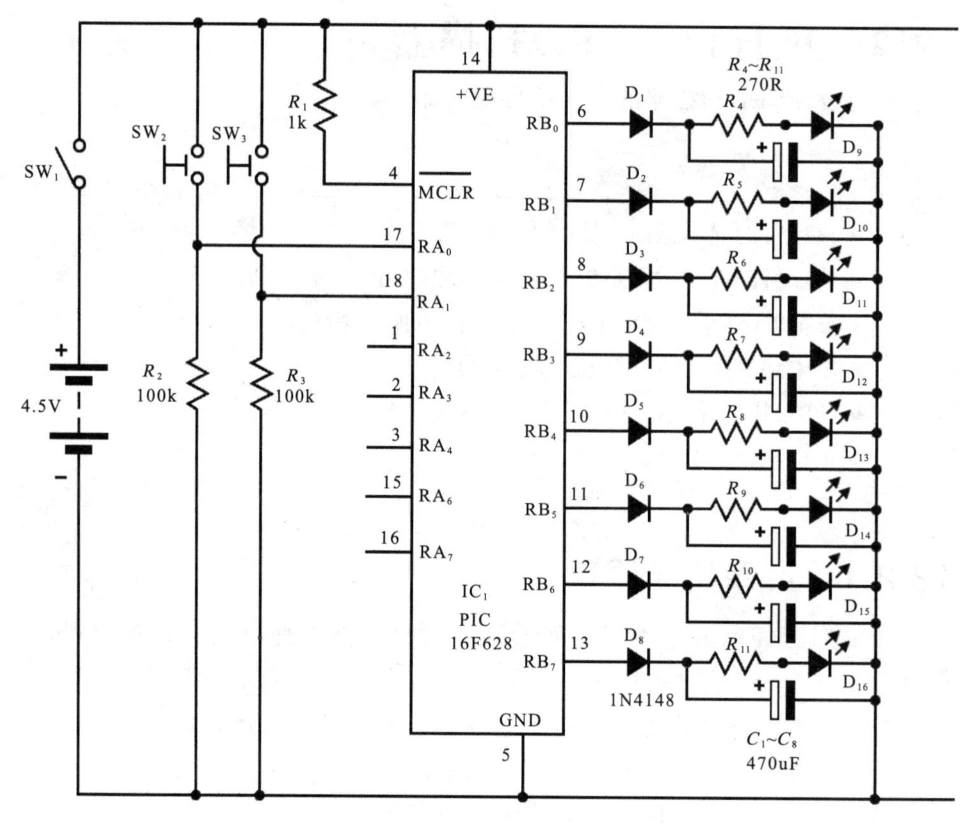

图12.2 LED扫描器的电路图

常情况下将立即熄灭，但是，由于电容器C_1存留了一点电量，所以它会通过串联电阻器R_4放电，使得LED D_9保持一小段时间的点亮状态。信号二极管的目的是阻止电容器释放的电流进入集成电路IC_1的输出引脚，以免损坏集成电路。现在我们可以设想，每个端口B的输出引脚都简短地被激活，一次一个，从引脚6开始，一直到引脚13，然后又再次回到引脚6，就是这么一个永无休止的循环。这种扫描结合了每个LED的电阻器/电容器网络，产生的正是您即将在本项目中看到的视觉效果。

您可能还想要控制LED从一边移动到另外一边的速度，在前面的项目中，我们一般用一个可变电阻器来进行这种控制。但是在本项目中，我们使用了两个瞬时按键开关SW_2和SW_3。这些开关将连接到端口A的引脚17和18，在程序中它们被配置为输入引脚。在正常情况下，电阻器R_2和R_3将使得这两个引脚保持低电平，按下开关SW_2或SW_3，则会给对应的引脚（SW_2对应引脚17，SW_3对应引脚18）施加一个正极信号，而这个信号将通过软件被探测到。按下SW_2将加速，而按下SW_3则会减速。端口A的其他输入/输出引脚在程序中都被配置为输出引脚，以避免IC_1的伪触发，并且这些引脚都保留为空，未连接到任何线路。

12.2.2　项目零部件列表

LED扫描器项目所需要的零部件列表见表12.1。

表12.1　LED扫描器项目零部件列表

代　码	数　量	说　明	供应商和零部件编号
IC_1	1	PIC16F628-04/P微控制器	RS Components379-2869（制造商编号：Microchip Technology Inc.PIC16F628-04/P）
R_1	1	1kΩ 0.5W ± 5%容差碳膜电阻器	-
R_2/R_3	2	100kΩ 0.5W ± 5%容差碳膜电阻器	-
R_4~R_{11}*	8	270Ω0.5W ± 5%容差碳膜电阻器	-
C_1~C_8	8	470μF 10V径向电解质电容器	-
D_1~D_8	8	1N4148信号二极管	-
D_9~D_{16}	8	8mm红色LED V_F（典型值）=1.85V，I_F（典型值）=20mA	RS Components 577-718
SW_1	1	单刀面板安装切换开关，额定电流2A	RS Components 710-9674
SW_2，SW_3	2	单刀常开面板安装开关（100mA）	RS Components133-6502
硬件	1	条形焊接板，2.54mm孔距，37孔宽×24轨道高	-
硬件	1	18引脚双列直插式插槽	-
硬件	1	AA电池座（3节AA电池）	Maplin YR61R
硬件	3	AA电池（1.5V）	-
硬件	1	PP3电池夹和导线	RS Components 489-021（5个一包）
硬件	-	灵活的互连导线	-

*说明：如果您使用了和本零部件列表中不同的V_F和I_F值的LED，那么您可能需要修改这些LED串联电阻器的电阻和瓦数值。具体的做法请参考本书第2章。在本项目的计算公式中，I_F可用10~12mA的值。还需要注意，改变电阻器的值将改变扫描过程中LED发光的时间。

说明　表12. 1以单独的列显示了我在本项目中所使用的特定零部件的供应商和零部件编号，您可以参考本书附录或通过网络搜索等方式查找和购买您所需要的零部件。

12.2.3　条形焊接板布局

LED扫描器项目的条形焊接板布局如图12.3所示。

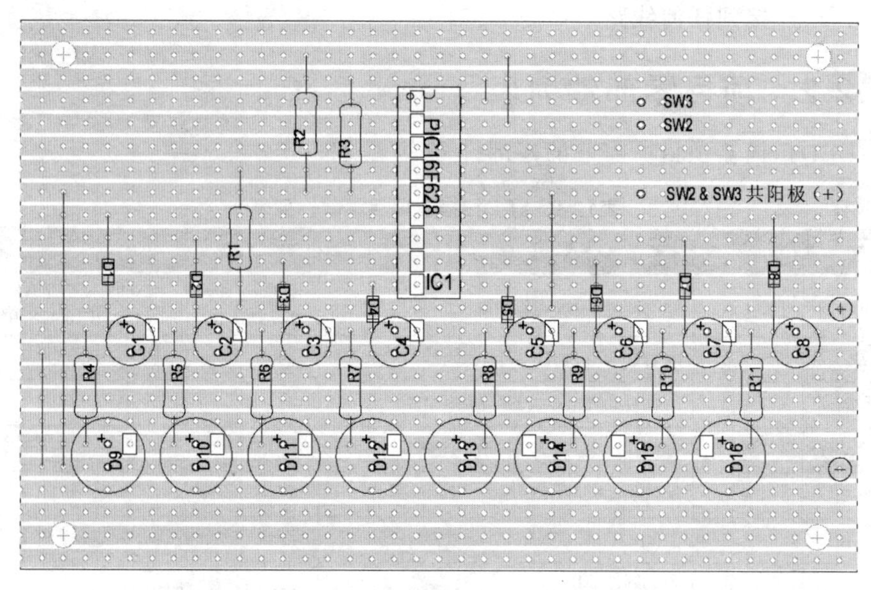

图12.3　LED扫描器的条形焊接板布局

在本项目中，我们并没有设计外壳，因为对于这种LED扫描器板，您可能会有自己独特的安装创意。同样，该条形焊接板布局显示了所有安装在条形焊接板上的元器件，当然，开关除外，因为您可能会将条形焊接板安装在一个单独的外壳中，而开关则安装在外面以方便操作。注意，在将元器件焊接到位之前，您需要制作23个轨道切口（在图12.3中显示为白色的矩形块），它们分布在集成电路IC_1的下面，以及环绕在每个电容器和LED的周围。如图12.3所示，在条形焊接板中还有4个3mm的小孔，在图中它们显示为4个白色的圆圈，中间有一个十字符号，这些小孔分布在条形焊接板的四个角落，是为了安装板子而设计的。您可能还会注意到，在小孔周围，并没有设计轨道切口，这意味着需要用绝缘体来进行安装，例如我们在前面的项目中使用过的尼龙螺丝（参见第7章）。

12.2.4　组装及测试电路板

说明　请参考本书第1章中的焊接提示和技巧，并遵照条形焊接板的一般组装原则进行操作。

您可以按照图12.3所示的条形焊接板布局图来仔细地组装该项目。开关SW_2和SW_3安装在板子之外，并通过3根跨线连接，而SW_+则是一个普通的连接，它连接到两个开关的一个引脚上。每个开关的另外一只引脚则相应地连接到SW_2和SW_3的位置，这两个位置也已经在电路图上做了清晰的标示。在完成组装之后，条形焊接板的外观应该如图12.4所示。在目前这个阶段，先不要将集成电路IC_1插入到双列直插式插槽中。

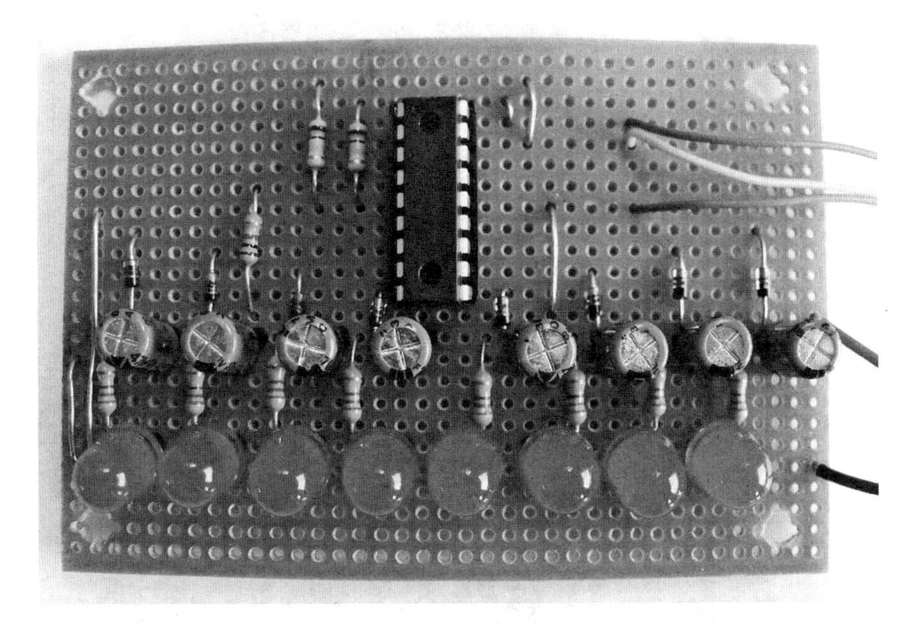

图12.4　已经完成组装的条形焊接板

在开始编程和将IC_1插入到条形焊接板之前，需要进行一些基础的测试，以确认LED能按需要的方式运行，这样也可以减少后期可能需要的排查错误的时间。首先，用3节AA电池给板子提供4.5V电源，并且确认电压出现在引脚5（–）和引脚14（+）。此外，在引脚4上也应该出现4.5V电压。如果一切正常，那么您可以在双列直插式插槽的引脚14（+）和引脚6之间插入一段跳线，如图12.5所示，此时LED D_9将被点亮。

现在移除引脚6上的连接线，那么LED D_9的灯光将在坚持数秒之后熄灭。重复这种方法，将跳线的一端保持连接到引脚14，而另外一端则依次连接到引脚6、7、8、9、10、11、12和13，每次连接时，都将有一个对应的LED被点亮，这样就可以依次检查每个LED及其相应的RC网络是否能正常运行（图12.6）。

一旦您对所有LED的检查结果感到满意，即可移除3节AA电池，然后开始给IC_1编写程序。

图12.5 在引脚14和引脚6之间连接一根导线

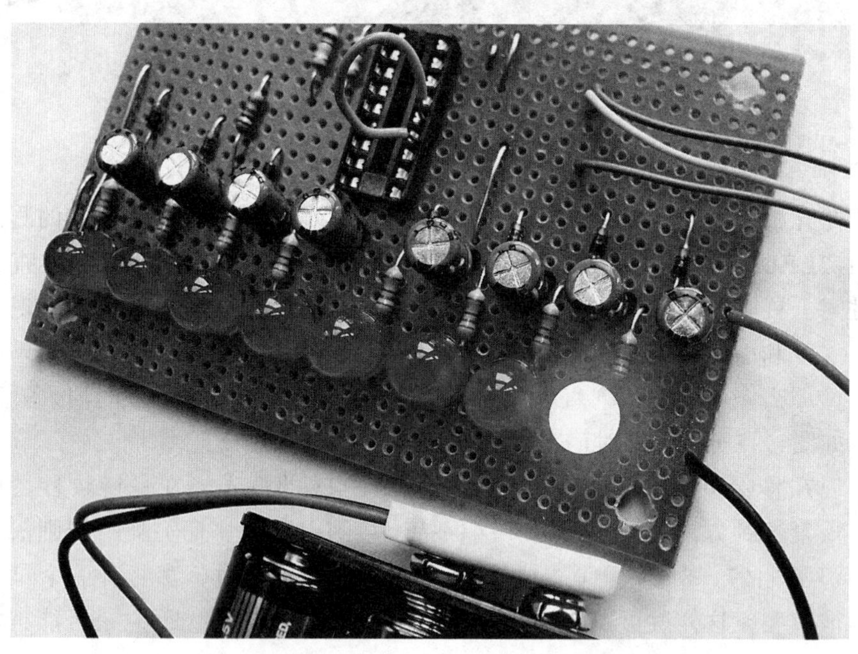

图12.6 轮流测试每个LED以确保它们全部能正常工作

12.2.5 PIC微控制器编程

如果您从防静电包装中打开一个全新的微控制器，然后将它直接插入到双列直插式插槽，那么您可能会非常失望，因为电路根本不会运行。原因很简单，您首先需要编写一个软件程序，使微控制器能与电路产生交互，然后它才能执行您所设计的任务。该程序将被转换为适合的十六进制代码，并编程写入微控制器。

本书并不打算与您详细探讨如何给PIC微控制器编写程序的问题，因为市面上关于此内容的优秀图书有很多种，您也可以通过网络获取相关的内容。当然，在本书中所有使用微控制器的项目都将包含由我编写的汇编语言程序，并且这些程序都会包含一些批注，以帮助您了解程序的运行方式。我已经将这些汇编语言程序转换成了十六进制文件，它们可用于给PIC微控制器编程。本书每个项目的汇编语言程序和十六进制文件都有最新版本，如果您需要的话，请访问McGraw-Hill出版社的网站下载，具体网址为：http://www.mhprofessional.com/computingdownload。

下载完成之后，您可以轻松识别文件的类型，汇编语言程序的扩展名为*.asm，而十六进制文件的扩展名为*.hex。

提示 如果出于某些原因，您无法从上述网站下载所需的软件和文件，那么您可以在Windows操作系统的“记事本”程序中手动输入在各章中提供的详细的十六进制代码。在“记事本”程序中完成代码输入之后，您可以选择“文件”|“另存为”命令。在出现的“另存为”对话框中，选择您要保存文件的位置，确认“保存类型”选项为“所有文件”；然后输入一个以.HEX为扩展名的文件名；最后单击“保存”按钮。例如，在本项目中，您就可以将十六进制文件命名为Led Scanner Project.hex。这样保存的文件将会被识别为PIC编程软件。该文件必须在“记事本”中保存，因为在这些文件中保存的数据为纯文本格式，这也正是PIC编程软件所需要的格式。

注意 如果您使用的是上述方法，那么，即使是最细微的输入错误都将导致程序不能按预期运行。同时微控制器的某些输入和输出引脚可能没有被正确配置，连接了一部分它们不该连接的电路，而这很可能导致设备的损坏。所以，我们建议您最好还是去网站直接下载十六进制文件，而不要手动输入它们。

1. 汇编程序

我为本项目编写的汇编语言程序列表名称为LED Scanner Project.asm。该程序列表包含了一些批注，可以帮助您理解软件的运行方式。您可以看到，代码的主要部分都用于监控速度开关SW_2和SW_3，SW_2对应连接到输入端口A_0，SW_3对应连接到输入端口A_1，代码将创建相应的延迟，以调节LED扫描的速度。在通电之后，speed变量的初始值被设置为30。该值可以在1~60之间增减，具体的增减值取决于速度开关。端口B的8个输入/输出端口均被配置为输出，并且产生单个输出位，从左到右，再从右到左，沿着一个永无休止的循环来回滚动输出。这些输出被连接到8个LED，由此，“滚动的输出位”也就形成了LED的扫描效果。本程序的程序列表如下：

```
LOOP1     movlw B'00000001'      ;move 1 to w
          movwf PORTB            ;send it to Port B to illuminate the first LED
          bcf STATUS, C          ;clear the carry flag
LOOP2     call PAUSE             ;create a delay
          call GETKEY            ;test to see if a key has been pressed
          rlf PORTB, F           ;rotate Port B output to move the LED to the left
          btfss STATUS, C        ;if carry flag is set then LED B7 is lit, skip a line
          goto LOOP2             ;loop around to continue moving the LED

          movlw B'10000000'      ;activate the LED on Port B, 7
          movwf PORTB            ;
          bcf STATUS, C          ;clear the carry flag
LOOP3     call PAUSE
          call GETKEY
          rrf PORTB, F           ;rotate Port B right to move the LED the opposite way
          btfss STATUS, C        ;if carry flag is set then LED B0 is lit, skip a line
          goto LOOP3             ;loop around to continue moving the LED

          goto LOOP1             ;start the sequence all over again
```

2. 十六进制文件和十六进制代码列表

LED Scanner Project.asm汇编语言程序列表已经被转换为合适的十六进制文件，您可以将它下载到PIC微控制器中。以下文本显示了十六进制文件的大概样子。该文件的文件名为LED Scanner Project.hex，您可以从McGraw-Hill出版社的网站下载获得。

```
:020000000528D1
:080008000052807309F00850167
:100010008601831603308500003086008230810 01F
:100020008312 1E30A10001308600031024202D20F1
:10003000860D031C162880308600031024202D20F6
:10004000860C031C1E2813282108A0008B010B1D01
:1000500027280B11A00B272808000508003A0319D0
:100060000800051 8A10A8518A10321083D3A0319C3
:1000700040282108003A031D08003C30A100080078
```

```
:060080000130A1000800A0
:02400E00303F41
:00000001FF
```

3. 给PIC微控制器编程

如果您已经拥有更适合自己的给PIC微控制器编程的方法，那么您只需要从McGraw-Hill出版社的网站下载本项目的十六进制文件，然后用您自己的方法通过该文件给集成电路IC_1编程就可以了。如果您此前从来没有过给PIC微控制器编程的经验，那么您可以继续阅读下面的内容，了解如何轻松地执行该操作。

说明 以下介绍的编程流程已经在运行Window XP操作系统的PC机测试过，至于其他操作系统，则没有进行测试。

要对芯片进行编程，你需要一个专用的编程器和软件。我选择的是Microchip（美国微芯科技公司）的PICkit 2开发编程器/调试器以及它所应用的编程软件。PICkit 2编程器包含一个迷你USB连接，可以用它连接您的PC机和一个6引脚输出插槽。这个6引脚输出插槽拥有给PIC微控制器编程所必需的输出。

现在您可以返回到第1章去看一下，PICkit 2编程器的6个输出连接将按特定的顺序配置，并且需要连接到PIC16F628-04/P。以下就是PICkit 2编程器的6引脚连接信息，以及它们连接到PIC16F628-04/P微控制器的方式（编程器的引脚1将以白色三角形标示）：

- Pin 1:MCLR——连接到PIC16F628-04/P的引脚4。
- Pin 2:Vdd Target（+V）——连接到PIC16F628-04/P的引脚14。
- Pin 3:Ground（0V）——连接到PIC16F628-04/P的引脚5。
- Pin 4:Data——连接到PIC16F628-04/P的引脚13。
- Pin 5:Clock——连接到PIC16F628-04/P的引脚12。
- Pin 6:Aux——未使用。

PICkit 2编程器的引脚1、2、3、4和5需要连接到PIC微控制器才能对其编程。我专门组装了一个编程接口模拟电路板，使得IC_1完全和LED扫描器电路隔离就能进行编程。有关如何组装这种编程接口模拟电路板的详细信息，请参考本书第1章。

如图12.7所示，PICkit 2编程器已经插入了单列直插式引脚头（这些引脚头已经插入了模拟电路板），现在可以开始对PIC微控制器编程了。注意，在图12.7中，PIC微控制器引脚1的位置朝向模拟电路板的顶端。在将编程器连接到模拟电路板之后，可以通过编程软件，将十六进制代码编程写入PIC微控制器。在本章的后面我们将详细介绍操作方法。编程器提供了给微控制器编程所需的电源和编程电压。

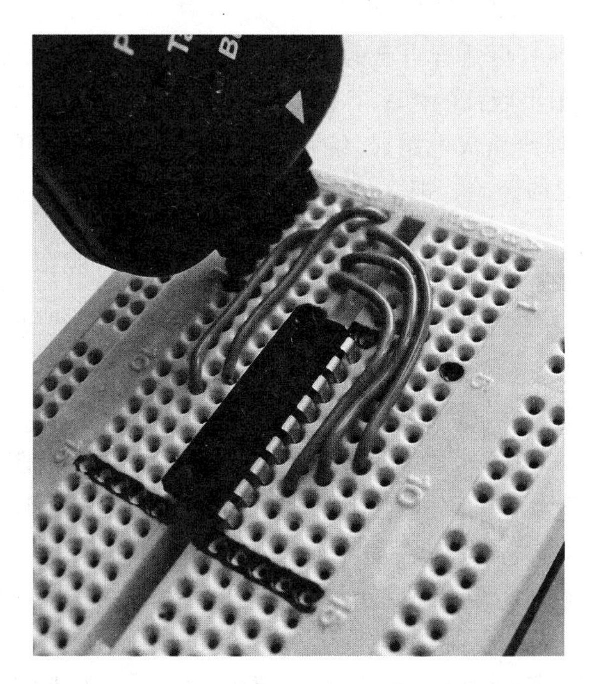

图12.7 PIC微控制器已经连接到模拟电路板接口

在安装了PICkit 2编程器之后，您可以根据提示将编程软件（这是随PICkit 2编程器硬件附送的）安装到PC机的硬盘上，然后下载本项目的十六进制文件LED Scanner Project.hex，并且将它保存在PC机的文件夹中。

首先确认您的PC机已经启动，然后按以下步骤给IC_1编程：

（1）使用适合的USB连接线，将PICkit 2编程器连接到PC机。

（2）将集成电路IC_1插入到模拟电路板接口，再将PICkit 2编程器插入到模拟电路板上的引脚头，如图12.7所示。

（3）打开PC机上的编程软件。它将自动查找PICkit 2编程器，并且识别出该编程器已经连接到PIC16F628设备。

（4）在软件中将VDD PICkit 2电压设置为4.5V，如图12.8所示。注意，不要选中电压设置旁边的“On”和“/MCLR”这两个复选框。

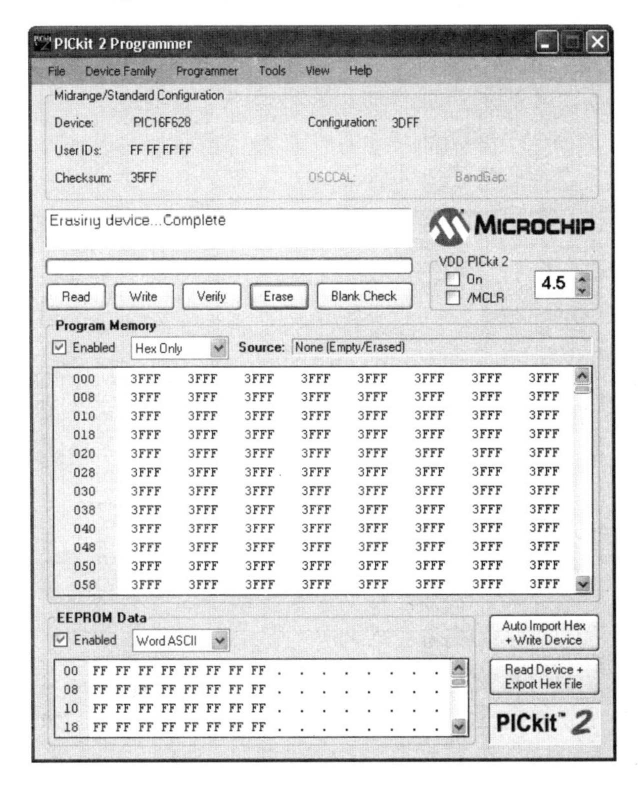

图12.8　在单击“Erase（擦除）”按钮之前先在软件中设置编程电压

（5）单击“Erase（擦除）”按钮，擦除微控制器中可能已经存在的任何数据，然后等待直到软件提示擦除已经完成，如图12.8所示。

（6）选择File（文件）|Import Hex（导入Hex文件），找到保存在PC机上的本项目所需的LED Scanner Project.hex文件，将它导入到软件中。成功导入之后也会出现一条提示消息，如图12.9所示。

（7）确认编程器的VDD PICkit 2设置仍然为4.5V，然后单击“Write（写入）”按钮，自动将十六进制文件传输到微控制器中。如果编程成功完成，那么稍等数秒钟，您将看到软件给出的消息提示，如图12.10所示。如果在使用PICkit 2编程器将十六进制文件下载到微控制器的过程中出现了问题，那么您可以通过软件的Help（帮助）菜单找到非常实用的帮助信息，以发现问题所在。

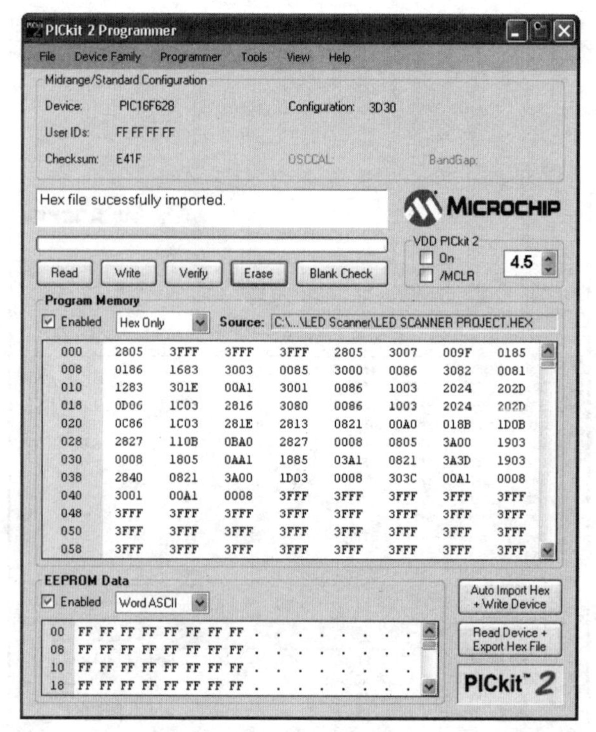

图12.9 导入十六进制文件

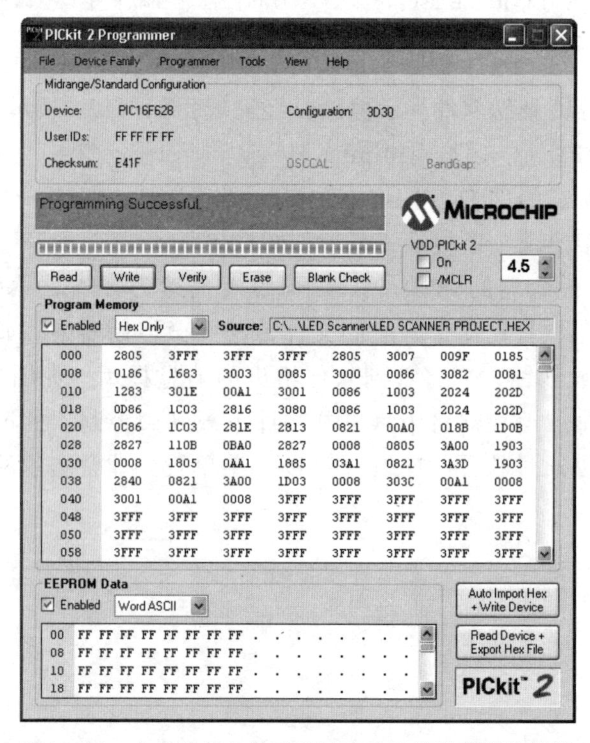

图12.10 十六进制文件已经被成功地传输到微控制器

12.2.6　查看扫描器的效果

编程完成后，即可将PICkit 2编程器从模拟电路板移除，然后仔细地取出PIC微控制器，再将它插入到条形焊接板的双列直插式插槽中，在插入时一定要注意正确的方向。接下来，将3节AA电池连接到条形焊接板，此时您将立即看到LED扫描器的效果，如图12.11所示。按下SW_2和SW_3开关，可以相应地提高或降低LED扫描的速度。如果项目未按预期效果运行，那么需要再次检查条形焊接板布局，以及确认IC_1是否使用正确的十六进制文件编程。

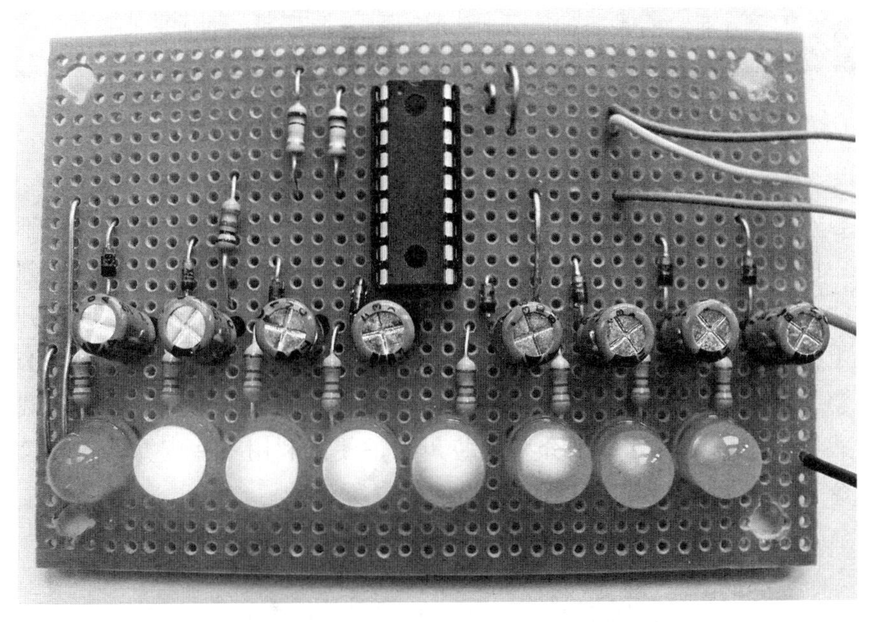

图12.11　LED从一边扫描到另一边

> **说明**　本项目的微控制器电路布局并未在电池正极（+）和负极（-）之间添加去耦电容器，以平稳供电电压，帮助避免潜在的电路伪触发。我之所以未在电路布局中采用去耦电容器，是因为该电路在没有它时也能工作得很好。如果您在项目中遇到了问题，那么可以尝试在电路的正极和接地线路之间添加一个100nF或0.1μF（最小额定电压值为10V）的电容器，看一看这样是否能解决问题。

现在您需要做的就是找到一个合适的条形焊接板容器，并且为速度开关（SW_2和SW_3）设计一个方便的安装位置。您可以将这个LED扫描器安装在孩子的玩具上，也可以作为一个引人注目的小饰品镶嵌在衣服上。

第13章 LED光剑

想不想打造一把属于自己的光剑，让您的对手大吃一惊而又艳羡不已？本章中的项目将为您展示如何用一个PIC微控制器来组装一把LED光剑。当您激活光剑时，看到的效果是，一个不断上升的光柱，从光剑的底部开始，一直上升直到光剑的顶部。写入微控制器的软件代码也可以让8个LED快速地闪动，使光剑看上去更加气势不凡，就像一件能经得起“对撞”的威力巨大的武器。本章将为您详细介绍组装步骤，使您利用一些废弃的塑料管做成一把令人称奇的光剑，其实际效果如图13.1所示。

图13.1　LED光剑

13.1 项目12 LED光剑

如果您此前没有阅读过第12章，那么我们建议您返回阅读一下该章节，这样您就能理解PIC16F628-04/P微控制器的某些主要功能，也可以理解如何给这种设备编程。

项目说明

- 该LED光剑使用了8个较大的10mm红色LED。
- 光剑的视觉效果是从光剑的剑柄发射出一个不断上升的光柱，直到光剑的剑尖。
- 本电路是通过PIC16F628-04/P微控制器驱动的。
- 按下“启动”按钮即可看到光剑的视觉效果。
- “对撞”按钮可以使光剑更亮，模拟光剑撞击在一起的效果。
- 供电电压为4.5V。

13.1.1 电路工作原理

LED光剑的电路图如图13.2所示。

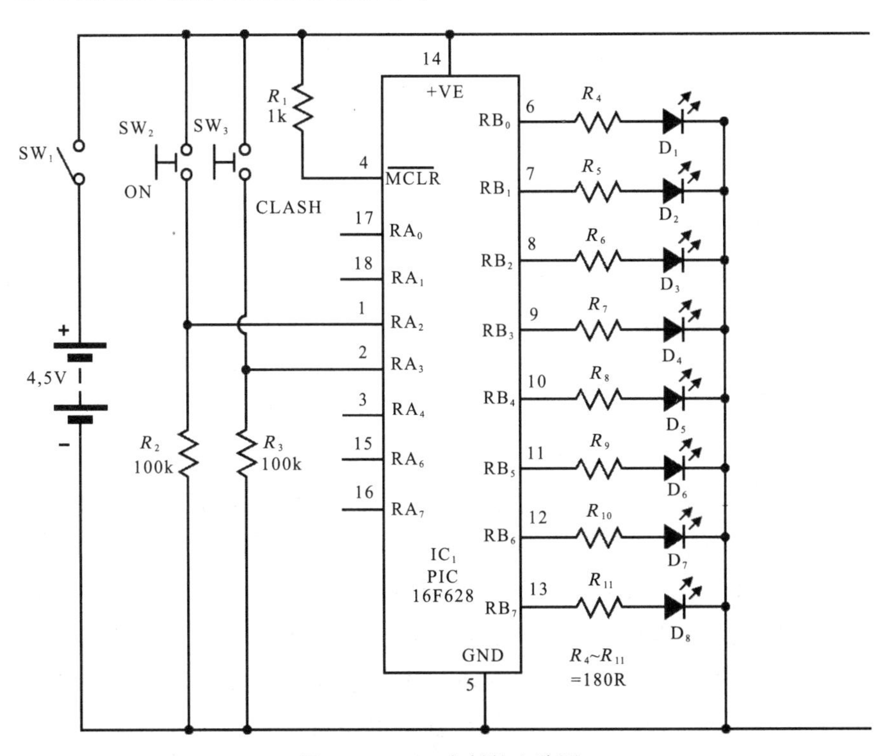

图13.2 LED光剑的电路图

正如我们在本章一开始所提到的那样，我在电路的核心使用了一个PIC微控制器。它不但可以简化电路布局，而且可以使组装出来的条形焊接板更加小巧，能更好地安装到光剑的剑柄中。最开始的时候，我考虑的是用LM3914条形驱动芯片，以条形模式创建本项目所需要的视觉效果，但是，最终我选择了微控制器，因为这样可以简化电路布局，并且添加一些其他的功能（在本书第17章的数字示波器屏幕项目中，我们将有机会为您介绍如何使用LM3914条形集成电路）。

该电路的布局非常简单，它和第12章的LED扫描器项目非常相似。该电路用由3节AAA电池组成的4.5V电源供电，这样的电压已经可以激活微控制器（IC_1）及其程序。SW_1是电源开关，它是可以选择安装的。如果您决定不使用SW_1开关，那么需要记住，在静止模式（也就是说，LED未被点亮）时，电路获取的电量在1mA以下，虽然相当低，但也会导致电池在光剑未使用的情况下只坚持几个星期左右就被耗干了。是否要安装SW_1开关完全由您决定，在我组装的样品中没有安装这个开关，因为我所使用的外壳空间有限。

SW_2开关是一个“启动”按键，它将连接到引脚RA_2，而RA_2引脚被配置为输入引脚。一般情况下，该输入引脚因为有电阻器R_2的存在将保持低电平，直到SW_2开关被按下，情况才发生改变。当SW_2开关被按下时，软件将识别在输入引脚RA_2出现的高电平信号，并激活LED点亮的顺序，具体的激活顺序是从D_1~D_8，每次一个，从D_1开始，到D_8结束。D_1~D_8将按顺序依次连接到端口B_0~B_7，这些端口都被配置为输出端口，并且分别通过对应的串联电阻器R_4~R_{11}进行驱动。需要保持SW_2的按下状态，才能使LED持续点亮。此时软件将通过非常快速地切换8个LED的亮和灭，来产生频频闪动的效果，由于切换的速度足够快，所以看起来就是这些LED全都被点亮了，只是有些亮度不足而已。这样有助于降低电路的电流消耗，因为8个LED实际上只点亮了一半的时间，当然人的肉眼对此基本上是察觉不到的。当松开SW_2按键开关时，光柱将按D_8~D_1的顺序下降，直到所有的LED熄灭。

另外一个按键开关SW_3是一个可选功能，它被称作“对撞”按钮。该开关被连接到输入引脚RA_3，只有在SW_2开关被按下，并且所有LED都被点亮之后，它才会被软件识别。如果SW_2和SW_3开关同时被按下，那么软件将不再使得8个LED频频闪动，相反，它将切换至使它们一直点亮，看起来的效果就好像是光剑变得更加明亮耀眼。该功能可以用于模拟光剑和其他武器对撞之后产生的效果。如果您不想在电路中安装SW_3开关，那也没关系，因为没有它电路也完全可以正常运行。也就是说，可以避开SW_3开关，直接将正极（+ve）供电线路连接到输入引脚RA_3，这样做将使得光剑在任何时候都是非常明亮的，但缺陷是使得光剑的电流消耗增加。

13.1.2　项目零部件列表

LED光剑项目所需零部件列表见表13.1。

表13.1　LED光剑零部件列表

代码	数量	说明	供应商和零部件编号
IC_1	1	PIC16F628-04/P微控制器	RS Components 379-2869（制造商编号：Microchip Technology Inc.PIC16F628-04/P）
R_1	1	1kΩ 0.5W ±5%容差碳膜电阻器	-
R_2, R_3	2	100kΩ 0.5W ±5%容差碳膜电阻器	-
R_4~R_{11}*	8	180Ω0.5W ±5%容差碳膜电阻器	-
D_1~D_8	8	10mm红色LED V_F（典型值）=1.8V，I_F（典型值）=20mA	RS Components 577-768
SW_1	1	单刀面板安装切换开关，额定电流2A	RS Components 710-9674
SW_2，SW_3	2	单刀常开面板安装开关（100mA）	RS Components 133-6502
硬件	1	条形焊接板，2.54mm孔距，25孔宽×9轨道高	-
硬件	1	18引脚双列直插式插槽	-
硬件	1	12引脚单列直插式引脚头	-
硬件	1	AAA电池座（4节AAA电池；有关详情请参考本章文字说明）	RS Components 512-3568
硬件	3	AAA电池（1.5V）	-
硬件	1	小而窄的外壳，大概124mm长×33mm宽×30mm深	Maplin FT31
硬件	1	27mm直径亚克力管或类似物品（有关详情请参考本章文字说明）	-
硬件	-	灵活的互连导线、实心镀锡铜线、扎线带、扎线带基座和描图纸	-

*说明：如果您使用了和本零部件列表中不同的V_F和I_F值的LED，那么您可能需要修改这些LED串联电阻器的电阻和瓦数值。具体的做法请参考本书第2章。另外，您还需要参考本书第12章中介绍的PIC16F628-04/P微控制器的电流容量。在本项目的计算公式中，I_F使用的值约为15mA。

说明　表13.1以单独的列显示了我在本项目中所使用的特定零部件的供应商和零部件编号，您可以参考本书附录或通过网络搜索等方式查找和购买您所需要的零部件。

13.1.3 制作外壳

现在您可以翻到本章的开头部分，再看一看图13.1所示组装完成的LED光剑，您会发现外壳包括两个部分，一个是剑柄，另外一个则是灯管。

1. 剑 柄

我使用的剑柄是一个窄小的外壳。这个剑柄刚好可以握持，并且足以容纳电池座、条形焊接板以及两个开关。在开始设计本项目时，我仔细地在剑柄外壳上钻了3个小孔，如图13.3所示。这3个小孔有两个是为两个开关准备的，而另外一个则是为灯管准备的。您需要确保这些小孔足够大，能够容纳这3个部件。在定位时，我将SW_2小孔的中心距离外壳的灯管末端设计为大约0.8in（21mm），SW_3小孔的中心距离外壳的灯管末端大约1.2in（31mm）。这样的设计使得我在握住剑柄的情况下，很容易就可以用大拇指和食指操作两个开关。

图13.3 已经钻孔的外壳

提示 在给外壳钻孔之前，您可以先将电子元器件焊接到条形焊接板上，这样就可以以已经完成的条形焊接板作为模板，在外壳上标记开关的位置。由于外壳中空间有限，所以这样做将有助于您将两个开关安装到指定的位置，而不会和任意其他电子元器件产生碰触和短路连接。

2. 灯 管

您可以用一段透明的亚克力管制作光剑的灯管。当然，您可能已经了解我的喜好了，我更愿意用一些废弃的零部件来组装项目，这个项目也不例外。我决定用一个从吹泡泡玩具上拆下来的透明管子来做LED光剑的灯管，如图13.4所示。

图13.4　我要拆除并利用其透明管子的吹泡泡玩具。

这种类型的吹泡泡玩具可以在很多玩具商店买到或通过网络商店在线购买。透明管子一般是用来装肥皂液的。泡泡玩具的握柄上有一个套圈，将套圈浸入到肥皂液中，然后取出套圈，在空气中摇动，就可以制造大大的肥皂泡了。我利用的正是装肥皂液的那一部分，它非常合适作为光剑的灯管，如图13.5所示（很可惜，玩具的握柄和套圈在这个项目中就用不上了。当然，我还是要将它保存起来，因为在以后的项目中也许还用得着）。

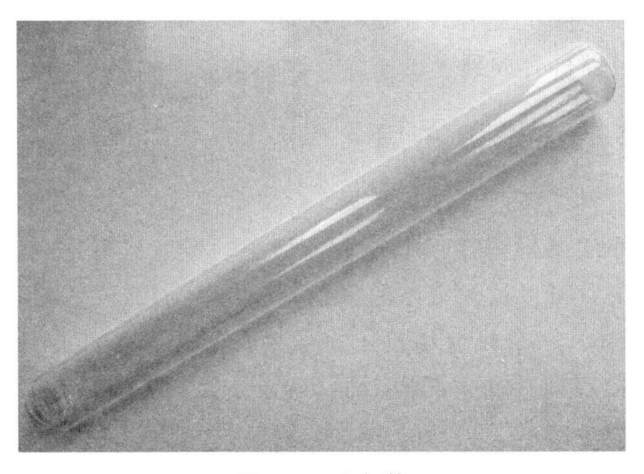

图13.5　空灯管

我用精细高档砂纸轻轻地把灯管的外表面打磨了一下，这样有助于扩散LED的灯光输出。我所使用的灯管大概10.5in长，它的直径则刚好超过1in，这使得我的LED光剑看起来小巧玲珑。您可以考虑使用更长的灯管，但需要确认一下，灯管的直径是否足够将一串LED放入其中。

更为方便的是，我所使用的泡泡管子末端还有螺纹，这样我就可以将它旋转拧入剑柄外壳顶部的小孔中。然后用环氧树脂粘住灯管，将它牢牢地固定。接下来，我要将所有的元器件都整齐地放入剑柄的外壳中，如图13.6所示。

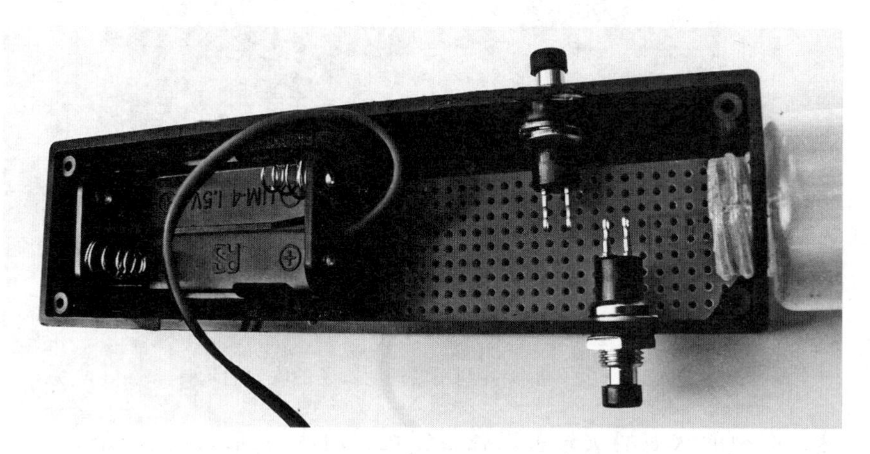

图13.6　确认所有元器件都能放置在外壳中

最后，我拆除了电池外壳、条形焊接板和开关，准备开始组装电路。如果您找不到末端带有螺纹的管子，那么可能需要用一个更大的外壳作为剑柄，并且需要钻出一个更大的小孔，以完全容纳管子。如果您使用的是这种安装方法，那么可能需要使用大量的环氧树脂，并且可能需要用一个螺丝和螺母才能将管子固定。此外，您也可以用一个直径更大的管子，然后想办法将所有的电子元器件都放到管子里面，这样就不需要独立的剑柄外壳了。

13.1.4　条形焊接板布局

LED光剑项目的条形焊接板布局如图13.7所示。本电路的集成电路控制部分组装在一小块条形焊接板上，这个板子的宽度只有25孔，高度只有9条轨道，这保证了它可以放入窄小的剑柄外壳中。注意，在将元器件焊接到位之前，需要制作出17个轨道切口（在图中显示为白色矩形块），它们分别位于集成电路的双列直插式插槽下面（9个），以及每个串联电阻器的下面（R_4~R_{11}，共8个）。

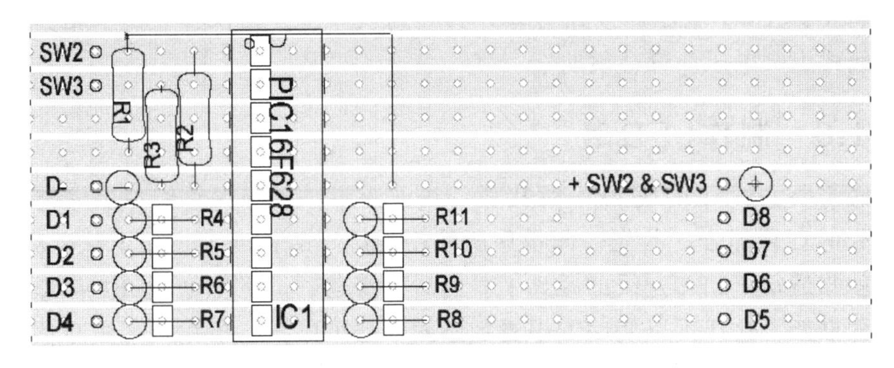

图13.7 LED光剑的条形焊接板布局

8个LED将不会安装在条形焊接板上，而是直接放置在光剑的透明灯管部分。LED将通过互连导线连接到条形焊接板，这些导线将焊接到单列直插式引脚上，这些在条形焊接板的布局图上都有显示，兹不赘述。

13.1.5 组装及测试电路板

说明 请参考本书第1章中的焊接提示和技巧，并遵照条形焊接板的一般组装原则进行操作。

您可以按照图13.7所示的条形焊接板布局图来仔细地组装该项目。值得注意的是，电阻器R_1出现在IC_1的顶端。在完成组装之后，条形焊接板的外观应该如图13.8所示。

图13.8 已经完成组装的条形焊接板布局

在插入集成电路IC_1之前，您可能需要像前面的项目一样，进行一些测试。例如，先给板子接通电源，并且确认电压按预期出现在引脚4、5和14。

然后将正极（+）电压连接到引脚6~13，每次一个，依次确认每个相关的单列直插式引脚电压都符合预期。

13.1.6 制作LED串

您需要将8个LED连线、焊接成一排或一串，以确保它们可以完整地放入外壳的灯管部分。首先，测量您所使用的灯管的长度，将长度除以8，这样您就知道每个LED连线的距离了。然后，搭建一个能将每个LED都焊接在上面的框架，这样可以使LED串更加坚固。您可以找一根相当结实并且长度合适的镀锡铜线，将它作为共阴极（–）连接。将铜线的长度裁剪得和光剑透明灯管的长度相同，在铜线末端焊接一小段软线，这段软线最后将焊接到条形焊接板的单列直插式引脚。图13.9所示就是连接在一起的LED串。

图13.9 将LED串焊接在一起

将每个LED的阳极连接（+）焊接到一根软线上，这根软线应该足够长，能够到达条形焊接板的单列直插式引脚。为了轻松识别每根连接线，可以使用不同颜色的线缆，或者用遮护胶带给每根电线标记上对应的LED编号。在将全部8个LED的阴极都焊接到铜线之后，它们的阳极则分别连接到不同颜色的软线上，加上共阴极的一根软线，所以一共有9根颜色各异或者用遮护胶带标记的软线，很快它们将被焊接到条形焊接板上。在将LED串插入到外壳之前，您可能还需要测试一下每个LED是否都能点亮。可以用一个3V的电池和一个180Ω的电阻器来进行该项测试。在测试结果确认所有LED都能正常点亮之后，仔细地将LED串通过剑柄外壳穿入透明灯管中，如图13.10所示。为了使LED串能够固定在灯管中，可以在最上面的LED上滴一滴胶水，将它粘在灯管的顶端。

图13.10　将LED串通过剑柄的外壳穿入透明灯管中

提示　为了防止LED导线相互触碰短路，可以用一些电子绝缘胶带缠绕住各个焊接点。

将LED串穿入灯管之后，它的外观应该如图13.11所示。我在拍摄这幅照片的时候，尚未用砂纸打磨透明灯管，也没有将它粘到剑柄上，该照片目的是为了让您看清LED串安装到位之后的样子。

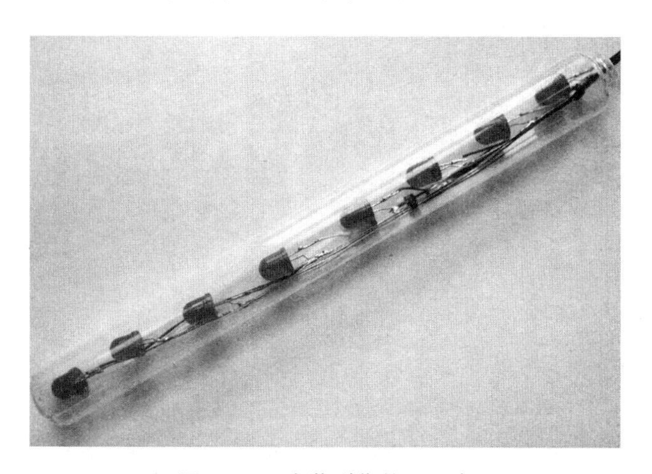

图13.11　安装到位的LED串

用扎线带和扎线带基座将9根LED跨线固定，它们的末端将安装在剑柄的外壳中。

13.1.7 组 装

到目前为止，您已经完成了LED光剑所有部件的安装，接下来只需要将它们组装在一起就可以了，这个过程应该非常简单。第一个步骤就是将条形焊接板插入到剑柄外壳中，并且将LED连接线焊接到相应的单列直插式引脚上。如果LED连接线过长，那么可以裁剪掉一部分，使它们刚好能到达单列直插式引脚。当然，如果考虑到今后还有可能需要重新焊接它们，也可以稍微保留一点余地。

下一个步骤就是将两个按键开关SW_2和SW_3安装到位。在安装时要注意不能让它们碰触到条形焊接板上的任何电子元器件，将它们焊接到相应的单列直插式引脚上。确认将两个开关焊接在一起，并且连接到电池的正极引脚。

最后，将AAA电池座插入到剑柄外壳中，并且将其正极（+）和负极（–）导线焊接到相应的单列直插式引脚上。虽然电池座能够接受4节AAA电池，但是，在本项目中您不能使用4节电池，因为这样会产生超过6V的输出电压，对于集成电路IC_1来说太高了。所以，您需要仔细地焊接一小段电池连接线，将其中一个电池仓的正负极连接起来（具体操作请参考本书第11章中的介绍），注意不要熔化塑料外壳。至此，我们已经完成了电子组装部分。此时条形焊接板应该如图13.12所示。

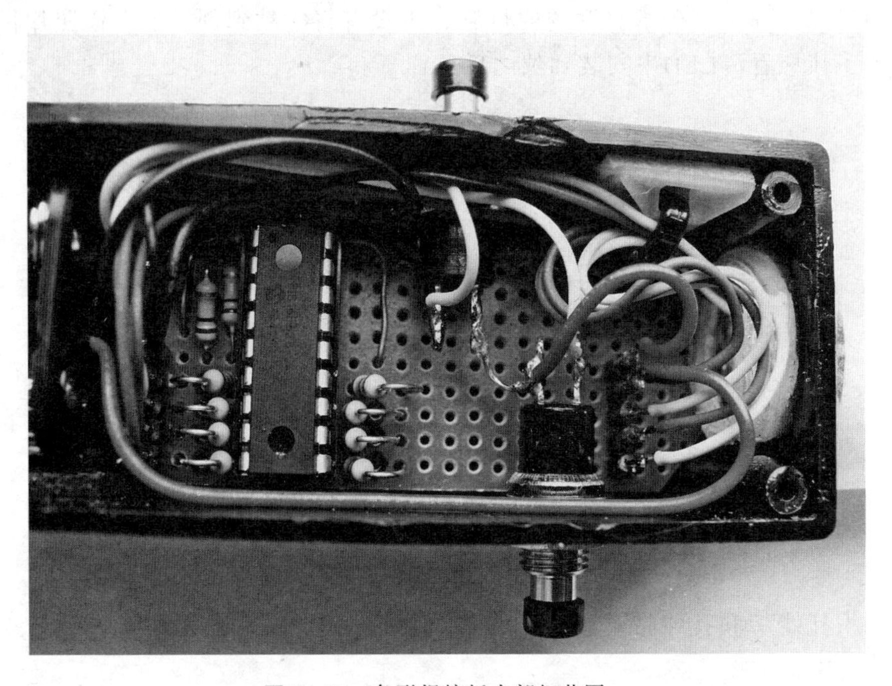

图13.12 条形焊接板内部细节图。

您可以在电池座的外面加上一些粘胶海绵，使得电池座紧紧地贴在外壳上。组装完成的剑柄外壳应该如图13.13所示。

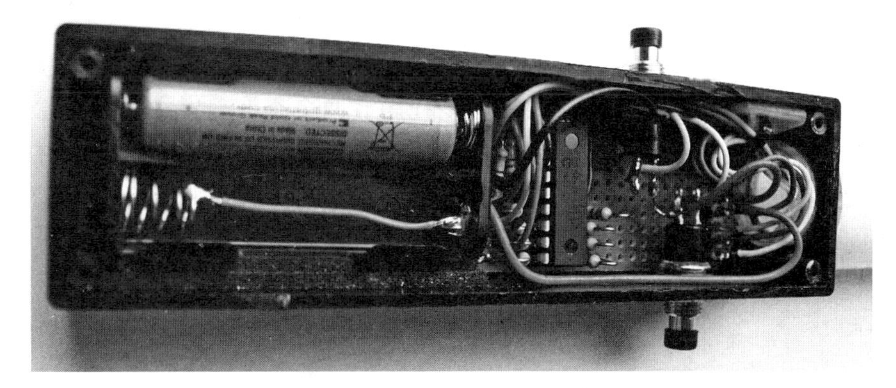

图13.13　剑柄外壳中包含了电池座和条形焊接板

现在就差最后一个画龙点睛步骤了，那就是制作一个纸质的扩散套来盖住灯管。制作这样一个扩散套的目的，就是扩散LED输出的灯光，使得光剑被点亮时，别人无法看见里面8个单独的LED。也就是说，扩散套可以使8个LED发出来的灯光更像是一道光柱。我使用的是一张A4大小的描图纸，将它裁剪并围绕灯管包裹，然后用双面粘胶将它固定住。最后，我又裁剪了一块圆形描图纸，并将它粘贴在纸管的顶部，彻底封闭光剑的灯管，最终的光剑外观效果如图13.14所示。

图13.14　已经包裹了纸质套管的LED光剑

13.1.8　PIC微控制器编程

现在LED光剑的硬件部分已经组装完成了，还需要给IC_1编程，并且将它安装到条形焊接板上。您可以从McGraw-Hill出版社的网站下载本项目需要的汇编语言程序和十六进制文件。具体网址为：http://www.mhprofessional.

com/ computingdownload。然后您可以按照本书第12章中介绍的内容，用十六进制文件给IC_1编程。

1. 汇编程序

该项目的程序被称为LED Light Sword.asm，里面包含了大量的批注，以解释其工作原理。您还将注意到，该程序有两个查询表定义了LED接通和关闭电源的顺序。LED光柱点亮的速度是由“speed”变量定义的，在这里它被设置为25，这是产生光剑视觉效果的理想速度。以下程序片段显示的就是查询表以及LED光剑点亮的顺序：

```
POWERON:        addwf PCL, F              ;LED sequence
                                          ;for power up
                retlw b'00000000'         ;all LEDs off
                retlw b'00000001'         ;first LED on
                retlw b'00000011'         ;2 LEDs on
                retlw b'00000111'         ;3 LEDs on
                retlw b'00001111'         ;4 LEDs on
                retlw b'00011111'         ;5 LEDs on
                retlw b'00111111'         ;6 LEDs on
                retlw b'01111111'         ;7 LEDs on
                retlw b'11111111'         ;8 LEDs on

POWEROFF:       addwf PCL,F               ;LED sequence
                                          ;for power
                                          ;down
                retlw b'11111111'         ;8 LEDs on
                retlw b'01111111'         ;7 LEDs on
                retlw b'00111111'         ;6 LEDs on
                retlw b'00011111'         ;5 LEDs on
                retlw b'00001111'         ;4 LEDs on
                retlw b'00000111'         ;3 LEDs on
                retlw b'00000011'         ;2 LEDs on
                retlw b'00000001'         ;1 LED on
                retlw b'00000000'         ;all LEDs off
```

2. 十六进制文件

本项目所需的十六进制文件被称为LED Light Sword.hex，您需要将它上传到IC_1中。您可以采用第12章介绍的方法，或者按照您自己喜爱的方式，使用该文件给IC_1编程。该十六进制文件的内容如下所示：

```
:020000001928BD
:080008001928820700340134BD
:1000100033407340F341F343F347F34FF348207F6
```

```
:10002000FF347F343F341F340F340734033401343A
:1000300003407309F008501860183160C3085004F
:10004000003086008130810083121930A2008601C1
:1000500051D2828A001200805208600492OA00AA7
:10006000208093A031935282B28A001051D3F282F
:10007000FF30860085193628003086003628200893
:100080000F2086004920A00A2008093A03192828D1
:100090003F282208A1008B010B1D4C280B11A10B3E
:0400A0004C280800E0
:02400E00303F41
:00000001FF
```

13.1.9 最终测试

在完成对IC_1的编程之后，您可以将它插入到条形焊接板的双列直插式插槽中，然后在剑柄外壳的电池座中安装3节AAA电池。给电路通电后，暂时看不到任何效果。用大拇指按住启动开关（SW_2），您会立即看到一道LED光柱从光剑的底部开始，直接上升到达光剑的顶部。一旦光柱到达光剑的顶部，那么光剑将稍稍变暗，这是因为软件使得LED产生频频闪动的效果。现在您可以在用大拇指继续按住SW_2开关的同时，用食指按住对撞开关（SW_3），那么光柱将变得更亮；松开SW_3开关，LED又会还原为频频闪动的效果，光剑也随之略微变暗。松开启动开关SW_2，光柱将立即向下回落，直到所有LED熄灭。如果您发现自己的LED光剑不是按这种方式运行的，那么需要立即移除电池，然后检查条形焊接板，看看是否有安装上的错误，或者是否有多余的焊料导致铜箔轨道短路。如果这些都找不出问题，那么还可以重新给IC_1编程，以确保正确加载了十六进制代码。

说明 本项目的微控制器电路布局并未在电池正极（+）和负极（－）之间添加去耦电容器，来平稳供电电压，帮助避免潜在的电路伪触发。我之所以未在电路布局中包含去耦电容器，是因为该电路在没有它时也能工作得很好。如果您在项目中遇到了问题，那么可以尝试在电路的正极和接地线路之间添加一个100nF或0.1μF（最小额定电压为10V）的电容器，看一看这样是否能解决问题。

13.1.10 游戏时间到

现在该是我们享受成果，轻松游戏的时间了。和本书中的大多数项目一样，光剑的视觉效果也是在暗夜中才显得最棒。如果您决定组装两把LED光剑，将自己打扮成一个双剑武士，那么一定要注意，不要让两把剑猛撞，因为这样可能会造成外壳的损坏，如果因此而撞坏了电子元器件，那就更加悲催了。所以，LED光剑只能是用于表演性质的娱乐，而不能真的用来对抗。如果您有兴趣制作一把更大的光剑，那么可能需要考虑修改电路和软件设计，这样才能使用8个以上的LED。同时，也别忘记PIC16F628-04/P设备的电流输出能力限制。您可能还需要加入其他一些驱动电路，这意味着需要用更大的条形焊接板和更大的外壳才能装载全部的电子元器件。

最后，您可能已经意识到了，在本项目的设计中，很遗憾地缺少了声音效果，所以，如果您愿意的话，也可以像我一样，一边摇动着手中的光剑“砍”向敌人，一边大吼，权当是音效！

第14章

手动操作的时序电路：隐形秘密代码显示器

本章将组装一个手持设备，它允许您用由7个LED组成的显示器给朋友传递10个单独的编码形状。这个设备的主要特色就是，除非知道如何查看它，否则您将无法看到它的编码图像。之所以有这种效果，是因为显示器利用红外线传递图像，而红外线是肉眼看不到的，只有通过数码相机才能查看到这种图像。

任何有想法要做特务的人都应该有类似这样的一种设备。即使您的间谍同伙站在远离您的位置，仍然能够通过用数码相机放大手持发射器，从而"看到"编码图像。我组装的手持发射器如图14.1所示。

图14.1 手持发射器——隐形秘密代码显示器

通过一些创意设计，您也可以将该设备作为魔术道具的一部分。

14.1 项目13 隐形秘密代码显示器

本项目使用了7个红外（IR）LED来产生前面我们所介绍的隐形效果。从这种类型的LED输出的光是人类的肉眼看不到的。IR LED常用于很多家用电器的遥控，例如，您可以用它转换电视频道，播放DVD，打开或关闭空调等。遥控器按特定的顺序发射LED脉冲信号，而该信号被电视机的红外接收器监听到，于是进行相应的解码操作。您可以通过数码相机查看这些LED输出的红外线光，因为现代数码相机的图像传感器是可以“看到”红外线光的。要验证这一点很容易，您可以按下电视遥控器上的任何按键，然后通过数码相机来查看遥控器中的LED发射器。

本项目正是利用了这一原理，用7个红外LED来排定一个特殊的图案。通过调节安装在设备背面的编码开关，我们可以在显示器上生成10种不同的图案。这10种不同的形状分别代表数字0~9，其具体形状如图14.2所示。LED的位置布局和七段显示器的格式是相同的，所以，如果您已经看过了本书第7章中的图7.3，那么相信您能够识别出生成的数字图案。

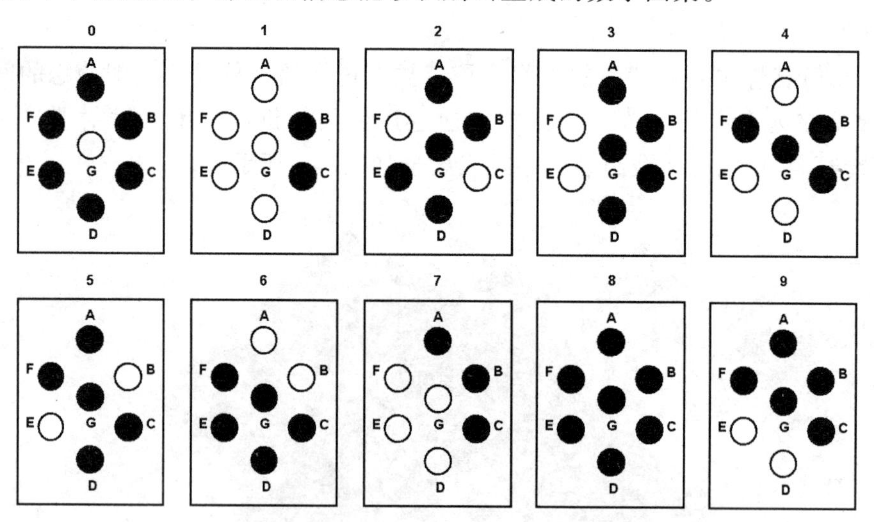

图14.2 可以被发射的10种不同的图像代码

项目说明

- 该手持设备比较简单，它包含一个编码器开关和红外显示器。
- 十位置编码器开关可以生成10个不同的图像。
- 通过“发射”按键开关可以激活红外显示。
- 供电电压为较低的3V。

14.1.1　电路工作原理

隐形秘密代码显示器项目的电路图如图14.3所示。本电路使用了单个集成电路来创建代码，以4511B BCD作为七段驱动器。该CMOS设备可以读取输入的二进制编码的十进位（BCD）信号，然后将它转换为一个输出代码，以驱动七段显示器。一般情况下，这种BCD信号是由其他数字集成电路生成的，但是，在本项目中，您将使用一个特殊的BCD编码器开关手动控制BCD输入。这个特殊的BCD编码器开关就是十位置开关，它可以提供控制4511B所需的4个数字输出。

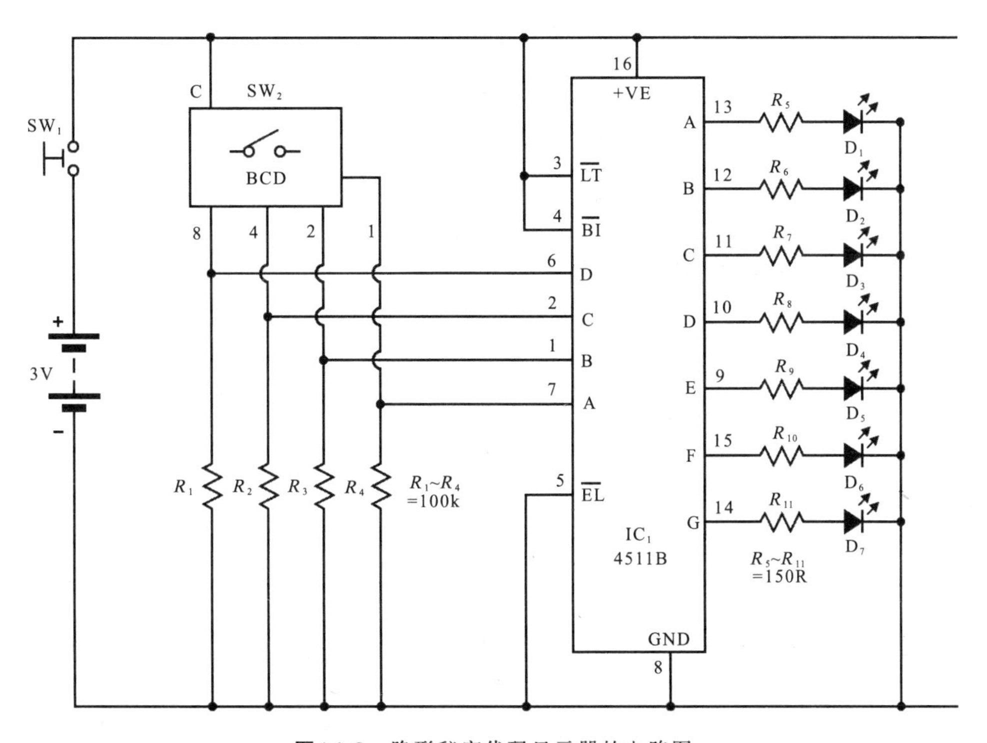

图14.3　隐形秘密代码显示器的电路图

电阻器R_1~R_4使控制IC_1的输入引脚处于低电平，而一旦十位置开关被触发，那么这些输入就将按BCD格式切换为高电平。4511B设备有内部驱动电路，允许它驱动LED（一般就是一个七段显示器），所以它也能驱动本项目中的7个红外LED（D_1~D_7）。串联电阻器（R_5~R_{11}）仍然是必须要添加的，它们的作用是限制流入每个LED的电流。这些LED被设置为生成足够的红外线光输出，以便您在黑暗中能够透过数码相机看到。4511B设备还有一些其他的特性，但是在该项目中用不到，例如，灯泡试验（LT）、消隐（BI），以及启用锁存（EL）功能等。通过让引脚3和4保持高电平，引脚5保持低电平，即可禁用这些功能。

和某些产生可见光输出的LED相比，红外LED一般会有更低的正向压降。在本项目中使用的这种类型LED的V_F值为1.3V，这意味着可以用更低的供电电压。所以，在本电路中我们使用的是比较低的3V供电电压。虽然这个电压范围比IC_1可以使用的要低，但是看起来在本项目中它却运行得很好；实际上，我还曾经让设备在最低2.5V的电压下运行。

提示 本项目中使用的红外LED，其镜头有着色，当它被激活时，不会有任何可见光发出。某些红外LED在被激活时会有微弱的可见光输出，这样的LED并不适用于本项目。

SW_1是一个瞬时按键开关，它被用作发射按钮。当该按钮被按下时，电路被激活，红外显示器将根据SW_2的位置设置显示相应的代码。当该按钮被松开时，设备关闭，这样就可以在不用时节约电池电量。

14.1.2 项目零部件列表

隐形秘密代码显示器项目所需要的零部件列表见表14.1。

说明 表14.1以单独的列显示了我在本项目中所使用的特定零部件的供应商和零部件编号，您可以参考本书附录或通过网络搜索等方式查找和购买您所需要的零部件。

表14.1 隐形秘密代码显示器零部件列表

代码	数量	说明	供应商和零部件编号
IC_1	1	4511B BCD到七段解码器	RS Components 306-718（或类似芯片）
R_1–R_4	4	100kΩ 0.5W ± 5%容差碳膜电阻器	–
R_5~R_{11}*	7	150Ω0.5W ± 5%容差碳膜电阻器（有关详情请参考本章文字说明）	–
D_1~D_7	7	5mm红外线发射器LED（LD274） V_F（典型值）=1.3V，I_F（典型值）=20mA	ESR Electronic Components 720-530或RS Components654-8160
SW_1	1	单刀常开面板安装开关（100mA）	RS Components 133-6502
SW_2	1	BCD 10位置旋转编码器开关	RS Components708-23217（制造商编号：Knitter-Switch DRS61010）
硬件	1	条形焊接板，2.54mm孔距，37孔宽×24轨道高（有关详情请参考本章文字说明）	–
硬件	1	16引脚双列直插式插槽	–
硬件	1	AAA电池座（2节AAA电池）	RS Components 512-3552
硬件	2	AAA电池（1.5V）	–

续表14.1

代　码	数　量	说　明	供应商和零部件编号
硬件	1	包含内部电池仓的外壳，大概长105mm×宽61mm×高28mm	RS Components 244-8555
硬件	-	双面不干胶条、扎线带和扎线带基座	-

*说明：如果您使用了和本零部件列表中不同的V_F和I_F值的LED，那么您可能需要修改这些LED串联电阻器的电阻和瓦数值。具体的做法请参考本书第2章。另外，您还需要参考本章末尾的“进一步的改进”一节，它讨论了IC_1的电流容量问题。

14.1.3　条形焊接板布局

本项目的条形焊接板布局如图14.4所示。首先，您需要裁剪出一块条形焊接板，宽度为21孔，高度为24轨道。我在裁剪这块条形焊接板时，使用的是一块宽度为37孔，高度为24轨道的原板。然后需要制作20个轨道切口，这些轨道切口在条形焊接板的布局示意图中是以白色矩形块标示的。您还需要制作出两个小孔，这样才能将板子安装到外壳的内部安装柱上。如果您使用的外壳不是我们在零部件列表中提供的那个，那么可能需要相应地调整这些小孔的位置。值得注意的是，此时BCD开关（SW_2）将被焊接到板子的轨道面。

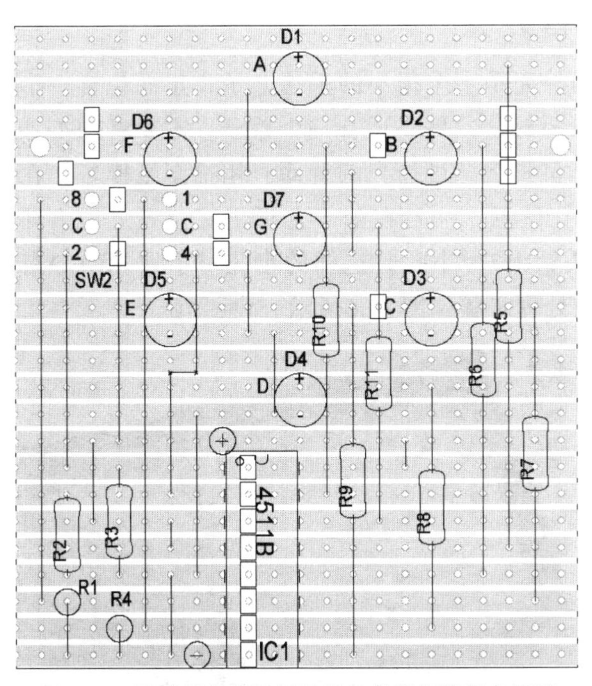

图14.4　隐形秘密代码显示器的条形焊接板布局图

在开始安装板子之前，需要制作一些标记，指示7个LED的中心点和SW_2开关的旋转轴坐落的位置。再将一张描图纸覆盖在板子上，将这些标记转移到纸上，如图14.5所示。然后可以以该描图纸作为一个模板，在外壳的前面标记7个LED的位置，在外壳的背面标记BCD开关的位置。

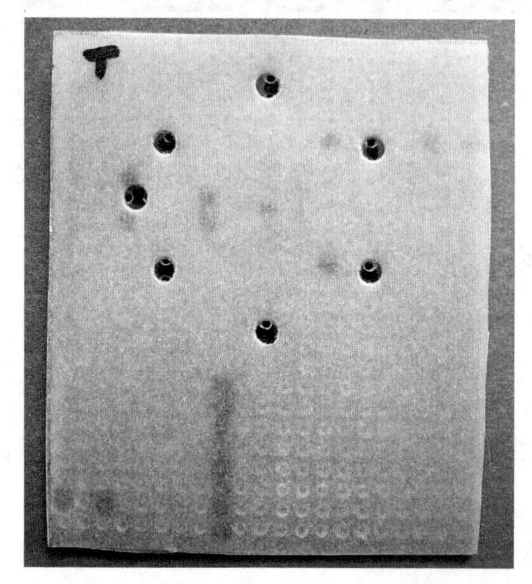

图14.5 在描图纸上标记8个小孔的位置

14.1.4 准备外壳

我所使用的外壳是一个很小的手持盒子，里面包含一个内部电池仓。这个盒子被分隔为两部分，另外还有一个盖子，需要将LED穿过这个盖子，而BCD开关（SW_2）则将穿过外壳的背面。用描图纸模板，在外壳的盖子上标记7个LED的钻孔位置。一旦在盖子上标记好位置之后，即可用一个0.25in（6mm）的钻头钻出7个小孔，这样的小孔对于红外LED来说，已经足够它们穿出盖子，该处理步骤如图14.6所示。

图14.6 在盖子上钻出7个LED小孔之前可以用描图纸作为模板进行定位

在盖子上钻出7个LED小孔之后，还需要在外壳盖子的侧面钻出另外一个小孔，以容纳面板安装开关（SW_1），这个小孔的具体位置如图14.7所示。之所以需要将小孔钻在外壳的盖子上，是因为将开关安装在这个位置后，它就不会和条形焊接板上的任何电子元器件有接触。当然，您也可以在完成完条形焊接板的组装之后再来钻这个小孔，这样您就会有信心保证开关的位置能够容纳电子元器件。

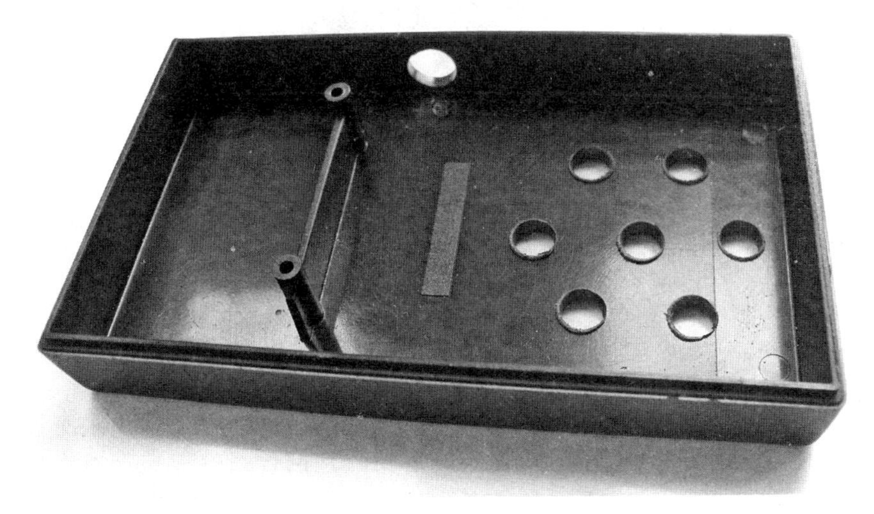

图14.7　已经完成钻孔的外壳盖子，包括侧面为SW_1钻出的小孔

现在，您应该用描图纸模板来识别BCD开关（SW_2）的位置，并且将它标记在外壳背面。不要忘记BCD开关将被焊接到条形焊接板的轨道面。在外壳背面先钻出一个试验性的小孔，然后将它扩大以容纳BCD开关。现在您可以翻到本章后面查看图14.9和图14.12，观察一下BCD开关在外壳背面的位置。

14.1.5　组装及测试电路板

说明　请参考本书第1章中的焊接提示和技巧，并遵照条形焊接板的一般组装原则进行操作。

在准备好外壳之后，您可以按照图14.4所示的条形焊接板布局，将所有的元器件都焊接到条形焊接板上（7个LED除外，目前还不能焊接）。在将BCD旋转开关（SW_2）焊接到条形焊接板的轨道面之前，请仔细地将其6个引脚折弯放平。在完成组装之后，条形焊接板的轨道面应该如图14.8所示，在图14.8中您也可以看到BCD开关的位置。

图14.8 将BCD开关焊接到条形焊接板的轨道面

将条形焊接板放入外壳内，就好像您要将它们拧到位一样。当然目前还做不到，因为您需要扩大之前在外壳背面给BCD开关钻出的小孔。现在您可以直接用板子来标记小孔需要扩大的位置，这样更加精确。

在确定小孔需要扩大的位置之后，可以先从外壳中取出板子。接下来仔细地进行测量和钻孔，制作出一个足够大的小孔，使得BCD开关可以穿过外壳的背面，如图14.9所示。

图14.9 确认BCD开关能穿过外壳的背面

现在您可以将条形焊接板整齐地放入外壳中。为了使LED可以稍微穿出外壳盖子上的小孔，先测量一下LED引脚的精确长度需求，根据测量的结果，将LED引脚裁剪到合适的长度，然后再将它们焊接到条形焊接板上，如图14.10所示。这些LED应该直立在板子上，这样您就能够知道条形焊接板完成之后，其顶部的大致外观。

图14.10　已经组装完成的条形焊接板

在完成条形焊接板的组装之后，即可测试其运行是否正常。方法是将一个3V的电源连接到板子（注意别插入IC_1），然后检查引脚8和引脚16的电压水平。通过轮流给引脚9~15施加正极电压，单独激活7个红外LED中的每一个。当然，别忘记肉眼无法直接看到红外线光，需要通过数码相机查看红外LED，确认它们是否已经点亮。

一旦条形焊接板电路通过测试，即可移除3V电源，并且将4511B设备插入到双列直插式插槽中。然后再次给板子接通电源，旋转SW_2，选择0~9的数字，确认您能看到在图14.2中介绍的对应的编码形状。再强调一次，需要用数码相机才能看到这些图像。

14.1.6　组　装

现在您可以将条形焊接板安装到外壳中。我只用了4个固定柱中的2个，就已经牢牢地将板子固定住了。接下来，将按键开关SW_1插入到外观盖子的侧面。然后，用双面胶将电池座粘贴到盖子的内部。最后，裁剪正极电池导线，焊接SW_1的两端，用扎线带和固定基座将电池导线固定在盖子上。组装完成之后，设备外观应该如图14.11所示。现在您可以将外壳盖子和底座合在一起，并且用螺丝将它们拧紧。

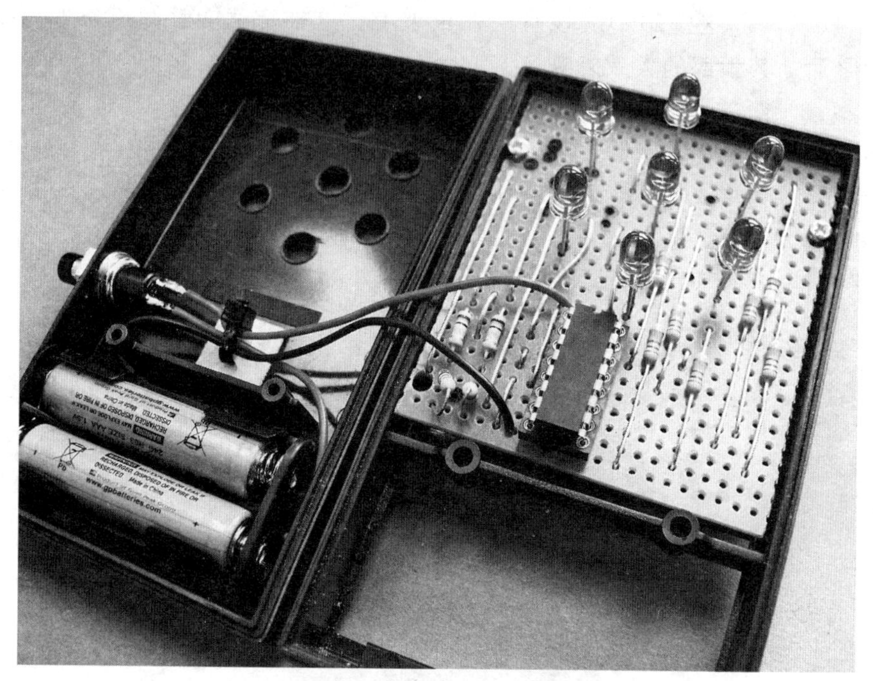

图14.11 已经组装完成的设备

图14.12 已经组装完成的外壳的背面视图

我使用的外壳有一个可移动的电池仓，这个设计很棒，因为在需要时它可以帮助我们很轻松地拆卸电池。图14.12所示就是已经组装完成的外壳背面，您可以看到里面的电池仓。当然，它的盖子已经被拿掉。

14.1.7　隐形密码发送测试

现在是娱乐时间了，您可以找一帮朋友来共同表演。先将组装好的设备交给其中一个人，并且要求他远离您站立。告诉他在旋转开关上任意旋转一个数字，然后按住发射开关，与此同时您可以用数码相机来查看其显示图形。通过比对我们在图14.2中提供的数字图形，您应该很快就能识别出他在旋转开关上选择的数字，当您马上告诉他正确的答案时，想必会让大家感到非常神奇，而您也能收获一大堆崇拜的目光。事实上，如果设计得好，这个项目也能成为一个很有趣的魔术表演。根据您和朋友距离的远近，您可能需要使用数码相机的放大功能，以便更清楚地看到编码的形状。另外，如果在暗夜中表演，那么效果要比白天强很多。而没有数码相机的人根本就不知道编码形状的存在。

您还可以利用该设备给朋友传递秘密消息，方法是采用简单的字母、数字代码。例如，您可以决定将每个字母都用一个两位数来代表，例如：

A=01

B=02

C=03

…

然后您就可以发送一系列的秘密形状，经过破译，就获得了一条消息。例如，按上述编码规则，单词“Hi”的数字代码就是0809。发送消息的人可以依次将BCD开关旋转到每个数字，然后按住发射按键（SW_1）几秒钟，这样接收消息的人就可以识别编码的形状，然后破译成数字并将它记录下来。例如，发送字母H需要按照以下顺序进行：

（1）将BCD开关旋转到数字0。

（2）按下发射开关2s。

（3）松开发射开关。

（4）将BCD开关旋转到数字8。

（5）按下发射开关2s。

（6）松开发射开关。

制作秘密代码，是困难还是容易，完全取决于您的想法，您还可以设计一个特定的闪光顺序，告诉接收者消息即将开始传递。实际上，您还可以用该设备来模拟莫尔斯电码序列，前提是您需要对后者有一定的了解。再次提醒您，如果您没有用数码相机来观察设备，那么当它发射时，您将什么也看不到。图14.13所示就是该设备发射数字8时所显示的形状。

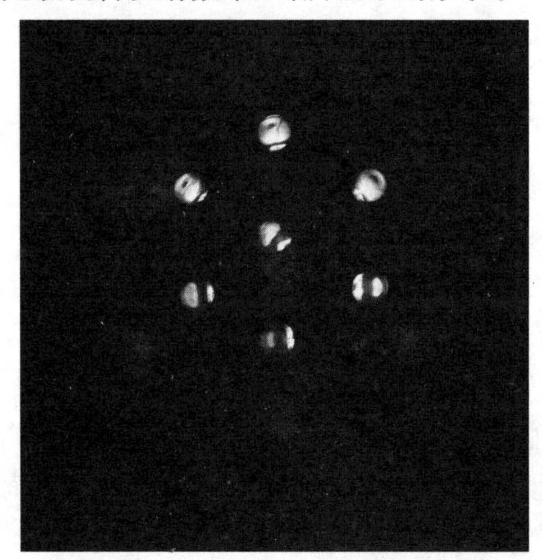

图14.13 通过数码相机查看到的数字8

14.1.8 进一步的改进

每个LED都有一个串联电阻器，这使得它们发出的红外线光只有在晚上才有更好的表现。如果您想让红外线光输出更亮，以便在白天也可以很清晰地看到编码图像，那么可以考虑加大IC_1输出电流的能力。我所使用的4511B设备的技术参数表建议可用于驱动LED的输出电流为25mA，如果您使用了不同的设备，那么也可以查看相应的制造商的技术参数表，以获得详细的信息。在本项目的零部件列表中，R_5~R_{11}的建议电阻值可能已经限定了全部7个LED都被点亮时IC_1的输出，同样不能疏忽的是，一旦您按下了发射按键，那么同一时间这些LED将只变亮几秒钟，所以我的原型机经过了几个小时的电路测试，一直工作良好，对于IC_1也没有什么不良影响。当然，您可能还是希望能够增加本项目中R_5~R_{11}电阻器的阻值，以避免对于IC_1的任何潜在损害。

值得注意的是，如果您决定降低R_5~R_{11}电阻器的阻值，这固然会增加通过每个LED的电量，使得它们变得更加明亮，但是同时也可能会损坏IC_1。别忘了SW_1开关也在控制着整个电路的总体电流。所以，如果您想要使红外LED更亮一些，能够在远距离看得更清楚一些，那么将需要重新设计电路，以包含某些额外的LED驱动电路（就像本书第9章的变色迪斯科灯光项目一样），另外还需要更新开关SW_1，使它能够承载更高的电流，或者可以考虑利用4511B的“消隐”能力来激活LED。

第3部分 视觉暂留项目

第 15 章

基础LED矩阵和POV概念：三位数计数器

图15.1　三位数计数器的电路板

在本书前面的两个部分中，我们为您介绍了如何用不同类型的LED产生一些有趣的效果，可以点亮它们，或者按特定的顺序来使它们闪亮。而在第3部分，我们将为您介绍如何组装电路来产生“视觉暂留”（POV）效果。

本章将首先为您介绍视觉暂留效果的基本概念，并简要描述LED多路复用电路的原理。本章的项目将为您展示如何组装一个典型的矩阵电路，用3个7段显示器来产生视觉暂留效果，创建一个三位数的计数器，如图15.1所示。您可以将该电路板装入一个外壳，做成一个简单的手持式人数计数器，很像您在演唱会的工作人员那里曾经看到过的那种，他们用它来计算入场的人数。实际上，您可以将它应用于任何需要计数的场合，它的最大计数值为999。

15.1　视觉暂留（POV）

视觉暂留（POV）是一种我们非常熟悉的效果，只不过您可能没有注意到它罢了。视觉暂留描述的现象是：当图像消失后，人眼保持图像印象一段短暂时间的能力，视觉暂留通常也被称为残影或鬼影。要体验这种效果，您可以凝视一个黑色的形状或打印在一张白纸上的图像，保持30s左右，然后马上把目光转移到浅色的墙壁上。当您看向墙壁时，应该能看到一个相同的黑色形状或者是白纸上的图像，而它实际上是一个幻影，正是视觉暂留导致了这种幻影的出现。当您在电影院看电影的时候，这种效果更是经常出现。电影实际上包含的是一系列有细微变化的静态图像，它们被投射到屏幕上，在您的眼中大概以每秒25帧的速度出现，由于视觉暂留效果的存在，您的眼睛在下一帧图像出现之前会仍然保留前面的图像，这样就无法觉察到每帧图像之间的间隔，从而看到持续不断的运动画面。当然，也有人对此持不同的看法，他们认为我们能看到运动图像，并不是因为视觉暂留的存在。如果您对这个争议有兴趣，可以在互联网上找到大量的相关资料。您在本书第3部分看到的这些项目，传统上都被划分为视觉暂留（POV）项目，它们采用了一些非常快速的LED闪烁技术来让人产生一些令人兴奋的视觉上的错觉。

15.2　LED多路复用电路的原理

您可以利用LED重复产生视觉暂留效果，从而创建一些真正有趣的项目。利用LED创建这种类型的项目的好处就是，LED可以非常快速地打开和关闭，显然，LED的这种特性对于产生视觉暂留效果来说是非常适合的。您也可以采用矩阵形式组装电路，以此降低视觉暂留电路的总体电流消耗，而这种形式的电路允许多路复用LED输出。在接下来的项目中，您将看到各种采用多路复用原理的电路布局，它们都可以产生我们所需要的视觉暂留效果。在下面的“电路工作原理”一节，您还将了解到更多的信息。

15.3　项目14　三位数计数器

如果您已经组装了本书第7章中的微型数字显示记分牌项目，那么您可能会意识到本章的项目也可以使用4026B集成电路，另外还有21个串联电阻器来限制3个七段显示器的电流。本项目的说明显示项目中使用了微控制器，它允许您查看POV动作，同时还可以减少元器件的数量。在组装本项目之前，建议您阅读第12章，了解PIC16F628-04/P微型处理器的主要功能，以及如何给该设备编程。

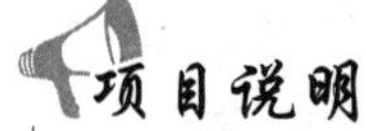

项目说明

- 该三位数计数器的显示是由3个七段LED组成的。
- 由微型处理器生成的多路复用电路产生视觉暂留效果。
- 三位数计数器由一个按键控制计数输入。
- 通过软件可以实现开关的防止反跳和复位功能。
- 供电电压为3V。

15.3.1 电路工作原理

图15.2所示就是三位数计数器项目的电路图。

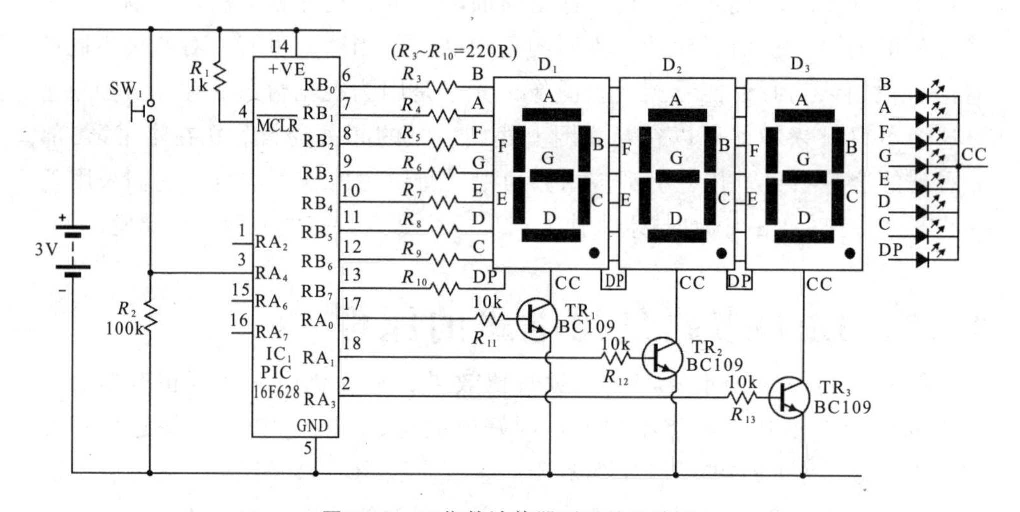

图15.2 三位数计数器项目的电路图

本电路的目的是组装一个可以从000~999计数的三位数显示器，每按一次计数按钮则数字加1。在介绍电路工作原理之前，先来让我们讨论一下该电路在3个显示器中的所有LED（包括小数点）均被点亮的情况下，电流的消耗情况。假设每一段LED被设置为获取6mA，乘以8（七段再加上小数点），结果是48mA，再乘以3（3位数），结果就是显示器需要获取144mA的电流，这对于用电池供电的电路来说，是一个很高的电流消耗，所以在这样的电路中，电池坚持不了多久的时间。现在再让我们来看一下图15.2所示的电路图，您将看到PIC微控制器（IC_1）的所有8个输出端口B都通过串联电阻器R_3~R_{10}连接到第一个七段显示器（D_1）的8个阳极，然后又连接到D_2的8个阳极，然后再连接到D_3的8个阳极。现在再来看一看这3个显示器（D_1~D_3）的阴极连接。它们并没有采用一般电路的做法直接连接到接地线路，而是中间通过了晶体管TR_1~TR_3，这些晶体管是由IC_1的3个输出端口A（RA_0~RA_3）分别控制的。很快您就将明白，为什么这种类型的电路配置能够大幅度地降低电路的电流消耗。

现在我来解释电路的工作原理：编程写入IC_1中的软件可以确保在同一时间只有一个七段显示器工作。每个晶体管都被设置为按顺序打开和关闭。从晶体管TR_1开始，它打开之后将激活D_1几分之一秒的时间，然后就关闭了；接着是TR_2，它将激活D_2几分之一秒的时间，然后也关闭；最后是TR_3，它在激活D_3几分之一秒的时间后也关闭。这样持续不断，形成一个永无休止的循环。就在这种切换顺序出现的同时，相关显示器的8位数二进制代码也在端口B轮流出现。例如，当TR_1被激活时，端口B将输出LED D_1的二进制代码；当TR_2被激活时，端口B将输出LED D_2的二进制代码；当TR_3被激活时，端口B上将输出LED D_3的二进制代码。由于3个显示器的所有阳极都是连接在一起的，所以在同一时间，只有一个显示器会被激活，哪一个晶体管被激活，就允许流经对应LED的电流进入接地线路。这种切换顺序执行的速度非常快，由于视觉暂留效果的存在，使得看起来3个LED好像在同一时间都被切换为打开的状态。

正如我们前面所提到的，这种类型的多路复用电路布局还有另外一个好处，就是它能够降低总体电流消耗，因为实际上在同一时间只有一个七段显示器是被点亮的。例如，如果所有LED段都被点亮，在计数器上显示的就是8.8.8.这样的数字，而实际上此时三位数显示器的电流消耗却只有48mA左右，这只有我们刚开始时计算的显示器电流消耗（144mA）的1/3。事实上，该电路的总体电流消耗可能还会比这个数字略低，因为显示器会以非常快的速度在打开和关闭状态之间切换。

开关SW_1和电阻器R_2组成了一个输入回路，连接到端口RA_4。该回路在正常状态下，由于电阻器R_2的存在，会保持低电平，所以，当按键开关被按下时，引脚3（RA_4）将会接收到一个高电平信号，而这很容易被软件识别。

说明 您会发现，本电路使用了2节AA电池供电，它可以给PIC16F628-04/P微控制器（IC_1）提供3V的电源。根据PIC16F628-04/P设备的技术参数表，它能够接受的最低电压为3V，但是，实验表明，该设备也可以在比这更低一些的电压下工作。另外还有一个更低电压版本的微控制器叫PIC16LF628。您可以仔细研读相关设备的技术参数表，以确定自己的项目设计方案。

15.3.2 显示代码

为了能够在七段显示器上生成数字0~9，我已经在为本项目编写的软件中创建了一个二进制查询表，见表15.1。列B0~B7代表端口B的输出引脚，括号中的字符代表七段显示器连接的段字符。这种编码概念和我们在第7章中介绍的4026B CMOS设备生成输出以驱动单个的七段显示器，原理是相似的。表格中的数值1表示该段LED已经点亮，而数值0则表示该段LED关闭。字符L、E和d也包含在查询表中，作为计数器启动顺序的一部分。

表15.1 生成数字0~9的二进制编码序列

要显示的数字	B_7（DP）	B_6（C）	B_5（D）	B_4（E）	B_3（G）	B_2（F）	B_1（A）	B_0（B）
0	0	1	1	1	0	1	1	1
1	0	1	0	0	0	0	0	1
2	0	0	1	1	1	0	1	1
3	0	1	1	0	1	0	1	1
4	0	1	0	0	1	1	0	1
5	0	1	1	0	1	1	1	0
6	0	1	1	1	1	1	0	0
7	0	1	0	0	0	0	1	1
8	0	1	1	1	1	1	1	1
9	0	1	1	0	1	1	1	1
L	1	0	1	1	0	1	0	0
E	1	0	1	1	1	1	1	0
d	1	1	1	1	1	0	0	1

用微控制器在显示器上生成数字的好处就是您可以自定义编码，这意味着您可以创建一个精简的字母字符集。

15.3.3 项目零部件列表

三位数计数器项目所需要的零部件列表见表15.2。

说明 表15.2以单独的列显示了我在本项目中所使用的特定零部件的供应商和零部件编号，您可以参考本书附录或通过网络搜索等方式查找和购买您所需要的零部件。

15.2　三位数计数器零部件列表

代　码	数　量	说　明	供应商和零部件编号
IC_1	1	PIC16F628-04/P微控制器	RS Components 379-2869（制造商编号：Microchip Technology Inc.PIC16F628-04/P）
R_1	1	1kΩ 0.5W ±5%容差碳膜电阻器	-
R_2	1	100kΩ 0.5W ±5%容差碳膜电阻器	-
R_3~R_{10}*	8	220Ω0.5W ±5%容差碳膜电阻器	-
R_{11}~R_{13}	3	10kΩ0.5W ±5%容差碳膜电阻器	-
D_1~D_3	3	七段红色共阴极显示器（HDSP-5503） V_F（典型值）=2.1V，I_F（典型值）=20mA	RS Components 587-951（制造商编号：Avago Tech. HDSP-5503）
SW_1	1	6mm×6mm瞬时按键开关，17mm高，额定电流50mA	RS Components 479-1463（20个一包）
TR_1~TR_3	3	BC109 NPN晶体管（有关详情请参考本章文字说明）	-
硬件	1	条形焊接板，2.54mm孔距，37孔宽×24轨道高	-
硬件	1	18引脚双列直插式插槽	-
硬件	1	AA电池座（2节AAA电池）	RS Components 512-3580
硬件	2	AA电池（1.5V）	-
硬件	1	PP3电池夹	RS Components 489-021（5个一包）

*说明：如果您使用了和本零部件列表中不同的V_F和I_F值的LED，那么您可能需要修改这些LED串联电阻器的电阻和瓦数值。具体的做法请参考本书第2章。另外，在本项目的计算公式中，I_F使用的值应为4~6mA。您也可以参考本章末尾的说明。

15.3.4　条形焊接板布局

三位数计数器项目的条形焊接板布局如图15.3所示。

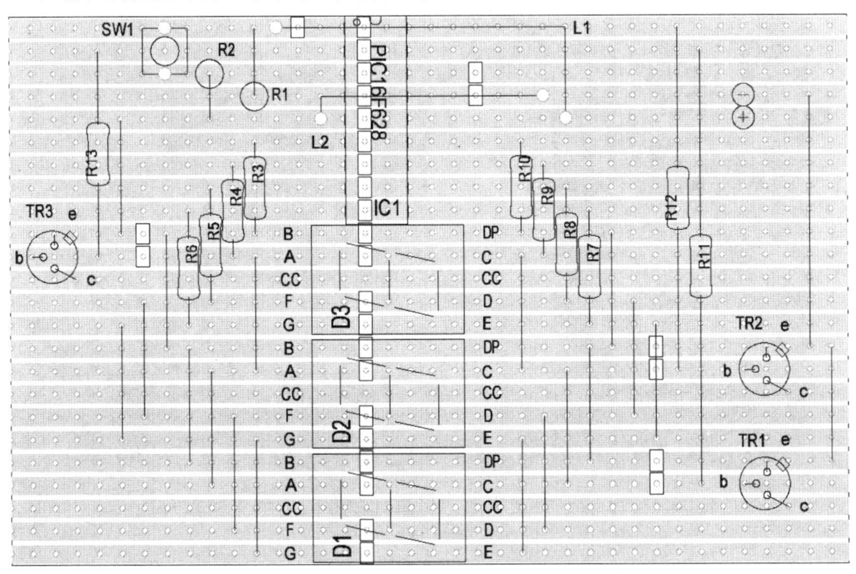

图15.3　三位数计数器项目的条形焊接板布局图

在将元器件焊接到位之前，您需要先制作30个轨道切口，它们在条形焊接板布局图中以白色矩形块显示，其中很多位于七段显示器和IC_1的下面。

15.3.5 组装及测试电路板

> **说明** 请参考本书第1章中的焊接提示和技巧，并遵照条形焊接板的一般组装原则进行操作。

您可以按照图15.3所示的条形焊接板布局图来仔细地组装该项目。我选择的是将3个七段显示器直接焊接到条形焊接板上，但是您也可以先将单列直插式插槽焊接到板子上，这样您在今后就可以轻松地拆除和替换每个显示器，而无需脱焊。另外，还需要注意，有一根导线穿过了IC_1的顶端（L_1连接），而另外一根导线实际上被焊接到了条形焊接板的轨道面（L_2连接）。您需要确认L_2是绝缘导线，这样就不会导致轨道短路。轨道短路会导致电路运行不稳定，甚至损坏元器件。

条形焊接板组装完成之后，它的外观应该如图15.4和图15.5所示。条形焊接板上显示的小孔并不是必需的，它取决于您打算以何种方式将板子安装到选定的外壳中。

图15.4 已经组装完成的三位数计数器的条形焊接板布局

图15.5　条形焊接板的轨道面显示了L_2连接

在插入IC_1之前，您可以按我们在前面各章中介绍的方式来测试一下3个显示器的运行。需要记住的是，要想让显示器点亮，它们所关联的晶体管必须被激活。例如，要测试显示器D_1的每个单独的LED段，那么需要将双列直插式插槽的引脚14（+）连接到引脚17，首先激活晶体管TR_1。然后，可以依次将引脚14连接到每个LED段的输出引脚（双列直插式插槽的引脚6~13），验证D_1中的8个LED段都能正常运行。可以重复上述步骤，依次激活每个晶体管，这需要在双列直插式插槽的引脚17、18和2上连接正极电压。在通过电路板布局测试之后，现在就可以开始给IC_1编程了。

15.3.6　PIC微控制器编程

现在您需要给IC_1编程，并且将它安装到条形焊接板上。您可以从McGraw-Hill出版社网站下载本项目需要的汇编语言程序和十六进制文件。具体网址为：http://www.mhprofessional.com/computingdownload。然后您可以按照本书第12章中的介绍，用十六进制文件LED 3-Digit Counter.hex给IC_1编程。

1. 汇编程序

该项目的程序被称为LED 3-Digit Counter.asm，里面包含了综合批注，以解释其工作原理。该程序使用了七段显示器上的字符集查询表。它还有一个开关反跳功能，当SW_1开关被按下时，能防止伪触发。另外，该程序还允许当SW_1开关被按下并保持数秒钟时，计数器复位归零。

以下软件代码为七段显示器字符集查询表：

```
;7-Segment Display Character set
ALPHA:      addwf PCL, F                    ;L.E.d.
                                            ;start-up word
                                            ;character
                                            ;table
            retlw B' 10110100'              ;L
            retlw B' 10111110'              ;E
            retlw B'  11111001'             ;d
CODE:       addwf PCL, F                    ;7-segment
                                            ;display
                                            ;character
                                            ;table
            retlw B' 01110111'              ;0
            retlw B' 01000001'              ;1
            retlw B' 00111011'              ;2
            retlw B' 01101011'              ;3
            retlw B' 01001101'              ;4
            retlw B' 01101110'              ;5
            retlw B' 01111100'              ;6
            retlw B' 01000011'              ;7
            retlw B' 01111111'              ;8
            retlw B' 01101111'              ;9
```

2. 十六进制文件

本项目所需的十六进制文件被称为LED 3-Digit Counter.hex，您需要用该文件给IC_1编程，然后再将微控制器插入到条形焊接板上的双列直插式插槽中。

```
:020000001528C1
:080008001528152882O7B43405
:10001000BE34F93482077734413 43B346B344D3489
:100020006E347C3443347F346F3407309F00831642
:10003000103085000030860081308100831205 3049
:10004000A200A00185018601A401A501A601A301CA
:10005000A7010514200806208 6007F208501A00A3C
:100060008514200806208600 7F208501A00A8515BA
:100070002008062086007F208501A001051A41285E
:10008000292823140514260 80A2086007F208501CC
:10009000085142508 0A2086007F20850185152408FF
:1000A0000A2086007F208501051A5D20051EA30118
```

```
:1000B0002708C83A031979204228A70A23180800FC
:1000C000A40A24080A3A031968282314A70108007F
:1000D000A401A50A25080A3A031970282314080068
:1000E000A401A501A60A26080A3A031979282314AF
:1000F0000800A501A401A6012314A70108002208F5
:10010000A1008B010B1D82280B11A10B8228080076
:02400E00303F41
:00000001FF
```

15.3.7 视觉暂留效果实测

在用十六进制代码给IC_1编程，并且将它插入到双列直插式插槽中之后，您可以在电池座中放入2节AA电池，然后将电池座连接到板子给它供电。首先看到的启动顺序，应该是由3个字母拼写的单词“L.E.d.”，如图15.6所示。

图15.6 启动顺序

在这里之所以采用小写的d，是因为大写字母D在七段显示器上看起来和数字0是一样的。由于显示器经过了多路复用处理，所以尽管在同一时间只有一个显示器被激活，但是由于运行的速度足够快，肉眼根本感觉不到其中的延迟，而是认为3个显示器是同时点亮的。如果您使用快门速度非常快的数码相机来查看显示器，那么您将看到显示器的闪烁，因为每段LED都在以非常快的速度在打开和关闭状态之间切换。

现在按下SW_1开关，显示器将显示000，这表示软件已经进入计数程序，如图15.7所示。

图15.7 计数器现在开始运行

每次按下SW_1时，计数器将加1，直到999，之后显示器将再次回到000。您也可以在任意时候直接按下SW_1开关，保持几秒钟，即可将计数器复位到000。

说明 本项目的微控制器电路布局并未在电池正极（+）和负极（-）之间添加去耦电容器，以平稳供电电压，帮助避免潜在的电路伪触发。我之所以未在电路布局中采用去耦电容器，是因为该电路在没有它时也能工作得很好。如果您在项目中遇到了问题，那么可以尝试在电路的正极和接地线路之间添加一个100nF或0.1μF（最小额定电压为10V）的电容器，看一看这样是否能解决问题。

15.3.8 可能的改进

创建通用电路布局的美妙之处在于，您可以修改微控制器中的软件，来产生和原来的设计完全不同的结果。本项目就是这样，如果您非常熟悉PIC微控制器编程，那么您可以修改项目中的软件，使计数器从多到少计数，而不是从少到多。或者，您可以修改软件，创建一个简单的老虎机，每按一下按钮，每个七段显示器上会轮流产生字母、数字或形状。这种改进的可能性几乎是无穷无尽的。

说明 在本项目中使用的BC109 NPN晶体管最大的集电极/发射极电流为100mA，如果您对电路进行修改，那么可能会超出该额定值。如果您改变了LED串联电阻器的阻值或提高了电路的供应电压，那么您可以采用额定电流更高的晶体管。

第16章

多色视觉暂留LED电路：背包照明灯

本章的项目将为您演示如何制作一个非常酷炫、引人注目的多色闪烁显示器，它还可以显示一些简单的动画。该电路有附加的驱动电路，控制LED矩阵，产生快速闪动的多彩图像，以获得视觉暂留效果（有关视觉暂留的概念和详细信息，请参考本书第15章）。通过学习本章项目，您可以了解到如何将电子元器件和背包融为一体，使您在晚上出去散步时更加醒目，让其他人都为您的设计称奇。按照这种思路，您也可以将一些时髦的电子小玩意儿嵌入到衣服里面，这样您走路的时候随身有动态显示效果，那该是一件多么拉风的事情。图16.1所示就是本项目中将要加入到背包中的照明灯。

图16.1　背包照明灯

16.1　项目15　背包照明灯

如果您阅读过本书的第6章，那么相信您对三色LED应该有一定的了解，知道根据切换方式的不同，它们可以产生3种不同的颜色。本项目很好地利用了这些多色LED设备，产生了令人兴奋的视觉暂留效果。

项目说明

- 本显示器由16个多色LED组成，以4×4矩阵形式配置。
- 每个LED都可以单独控制显示以下三种颜色之一：红色、绿色或黄色。
- 它可以显示多彩闪烁图像和简单动画。
- 供电电源为4.5V。

16.1.1　电路工作原理

背包照明灯项目的电路图如图16.2所示。该电路看起来非常复杂，但是，如果您仔细观察的话就会发现，许多LED显示器实际上是相互连接的。

电路的核心是IC_1，也就是PIC16F628微控制器，用4.5V电池供电。本电路的打开和关闭状态是通过拨动开关SW_1切换的。IC_1的端口A和B都被设置为输出，端口B连接到16个多色LED（D_1~D_{16}），它们中间还有串联电阻器R_2~R_9。在本书第6章中我们曾经介绍过三色LED，它的运行原理非常简单：每个三色LED包含两种LED颜色，即红色和绿色，这样每个LED最多就可以生成3种颜色：红色、绿色和黄色（当红色和绿色同时亮起时，显示的就是黄色）。

本电路中的4×4LED矩阵可以被分解成4个垂直列的LED，在电路图中它们是以1C~4C标示的。首先我们来看1C这一列，您可以看到，端口B的8个输出被连接到4个LED（D_1、D_5、D_9和D_{13}）的阳极（+），这意味着端口B生成的8位数据可以单独控制4个LED每个颜色的导线。这4个LED的阴极（–）将连接在一起，产生1C列。这种连接结构被重复应用于所有4列LED（1C~4C）。4个LED的阴极列并不是直接接地，相反，它们实际上是按照端口A的输出生成的顺序在打开和关闭状态之间切换的，这意味着在同一时间只有某一列的4个LED被点亮。这种矩阵结构使您能通过IC_1的12个输出单独控制16个LED中的每一个。

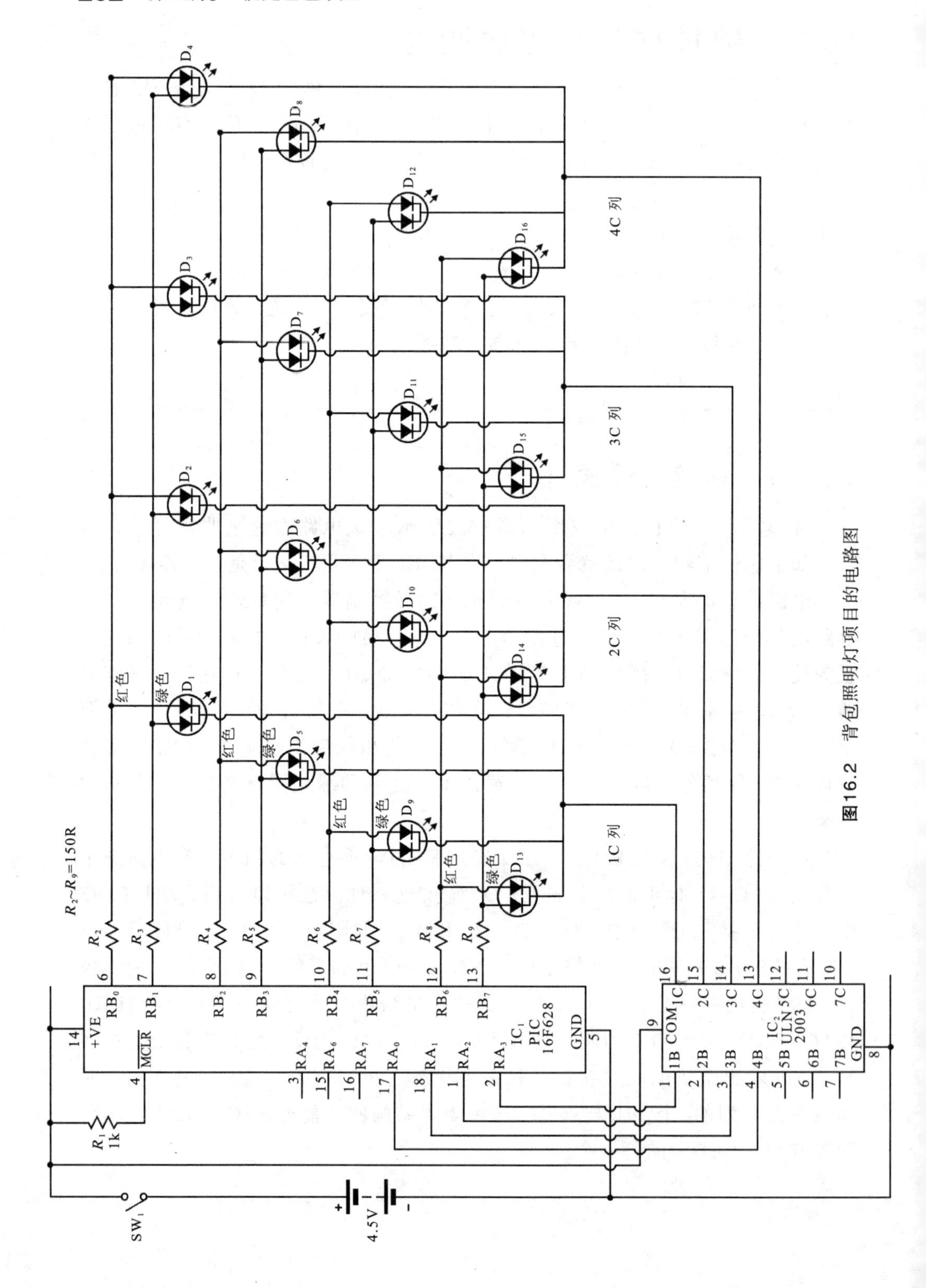

图16.2 背包照明灯项目的电路图

因为IC_1每个端口输出的最大驱动电流为25mA，如果您希望端口A4个输出中的每一个在同一时间能给4个三色LED输入20mA电流，那么该端口预计需要输入的电流为8×20mA=160mA。这意味着需要采用一些提高电流的电路，才能为每个LED列输入电流。我最开始考虑的是利用4个单独的晶体管来完成该任务，但是后来我决定用一个更加简单的方法，那就是用ULN2003设备（IC_2），它包含7个晶体管驱动电路，在本设计中我们只使用了7个驱动器中的4个。端口A的输出A_0~A_3提供了IC_2的基础输入（1B~4B），而其集电极输出将提供给4个LED的阴极组（1C~4C）。

该矩阵显示器是通过软件控制的，软件需要编程写入IC_1中，其运行方式如下：

（1）提供8位数据到端口B。

（2）激活RA_3，在列1C的LED上显示8位数据。

（3）关闭RA_3。

（4）提供新的8位数据到端口B。

（5）激活RA_2，在列2C的LED上显示新的8位数据。

该过程将一直持续，直到所有16个LED都被点亮过，然后继续重复，形成一个永无休止的循环。在任何同一时间都将只有一列4个LED被点亮，由于切换的速度非常快，所以我们的肉眼仍然会以为全部16个LED都是在同一时间点亮的。如果您理解了每个数据位控制LED单独颜色因素的原理，那么您可以创建五彩缤纷的移动和闪烁图像。在本章后面将对此有更加详细的介绍。

16.1.2 项目零部件列表

背包照明灯项目所需要的零部件列表见表16.1。

说明 表16.1以单独的列显示了我在本项目中所使用的特定零部件的供应商和零部件编号，您可以参考本书附录或通过网络搜索等方式查找和购买您所需要的零部件。

表16.1 背包照明灯零部件列表

代码	数量	说明	供应商和零部件编号
IC_1	1	PIC16F628-04/P微控制器	RS Components 379-2869（制造商编号：Microchip Technology Inc.PIC16F628-04/P）
IC_2	1	ULN2003A达林顿晶体管阵列	RS Components 436-8451
R_1	1	1kΩ 0.5W ±5%容差碳膜电阻器	–
R_2~R_9*	8	150Ω0.5W ±5%容差碳膜电阻器	–

续表16.1

代码	数量	说明	供应商和零部件编号
D_1~D_{16}	16	5mm三色LED 红色LED V_F（典型值）=2.0V，I_F（最大值）=30mA 绿色LED V_F（典型值）=2.2V，I_F（最大值）=30mA	RS Components715-250
SW_1	1	单刀面板安装切换开关，额定电流2A	RS Components 710-9674
硬件	2	条形焊接板，2.54mm孔距，37孔宽×24轨道高	-
硬件	1	18引脚双列直插式插槽	-
硬件	1	16引脚双列直插式插槽	-
硬件	1	AA电池座（3节AA电池）	Maplin YR61R
硬件	1	PP3电池夹和导线	RS Components 489-021（5个一包）
硬件	3	AA电池（1.5V）	-
硬件	1	外壳尺寸大约为85mm×56mm×40mm	RS Components 281-6879
硬件	-	12路接线盒	五金工具和电子元器件商店
硬件	-	扎线带、扎线带基座、M3尼龙螺丝和螺母、双面不干胶条、12芯电线（具有各种各样的颜色，核心额定电流至少200mA）	-
材料	-	背包、防水面料（可选项，有关详情请参考本章的文字说明）	-

*说明：如果您使用了和本零部件列表中不同的V_F和I_F值的LED，那么您可能需要修改这些LED串联电阻器的电阻和瓦数值。具体的做法请参考本书第2章。另外，您还需要参考本书第12章中关于PIC16F628-04/P微控制器的电流容量的介绍。在本项目的计算公式中，I_F使用的值应该低于20mA。

16.1.3 条形焊接板布局

本项目有两个条形焊接板布局：驱动板包含大部分的电子驱动电路（图16.3）；显示器板包含16个LED以创建矩阵显示器（图16.7）。这两个板子将用12根导线连接在一起。现在让我们先来思考一下，您可以控制16个单独的三色LED，每个LED包含两种颜色，只使用了12根控制导线。别忘了每个LED都有4种可能的状态（关闭、红色、绿色或黄色），这意味着如果微控制器中有足够的内存，那么在理论上可以生成4 294 967 296种不同的显示组合，这就是使用矩阵显示器的美妙之处。

显示组合数量的计算方法如下：每个LED列=8位二进制数据=每列256种可能的组合。一共有4列LED，所以总共的显示组合数量就是：256×256×256×256=4 294 967 296。

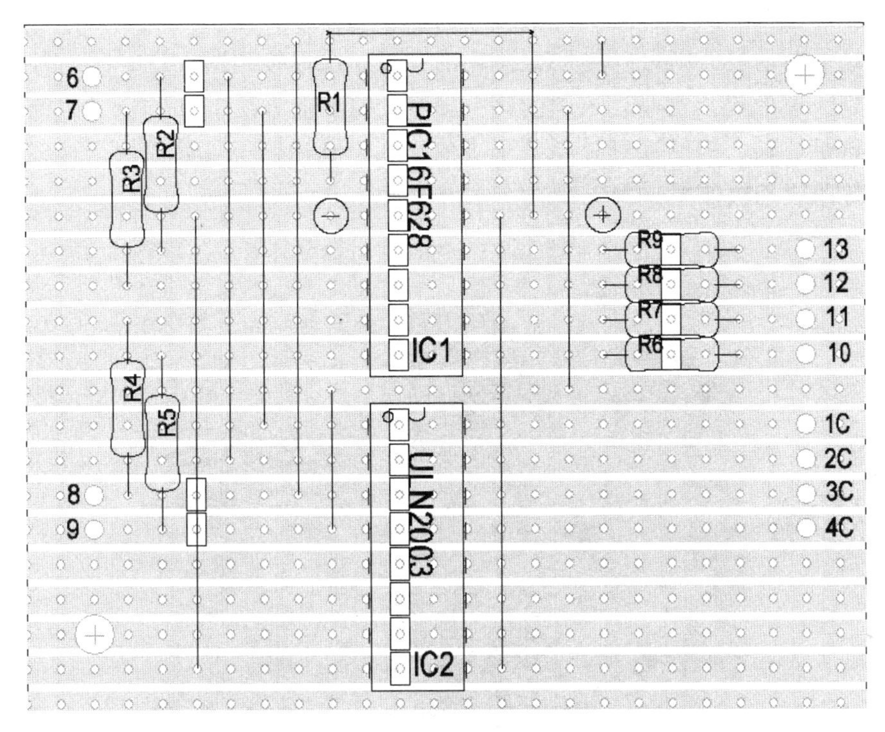

图16.3　背包照明灯项目的驱动板布局

驱动板的宽度为24孔，高度为19轨道。我在裁剪这块条形焊接板时，使用的是一块宽度为37孔，高度为24轨道的原板。请确认按图16.3所示制作25个轨道切口，它们在布局图中是以白色矩形块表示的，这些矩形块位于集成电路插槽下面和电阻器的旁边。您还需要制作两个小孔，这样才能将板子安装到外壳的盖子内。

另外，我所使用的显示器板子宽度为37孔，高度为24轨道，但是如果您喜欢更小一些的显示器，那么也可以再裁剪掉一部分。注意，在图16.7中，您需要制作15个轨道切口，然后钻出4个小孔，以便将相互连接的导线固定到板子上。

16.1.4　组装驱动板

说明　请参考本书第1章中的焊接提示和技巧，并遵照条形焊接板的一般组装原则进行操作。

您可以按照图16.3所示的条形焊接板布局图仔细地组装该项目。一旦您组装好了驱动板，则可以将12根彩色的互连导线焊接到图16.3中标记为6~13以及1C~4C的点。这些导线中的每一根至少需要能够携带200mA的电流，并且应该足够长，能够通过外壳盖子上的小孔，到达盖子外面的两个接线盒。组装好的驱动板如图16.4所示。

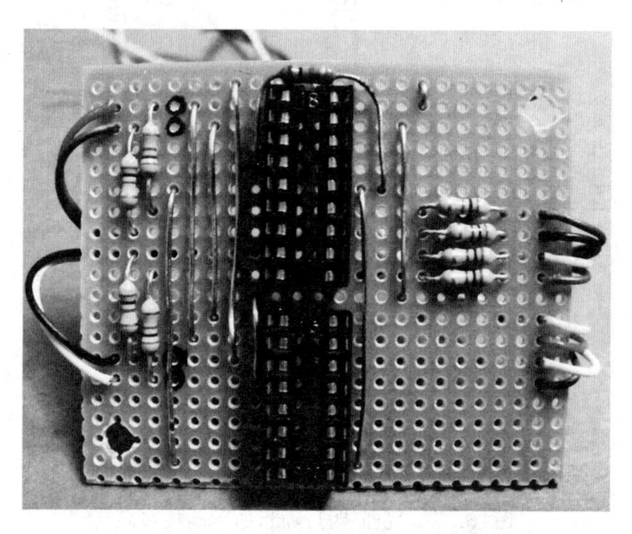

图16.4 已经完成组装的驱动板

现在您可以将驱动板作为模板，标记外壳盖子上两个小孔的位置，以及8路和4路接线盒所需的4个小孔位置，并且在盖子的中心附近钻出一个小孔，会有12根导线从这个小孔通过。

接下来，用两个M3尼龙螺丝和螺母将条形焊接板固定到盖子上。注意，需要确保条形焊接板不会碰触到盖子的表面，否则最后您可能盖不上盖子。图16.5显示了将条形焊接板安装到外壳盖子上的方法。注意，需要将12根互连导线放置在条形焊接板的下面，然后通过盖子中间的小孔将它们送入（图16.6）。

现在将导线裁剪到合适的尺寸，除去绝缘保护，然后将它们拧紧到两个接线盒中。6~13位置的连接线可使用8路接线盒；1C~4C位置的连接线可使用4路接线盒。图16.6所示就是盖子外面的布局，12根连接线已经裁剪到合适的长度，并且已经拧紧到两个接线盒中。

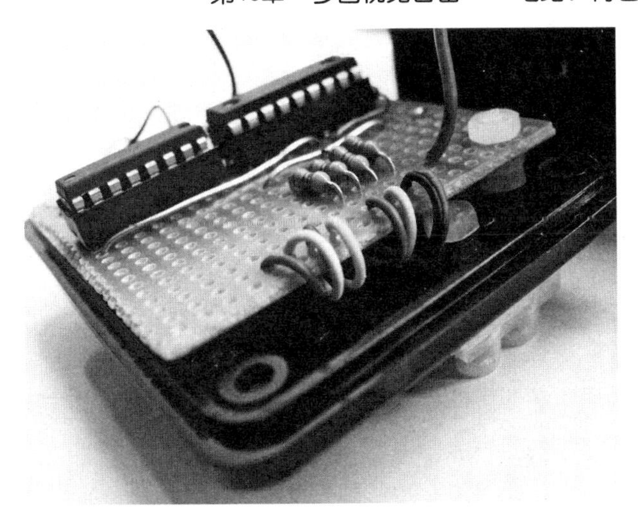

图16.5　用尼龙螺丝和螺母将驱动板安装到盖子上

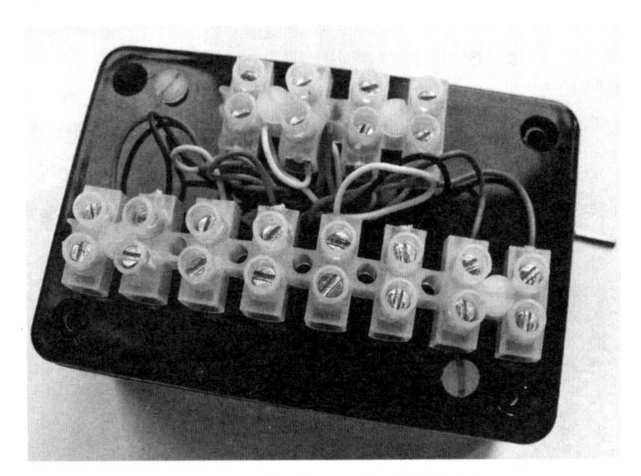

图16.6　已经完成的外壳盖子

16.1.5　组装显示板

您可以按照图16.7所示的条形焊接板布局图来仔细地组装显示板。

首先，您可以将实心导线焊接到位，然后将16个三色LED焊接到板子，需要注意LED边的方向，在电路图中已经有显示。在将16个LED焊接到位之后，可以将12根彩色的互连导线焊接到板子的铜箔面，与驱动板上标记6~13以及1C~4C的颜色编码进行匹配，如图16.8所示。

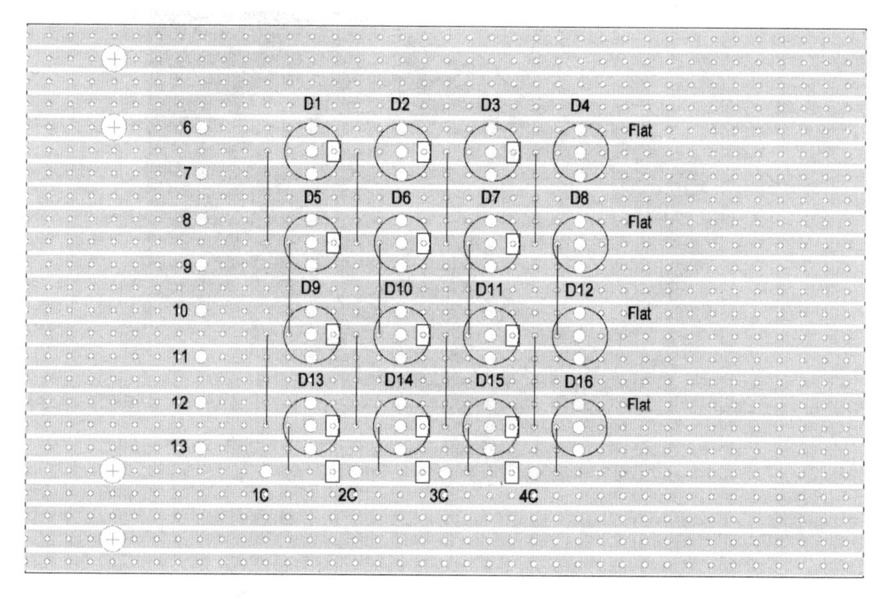

图16.7 背包照明灯项目的显示板布局

图16.8 将12根导线焊接到条形焊接板的铜箔轨道面

互连导线的长度取决于您想要将显示板和驱动板安装得有多远。在我的项目中，导线的长度只有8in左右，因为我安装的控制器（驱动板）距离显示板非常近。在将12根导线焊接到位后，可以用两个扎线带，通过在条形焊接板上钻出的4个小孔，将导线固定在板子上，这样可以防止导线被拉扯松动或损坏。组装好的LED显示板如图16.9所示。

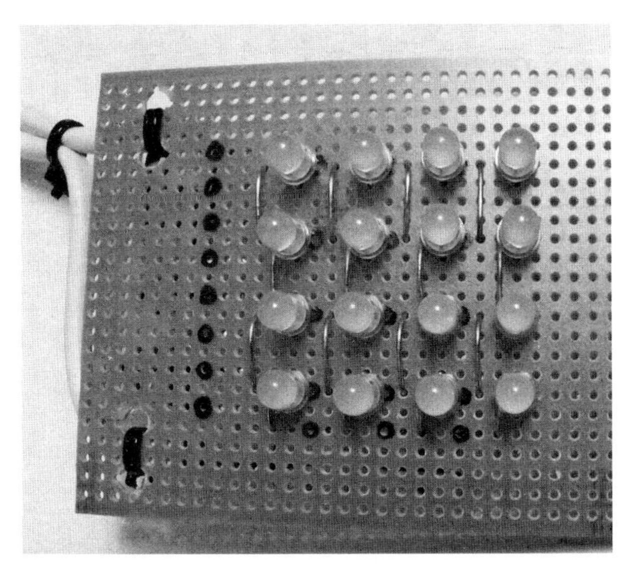

图16.9　已经组装完成的显示板

现在将12根核心导线裁剪到合适的尺寸，并且将它们与外壳盖子上8路和4路接线盒的导线相连，在连接时需要按颜色进行匹配。可能需要花费一些时间来确认这些互相连接的导线的位置是正确的。在这个阶段花点时间会节约今后大量的排查错误的时间。

16.1.6　组装外壳

将PP3电池夹放入AAA电池座中，用双面胶将电池座粘到外壳的基座上。您可能还需要用砂纸稍微打磨一下PP3电池夹的一侧边缘，使得它能更好地贴近固定柱。在将PP3电池夹安装到位后，即可为电源开关规划出一个合适的位置，在外壳的窄边钻出一个小孔，然后将开关安装到位即可。裁剪电池夹的正极导线并且将导线两端焊接到开关上，用扎线带基座将电池连接线固定到外壳一侧。然后可以将红色和黑色导线焊接到驱动板的（+）和（–）位置。有关驱动板（+）和（–）位置的具体标示请参考图16.3。外壳的内部如图16.10所示。在目前这个阶段还不宜放入电池，我们在图16.10中放入电池只是为了让您看得更清楚。

最终组装好的背包项目外壳如图16.11所示。

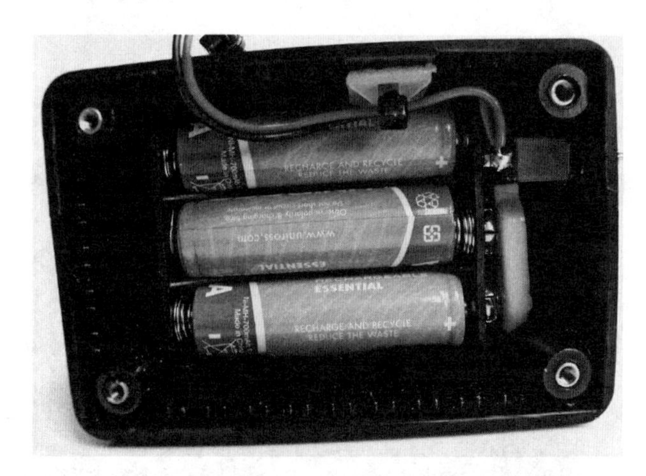

图16.10 外壳的布局

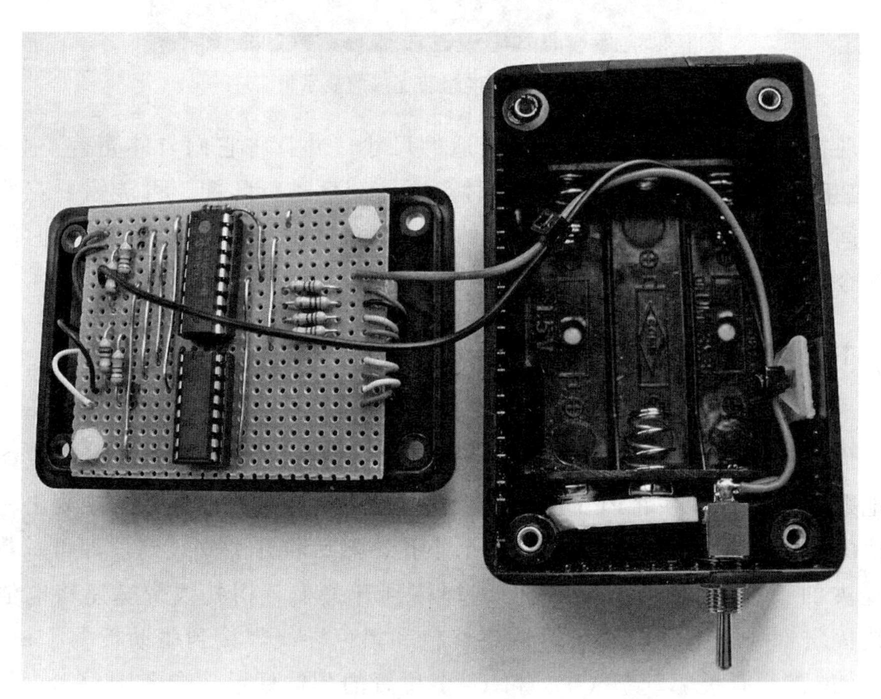

图16.11 已经组装完成的背包照明灯外壳

16.1.7 测试电路板

在将IC_1和IC_2插入到驱动板之前，您可能需要给电路接入4.5V电源，测试两个双列直插式插槽上的电压是否和预期一致。在测试时请参考图16.2，可以用万用表检查多个不同的电压点。例如，将万用表的负极连接到IC_1的双列直插式插槽的引脚5时，IC_1的双列直插式插槽的引脚4和14的电压应该是4.5V；将万用表的负极连接到IC_2的双列直插式插槽的引脚8时，IC_2的双列直插式插槽的引脚9的电压应该是4.5V。

您也可以检查每种LED颜色的运行，但是首先需要将IC_2插入到驱动板，并且确认正极电压供应到每列输入和每个LED，这样，当电路运行时才能模拟IC_1的端口A和端口B的运行。例如，要检查D_1点亮红色，需要给IC_1的双列直插式插槽的引脚6供应正极电压，并且同时给IC_1的双列直插式插槽的引脚2供应正极电压。请按上述方法仔细检查电路，确认所有LED颜色都能按预期运行。正如我前面所提到的，如果您在安装IC_1之前确认电路能按预期运行，那么这将为后期节约大量的时间。一旦完成了板子的测试任务，即可取出电路中的电池，然后插入IC_1进行编程。

16.1.8 PIC微控制器编程

现在您需要给IC_1编程，并且将它安装到条形焊接板上。您可以从McGraw-Hill出版社网站下载本项目需要的汇编语言程序和十六进制文件。具体网址为：http://www.mhprofessional.com/ computingdownload。然后您可以按照本书第12章中介绍的内容，用十六进制文件LED Backpack Illuminator.hex给IC_1编程。

1. 汇编程序

该项目的程序被称为LED Backpack Illuminator.asm，里面包含了大量的批注，以解释其工作原理。动画顺序包含在名为CODE的表中。通过改变端口B上输出的8位数据中每2位的顺序，即可生成每种LED的颜色。端口B的输出如下：

- 00:LED关闭。
- 01:红色。
- 10:绿色。
- 11:黄色。

在4×4显示器上的完整图像是由生成的32（4×8）位数据创建的，它包含在软件的查询表中。所以，如果您需要4×4显示器在所有LED上都点亮黄色，那么完成该任务所需要的二进制代码如下：

```
retlw B'11111111'
retlw B'11111111'
retlw B'11111111'
retlw B'11111111'
```

如果您想要让显示器显示一个红色和绿色交替的棋盘图案，则需要的二进制代码如下：

```
retlw B'01100110'
retlw B'10011001'
retlw B'01100110'
retlw B'10011001'
```

该程序的主体都被动画查询表占据。完整的程序列表太大了，不适合在书中直接显示，所以我们在下面只提供了程序的核心，也就是生成图像的部分：

```
        movlw 30            ;reducing this value makes the animation run quicker
        movwf REPEAT        ;it is the number of times each 4-byte frame is repeated

START:  movlw 58            ;this is the total number of frames in the animation
        movwf FRAME         ;limit the number to 58

        clrf DISPL
        clrf MAP
        clrf COUNT

ST:     movlw B'00001000'
        movwf COLUMN        ;starts the display sequence at column 1C

        movf MAP,W          ;
        movwf DISPL         ;display mapping starts at 0

ST1:    movf COLUMN,W       ;move column to w
        movwf PORTA         ;activate port A column

        movf DISPL,W        ;move display variable into w
        call CODE           ;calls display byte from lookup table
        movwf PORTB         ;moves the lookup value to port B
        call PAUSE          ;pause to stabilize the display
        clrf PORTA          ;clears port A to de-activate columns 1c to 4c
        incf COUNT,W        ;increments count variable
        xorlw 4             ;does count = 4?
        btfsc STATUS,Z
        goto ST2            ;yes, a frame is complete
        incf COUNT,F        ;no, increment count
        incf DISPL,F        ;no, increment display variable
        rrf COLUMN,F        ;rotate the column position to the right
        goto ST1            ;go back to the start again

ST2:    movf MAP,W          ;move map to w
        movwf DISPL         ;move w to display variable

        clrf COUNT          ;clear count
```

```
        decfsz REPEAT,F         ;decrease repeat, has it reached zero
        goto ST                 ;no, keep showing the same frame

NEXT:   movlw 30                ;yes, prepare to show the next frame
        movwf REPEAT            ;sets the repeat value at the default value again
        movlw 4
        addwf MAP,F             ;adds 4 to the map to shift to the next frame
        decfsz FRAME,F          ;have all animation frames been shown?
        goto ST                 ;no, go and show the next 4-byte frame is shown

        goto START              ;yes, show the animation from the start
```

2. 十六进制文件

需要编程写入IC_1的十六进制代码文件被称为LED Backpack Illuminator.hex。完整的十六进制代码如下所示：

```
:02000000EF28E7
:08000800EF28EF288207AA345B
:10001000AA34AA34AA34AA34AA34AA34AA34EA34B0
:10002000AA34AA34AA34FA34EA34AA34AA34FE34FC
:10003000FA34EA34AA34FF34FE34FA34EA34FF34B2
:10004000FF34FE34FA34FF34FF34FF34FE34FF341F
:10005000FF34FF34FF34FF34FF34FF34FF34FF3408
:10006000FF34FF34FD34FF34FF34FD34F534FF3406
:10007000FD34F534D534FD34F534D5345534F53408
:10008000D53455345534D5345534553455345534 28
:100090005534553455345534553455345534553418
:1000A0005534553455345534693469345534FF3436
:1000B000D734D734FF345534693469345534FF3478
:1000C000D734D734FF34553469346934553455341 2
:1000D0005534553455346634993466349934993 4EA
:1000E0006634993466346634993466349934993474
:1000F0006634993466346634993466349934993464
:100100006634993466 34AA34AA34AA34AA34AA3498
:10011000AA34AA34AA34FF34EB34EB34FF34FF346E
:10012000FF34FF34FF34FF34EB34EB34FF34553409
:100130005534553455 34FF34D734D734FF34AA34CA
:10014000AA34AA34AA34FF34EB34EB34FF346934D4
:100150006934 96346934EB34BE34BE34EB346934AF
:1001600096349634 6934EB34BE34BE34EB3469349F
:1001700096349634 6934EB34BE34BE34EB340034F8
:100180003C343C340034FF34C334C334FF340034D3
:10019000143414340034553441344134553400346B
:1001A00028342834 0034AA3482348234AA34003407
:1001B0003C343C340034FF34C334C334FF340034A3
:1001C000143414340034553441344134553400343B
:1001D00028342834 0034AA3482348234AA340730D4
```

```
:1001E0009F0083160030850000308600803081003B
:1001F00083120530A20085018601IE30A4003A302A
:10020000A700A001A501A6010830A3002508A000B1
:1002100023088500200806208600232185012 60A60
:10022000043A03191729A60AA00AA30C08292508CD
:10023000A000A601A40B04291E30A4000430A507C9
:10024000A70B0429FF282208A1008B010B1D2629DA
:080250000B11A10B2629080087
:02400E00303F41
:00000001FF
```

成功地将代码编程写入IC_1中之后，就可以将IC_1插入到驱动板上的双列直插式插槽中了。

16.1.9 测试时间

将IC_1安装到位后，将3节电池装入电池座，然后打开设备开关。如果一切正常，那么应该能看到一个五光十色的闪烁动画序列。如果情况不是这样，那么需要进行一些排查错误的工作。如果在安装IC_1之前，您已经验证了LED和IC_2的运行，那么现在需要做的纠错任务就很简单了，只需要尝试重新给微控制器编程就可以，也许就是这个环节出了问题。闪烁动画的顺序是由查询表中的代码生成的。

说明 如果您非常熟悉给微控制器编写程序，那么还可以尝试修改顺序，创建自己的五彩缤纷的动画。

说明 本项目的微控制器电路布局并未在电池正极（+）和负极（-）之间添加去耦电容器，以平稳供电电压，帮助避免潜在的电路伪触发。我之所以未在电路布局中包含去耦电容器，是因为该电路在没有它时也能工作得很好。如果您在项目中遇到了问题，那么可以尝试在电路的正极和接地线路之间添加一个100nF或0.1μF（最小额定电压为10V）的电容器，看一看这样是否能解决问题。

16.1.10 将显示器嵌入到面料中

对于这个项目而言，我有一个很好的想法，那就是将LED显示器嵌入到背包中，这样在晚上它就能显示熠熠闪光的动画，相信背着它出门能让你接受到很多赞赏的目光。我们这里提到的嵌入方法基本上不受背包面料材质的限制。我在设计本电路时，有意识地考虑将LED安装在独立的显示板上，这样设计的理由之一就是确保将绝大多数的敏感电子元器件都安装在外壳中，这样就可以将它们都放置在干燥的位置，和显示器保持距离。另外一个原因则是，最后我们得到的不是一个笨重的东西，而是一个小巧的，适合嵌入到各种面料中的理想显示器。

虽然LED是封装在塑料中的，但是，条形焊接板可不能被淋湿，所以，需要采取某些措施，防止条形焊接板发潮。首先，您可以购买一瓶特殊的防水喷雾器，将它喷洒到显示器板子上。这样处理可以使板子得到有效的保护，但是仍稍显不足。我考虑过用一个透明的外壳来安装显示器，但是我希望将显示器也融入到背包的面料中，所以最终我决定将它嵌入到黑色的面料中。我找到了一个用防水布料做的老式黑夹克，裁剪了部分面料，尺寸比显示板要大一些。我将16个LED的位置标记在描图纸上，然后通过描图纸将它们的位置布局转移到面料上。我用一个特殊的打孔工具和一把锤子，在面料上穿出了16个直径5mm的小孔，如图16.12所示。我在打孔时使用了切割垫，并且在面料下面放置了一张卡片，这样打孔工具穿出的小孔会比较整齐。

图16.12　在防水面料上打出16个小孔

注意 虽然LED显示器几乎不会产生任何热量，但是仍然需要使用不可燃织物做材料来封装显示器。

在面料上打孔之后，只要简单地将16个LED按进小孔，就可以让它们穿出面料。但是，在此之前，还需要裁剪一块比较厚的面料，将它缝到板子的铜箔轨道面上。在缝的时候可以用板子上的小孔来协助将它缝到位（图16.13）。这样做可以保护外面的面料，防止它被焊接点刺穿。

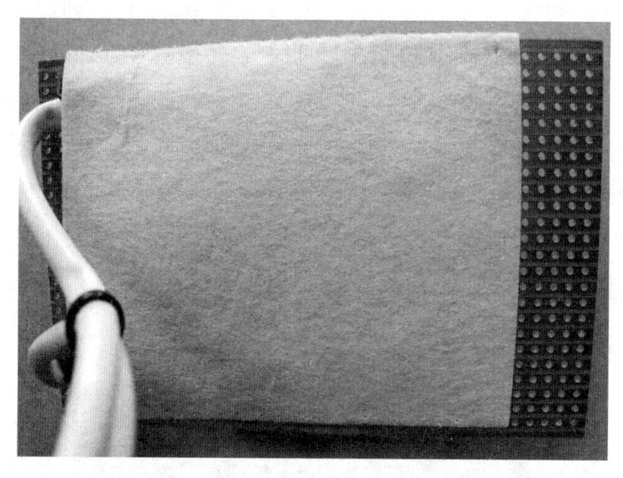

图16.13 在板子背面缝一块比较厚的面料

接下来围绕条形焊接板缝制防水面料，通过板子上的小孔来缝制整齐，制作一个包裹严实的套子，如图16.14所示。

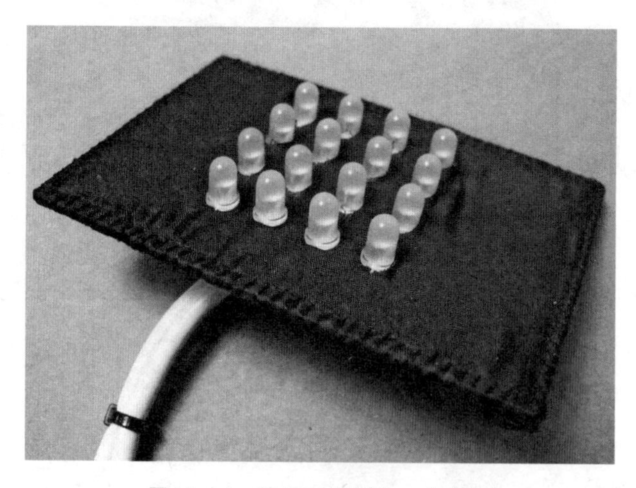

图16.14 给显示器制作一个套子

接下来可以在背包上裁剪出一个小孔，使得12根核心显示器导线都可以通过它穿入背包，而包裹着显示器的套子则缝在背包上。或者，您也可以用钩子和环带，将套子固定在背包的某个位置上。至于驱动外壳，您可以将它安装在背包的某个口袋中，将互连显示导线穿入背包，连接到驱动接线盒。如果背包经常会淋雨，那么建议您不要采用这种方法，因为水最终可能会贯穿显示板，甚至导致它损坏。

安装在我的背包上的照明灯如图16.15所示。显示器点亮的效果则如图16.16所示。

图16.15　已经组装完成的背包

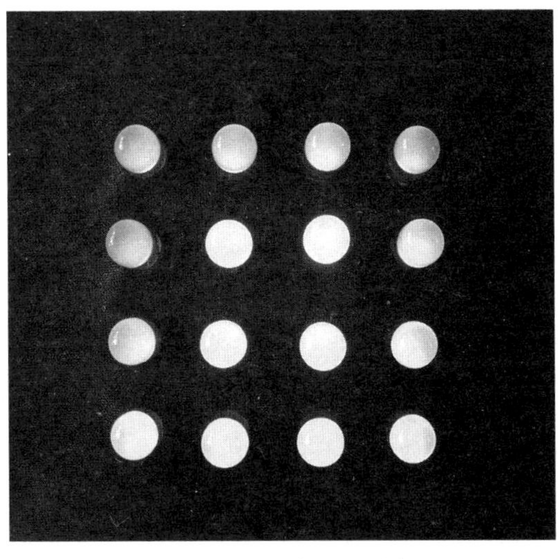

图16.16　点亮的显示板

注意 最好不要在乘坐公共交通工具的时候携带这类经过改装的背包。和您在一起的乘客，以及相关的保卫人员可能会对您的背包产生怀疑，不是所有人都喜欢和理解您对电子产品的热爱！我一般都是独自散步或骑在自行车上时背着这种背包。

16.1.11 其他创意

您也可以用相同的方法来组装一些电子小饰品，并将它缝在衣服上，例如，缝在T恤衫的前面。如果您想要将该创意付诸实施，那么一定要注意裁剪一块比较厚的面料或塑料，缝在显示板的后面，防止焊接点和导线刺穿面料扎进您的皮肤中。黑色的防水面料和明亮的颜色产生鲜明的对比，可以增强显示器的视觉效果。

第17章 用点阵显示器显示波形：数字示波器屏幕

示波器（或前置放大器）是一种测试和测量设备，电子工程师们经常用它来可视化和测量电子电路中的电压信号和波形，例如，方波、正弦波和三角波。该设备主要用于故障排除和设计原型电子电路。这些复杂的设备一般会在一小块阴极射线屏幕（或者最近用得越来越多的液晶屏）上显示其波形，并且能够测量兆赫（MHz）范围内的高频信号。

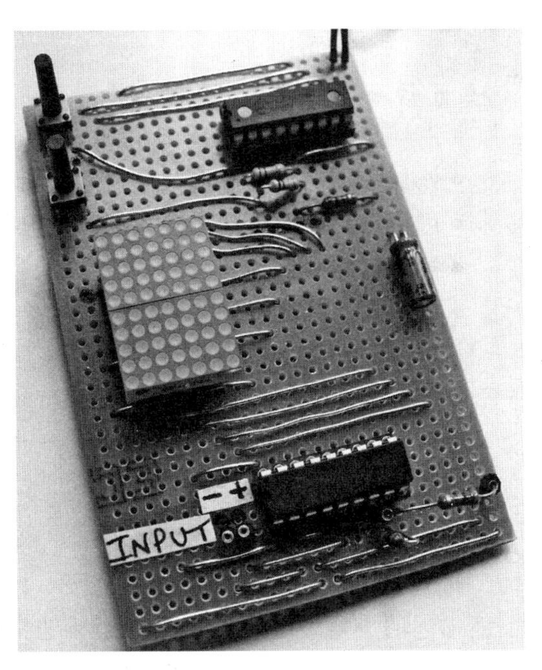

图17.1 实验性数字示波器屏幕

本章的项目是一个实验电路，它向您展示了如何用一个不断变化的电压在点阵显示器上产生视觉暂留（POV）效果。它还演示了如何模拟数字示波器屏幕的运行。本电路并没有自称相当于一个标准的示波器屏幕，因为它的屏幕分辨率太低，而且测量的频率最高也只能到达100Hz，但它可以被用来作为一个简单的数字示波器的示例，甚至还可以有声光效果。已经组装完成的数字示波器电路板和屏幕如图17.1所示。

17.1 项目16 数字示波器屏幕

这是本书中第一个以点阵LED显示器作为视觉输出的项目，事实上，该项目使用了两个显示器，每个显示器包含35个LED，所以最终组成了一个包含70个LED的单一显示器。您很快就会了解，使用这种类型的显示器可以极大地降低项目设计中需要的焊接操作。本项目还演示了如何通过在LED显示器上显示移动的电压信号来产生视觉暂留效果。

本项目仅用了两个集成电路以及少数几个电子元器件。在本书第15章中有关于视觉暂留（POV）效果的详细说明。

说明 如果您尚未组装过本书第4章基础的单一LED闪光灯项目，那么建议您阅读第4章并完成该项目，因为我们需要用该电路测试数字示波器屏幕的运行。

项目说明

- 点阵显示屏由70个LED组成，包含两块7×5的点阵LED显示器。
- 该显示屏可以用波形显示一个移动的电压输入信号。
- 可显示的波形包括方波、正弦波和锯齿波。
- 被测量的输入信号电压范围从1.25V开始，最高可达5V。
- 显示器的时间基准速度可通过两个按键提高或降低。
- 该设备可以显示的信号频率最高为100Hz。
- 供电电压为4.5V。

17.1.1 电路工作原理

我第一次设计和组装基础的数字示波器还是在几十年前，采用的原理和上面描述的一样。本项目电路的运行非常简单。基本上，它就是一个LED矩阵，这个LED矩阵的*X*轴是时间，而*Y*轴则是电压。我们可以假设有一个方波信号被传送到显示器电路中，此时电压发生的变化和波形应该和图4.1中显示的波形相似（请返回参考图4.1）。

幸运的是，有一个性价比很高的集成电路，它可以接收电压输入，并且允许我们在10个单独的LED上将它显示为输出。这个设备就是LM3914条形显示驱动器，这是一个线性输出版本；另外还有一个对数输出版本，也就是LM3915。本程序使用的是线性输出版本，而对数输出版本则多用于音频程序。

LM3914也可以设置为以条形或点的模式来点亮显示器LED。在条形模式下，10个LED的点亮方式和音响系统的图形均衡器类似；而在点模式下，在任何同一时间将只有一个LED灯亮起。该设备常常用在显示电压的电路中，例如模拟仪器。它也是本项目的理想集成电路，因为它可以测量快速移动的电压。在本项目中，10个LED的输出构成了显示器Y轴中第一列LED的基础。随着输入电压的提高，LED开始点亮，低电压时输出1，提高到最高电压时则输出10。

现在我们来看一看本项目的显示电路方块图，如图17.2所示。可以了解如何创建由7列×10个LED组成的显示器电路。

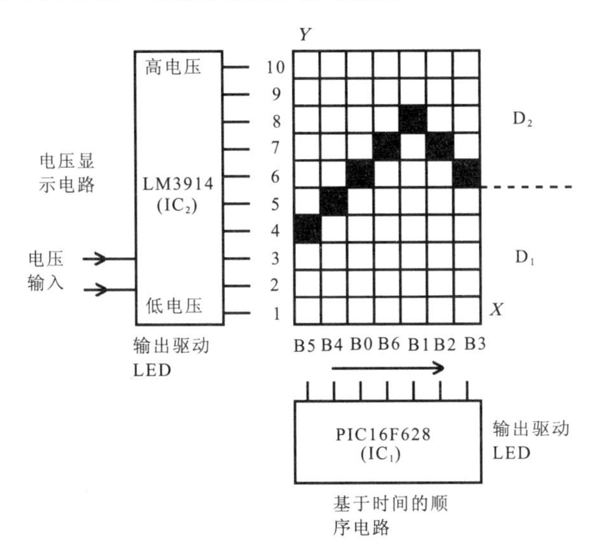

图17.2　数字示波器屏幕的方块图

通过按顺序激活每一列的10个LED，每次一列，从左到右，可以开始逐步描绘移动电压信号的波形。被测试电路的电压是由LM3914集成电路监控的，它的输出将送入70-LED显示器。该显示器由两个7×5点阵LED显示器（D_1和D_2）组成。时间基准顺序是用PIC16F628微控制器生成的，它在同一时间将只激活每一列10个LED中的一个，并且这个时序是永无休止的。如果时序电路的运行速度足够快，则LM3914集成电路监控的移动电压显示到屏幕上时，将产生视觉暂留效果。

在我最初的设计中，使用了555计时器、4017十进制计数器以及一组10个晶体管，创建显示器的时序部分。我还曾经在显示器中使用过100个单独的LED，小心翼翼地将它们手动焊接在一块条形焊接板上，组成一个10×10的点阵LED显示器。在这个新的设计中，我决定用PIC微控制器替换所有元器件，从而大量减少元器件的数量。另外我还将两个点阵LED显示器连接在一起，组成一个10×7的点阵显示器，这也大大减轻了焊接的工作量。

这是本书中第一个使用点阵显示器的项目。点阵显示器使我们不必将很多单独的LED焊接在一起就可以获得所需的LED显示器，因为在点阵显示器的封装中已经包含了每个LED之间的互连线路。

图17.3所示就是数字示波器屏幕的电路图。在理解了显示原理之后，想必现在您应该能轻松阅读和看懂图17.3了。

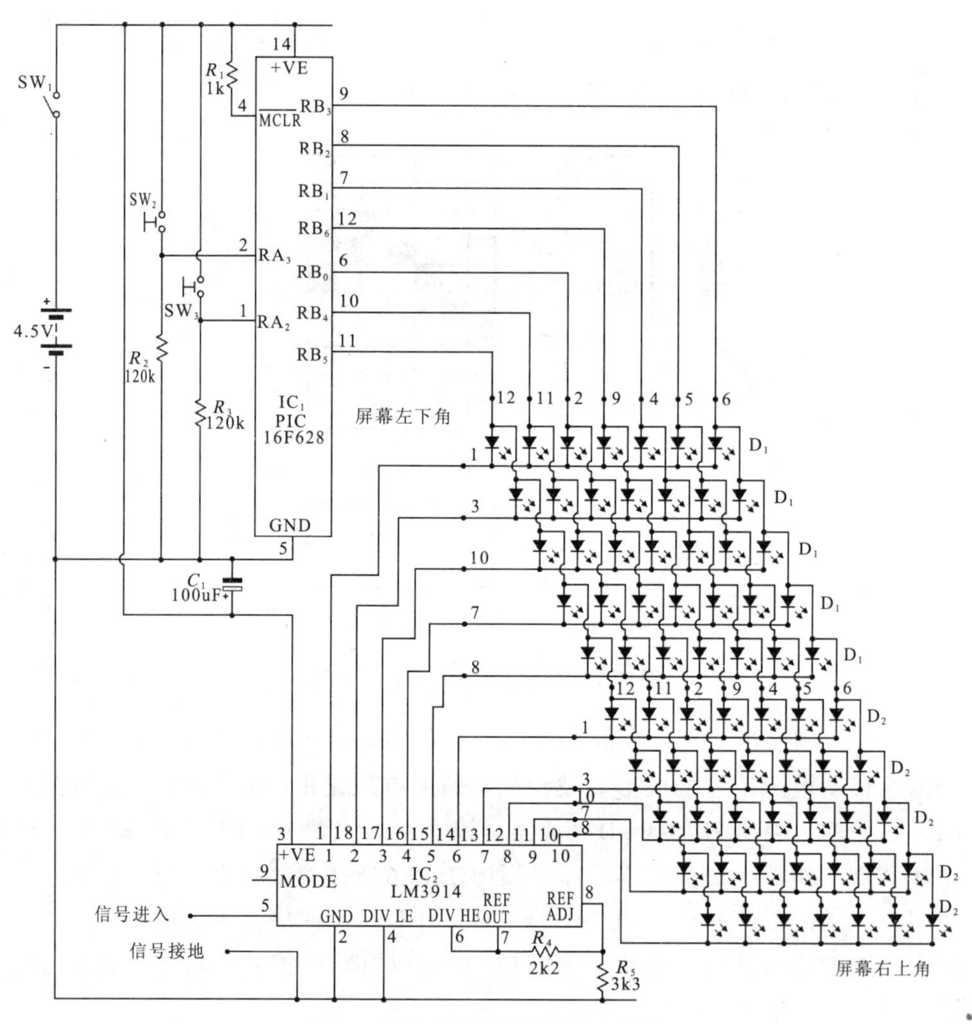

图17.3 数字示波器屏幕的电路图

该电路用3节AAA电池提供4.5V电压电源，驱动IC_1和IC_2，其中，IC_1是PIC16F628-04/P微控制器，IC_2则是LM3914条形显示驱动器。显示器的时间基准（*X*轴）是由IC_1生成的。具体的生成步骤在软件中完成，7个端口B的输出将单独切换到高电平，一次生成一个正极输出，从RB_5开始，依次移动到RB_4、RB_0、RB_6、RB_1、RB_2和RB_3，这个顺序将不断循环并永无休止。这些正极输出每次将激活两个共阴极点阵显示器（D_1和D_2已经连接在一起）中的一个LED列。IC_1的端口A_2和A_3在软件中被设置为输入，负责监控开关SW_2和SW_3。按下这些按钮将改变时序的速度。按下SW_3将加速，而按下SW_2则会减速。这些输入引脚通过电阻器R_2和R_3保持低电平，一旦SW_2或SW_3被按下，则到达高电平。

点阵显示器的Y轴是由IC_2生成的。进入IC_2（引脚5）的电压输入在到达低电平时，将显示10个LED输出中的一个。IC_2的引脚9保留浮接状态，这样设置的设备为点模式，意味着一般情况下，同一时间将只有一个LED被点亮。有时候也可能会出现两个LED被点亮的情况，因为该设备为了确保始终有一个LED被点亮，具有重叠功能。您还将注意到，在本电路中，IC_1和IC_2的输出没有任何串联电阻器来限制到LED的电流。这是因为电阻器R_4能够决定通过IC_2流入到LED的电流总量。通过阅读LM3914的技术参数表，可以明白在本电路中，电阻器R_4的值按以下公式计算：

$$R_4 = 12.5/I_{LED}$$

I_{LED}就是流经LED的电流总量。

因为有可能会出现每列有两个LED被点亮的情况，所以我们将电阻器R_4的阻值定为2.2kΩ，这样在本电路中可以将每个LED的通过电流限制在11mA左右。意味着即使两个LED都被点亮，对于IC_1的每个输出而言，总电流仍然是可以接受的，因为IC_1最高可以驱动的电流为25mA。

IC_2的R_5被选择用于设置输入电压的满刻度偏转，也就是Y轴。这种设计包含了出于实验目的轻松修改该电阻器的电阻值的功能。

电阻器R_5的值可以按如下公式计算：

$$R_5 = (V_{OUT}/1.25-1) \times R_4$$

或者，也可以将公式修改为：

$$V_{OUT} = 1.25(1+R_5/R_4)$$

因此，在电阻器R_4的阻值为2.2kΩ的情况下，要在显示器上显示一个0~3V输入电压，则电阻器R_5的阻值应该在3.3kΩ左右。

本电路的输入电压将被送入IC_2的引脚5，并且使用共同接地。电容器C_1是作为去耦电容器而包含在电路中的。

17.1.2　项目零部件列表

数字示波器屏幕项目所需要的零部件列表见表17.1。

表17.1 数字示波器屏幕零部件列表

代码	数量	说明	供应商和零部件编号
IC_1	1	PIC16F628-04/P微控制器	RS Components 379-2869（制造商编号：Microchip Technology Inc.PIC16F628-04/P）
IC_2	1	LM3914N条形驱动器集成电路	RS Components534-2977
R_1	1	1kΩ 0.5W ±5%容差碳膜电阻器	-
R_2，R_3	2	120kΩ0.5W ±5%容差碳膜电阻器	-
R_4*	1	2.2kΩ0.5W ±5%容差碳膜电阻器	-
R_5*	1	3.3kΩ或6.8kΩ 0.5W ±5%容差碳膜电阻器（详情请参考本章文字说明）	-
D_1，D_2	2	共阴极红色点阵显示器 V_F（典型值）=2V，I_F（典型值）=20mA	RS Components451-6644（制造商编号：Kingbright TC07-11EWA）
C_1	1	100μF 10V径向电解质电容器	-
SW_1	1	单刀面板安装切换开关，额定电流2A	RS Components 710-9674
SW_2/SW_3	2	6mm×6mm瞬时按键开关，17mm高，额定电流50mA	RS Components 479-1463（20个一包）
硬件	1	条形焊接板，2.54mm孔距，37孔宽×24轨道高	-
硬件	2	18引脚双列直插式插槽	-
硬件	2	20路转向引脚单列直插式插槽条	RS Components 267-7400（5个一包）
硬件	2	AA电池座（3节AA电池）	Maplin YR61R
硬件	2	PP3电池夹和导线	RS Components 489-021（5个一包）
硬件	6	AA电池（1.5V）	-
硬件	-	本书第4章中组装的555闪光灯电路板和互连导线（有关详情请参考本章文字说明）	-

*说明：如果您使用了和本零部件列表中不同的V_F和I_F值的LED点阵显示器，那么您可能需要修改这些电阻器的电阻和瓦数值。请参考本章前面介绍的计算公式和相关制造商的IC_2的技术参数表。另外，您还需要确认所使用的LED点阵显示器允许的最大反向电压高于电路的4.5V供电电压。最后，请参考本书第12章中关于PIC16F628-04/P微控制器的电流容量问题的内容。

说明 表17.1以单独的列显示了我在本项目中所使用的特定零部件的供应商和零部件编号，您可以参考本书附录或通过网络搜索等方式查找和购买您所需要的零部件。

17.1.3 条形焊接板布局

本项目的条形焊接板布局如图17.4所示。正如您所看到的，需要在条形焊接板中制作46个轨道切口，这些轨道切口在布局示意图中是以白色矩形块表示的。

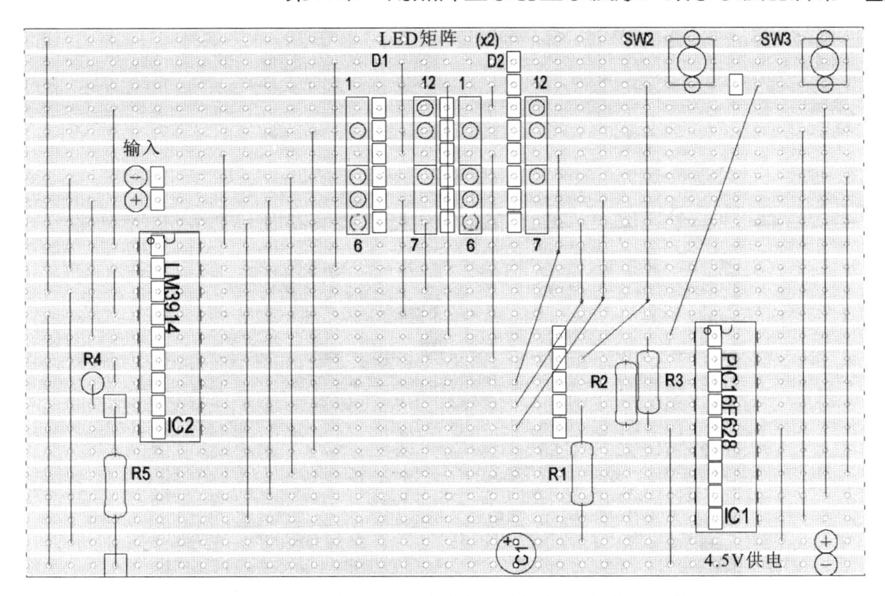

图17.4　数字示波器屏幕项目的条形焊接板布局

17.1.4　组装及测试电路板

说明　请参考本书第1章中的焊接提示和技巧，并遵照条形焊接板的一般组装原则进行操作。

您可以按照图17.4所示的条形焊接板布局图来仔细地组装该项目。注意，两个点阵显示器并不是直接焊接到板子上的，相反，它们是插入到了4个6路旋转引脚的单列直插式插槽中，这意味着需要将两个20路的单列直插式插槽裁剪到指定大小。另外还需要注意，在围绕D_1和D_2的板子的铜箔轨道面，需要用绝缘铜线制作一些必要的相互连接。包括D_1的引脚7，它将在轨道面连接到IC_2的引脚16。除了这一对之外，D_1和D_2的以下引脚也需要在板子的轨道面焊接在一起：

- D_1引脚2到D_2引脚2。
- D_1引脚4到D_2引脚4。
- D_1引脚5到D_2引脚5。
- D_1引脚6到D_2引脚6。
- D_1引脚9到D_2引脚9。
- D_1引脚11到D_2引脚11。
- D_1引脚12到D_2引脚12。

连接之后的效果如图17.5所示。

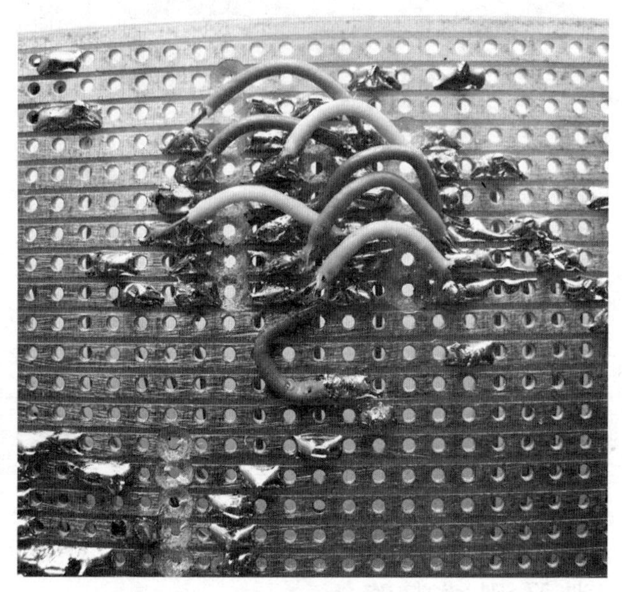

图17.5 条形焊接板的铜箔面特写
显示了在两个显示器D_1和D_2之间的绝缘铜线连接

还需要将某些单列直插式插槽裁剪到合适的大小，然后将它们用于电压输入连接（2路单列直插式插槽）和电阻器R_5（两个1路单列直插式插槽）。一旦将条形焊接板组装完成，那么其外观应该如图17.6和图17.7所示。

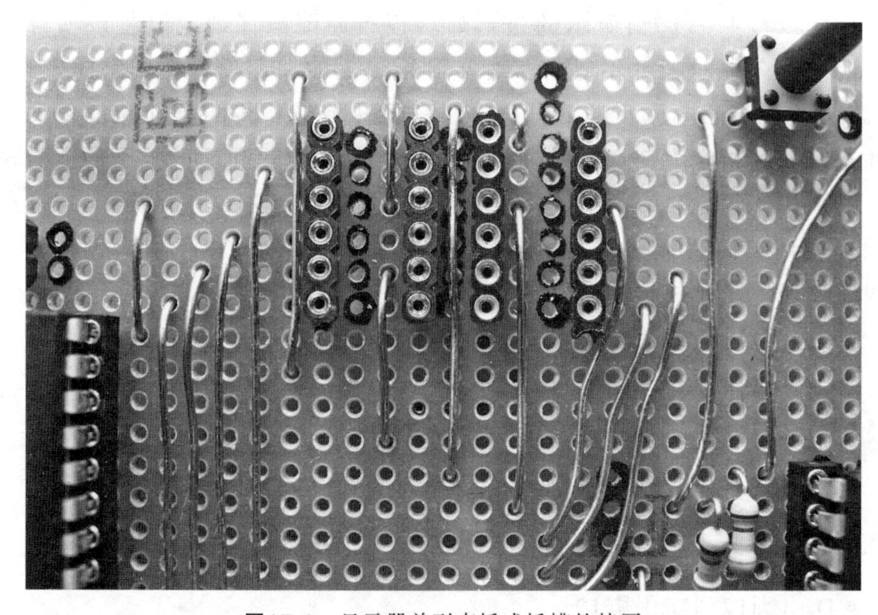

图17.6 显示器单列直插式插槽的特写

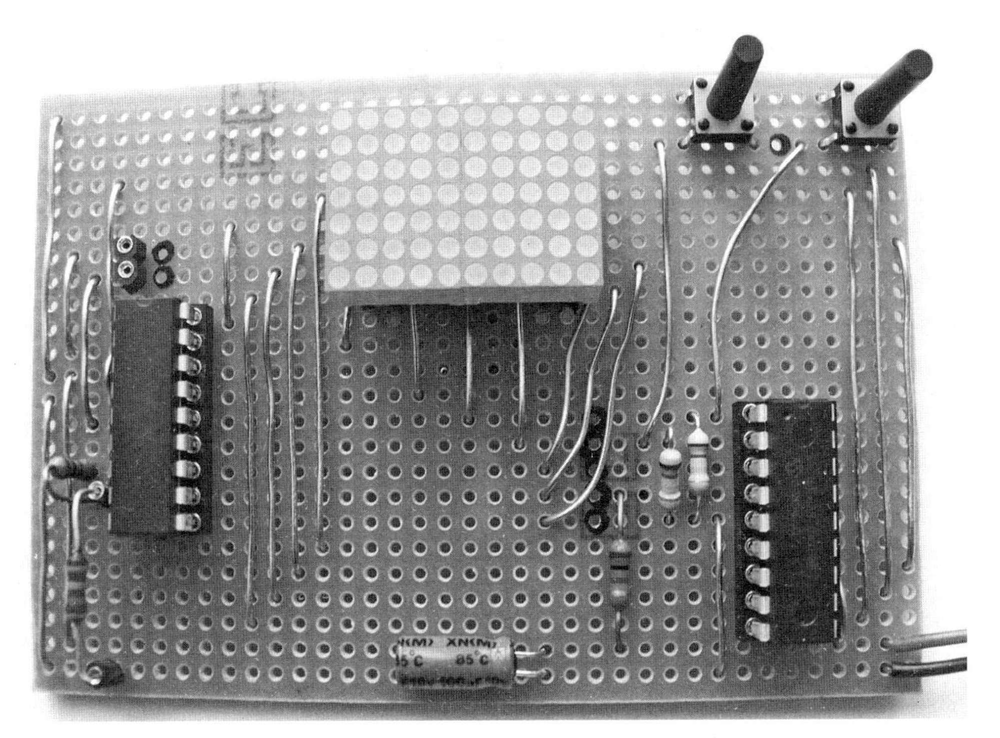

图17.7 已经插入了两个显示器的条形焊接板

提示 在将两个点阵显示器插入到单列直插式插槽之前，请确认它们的正确方向。我所使用的点阵显示器的下侧如图17.8所示，您将注意到在显示器的一侧有一个凸起的酒窝，表示该侧包含的是引脚7～12。这意味着如果从图17.7上看的话，那么每个显示器凸起的酒窝朝向板子的右手侧。如果您使用的点阵显示器和我在零部件列表中标明的类型并不相同，那么它可能会使用不同的引脚标示方法。如果出现了这种情况，您将需要修改条形焊接板布局，以适应点阵显示器。无论如何，您都应该查看制造商的技术参数表，以确认点阵显示器的引脚配置。

在将IC_1和IC_2插入到双列直插式插槽之前，您可以将4.5V电池连接到条形焊接板，测试点阵显示器中的70个LED是否全部都能正常工作。在测试时可以参考电路图，并且可以用一根导线和一个1kΩ的电阻器。需要仔细检查条形焊接板的布局，确认没有虚焊点将轨道连接在一起，然后才能开始测试，否则短路可能会损坏LED显示器。如图17.9所示，我们为您演示了点亮和测试LED的方法。被测试的LED位于图17.3中的“屏幕左下角”文字附近。

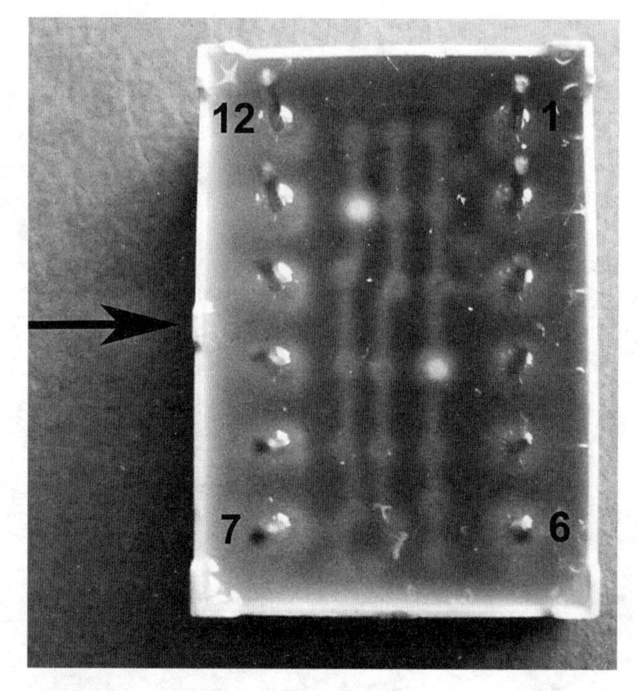

图17.8 我所使用的点阵显示器的引脚配置（箭头所指就是凸起的酒窝的位置）

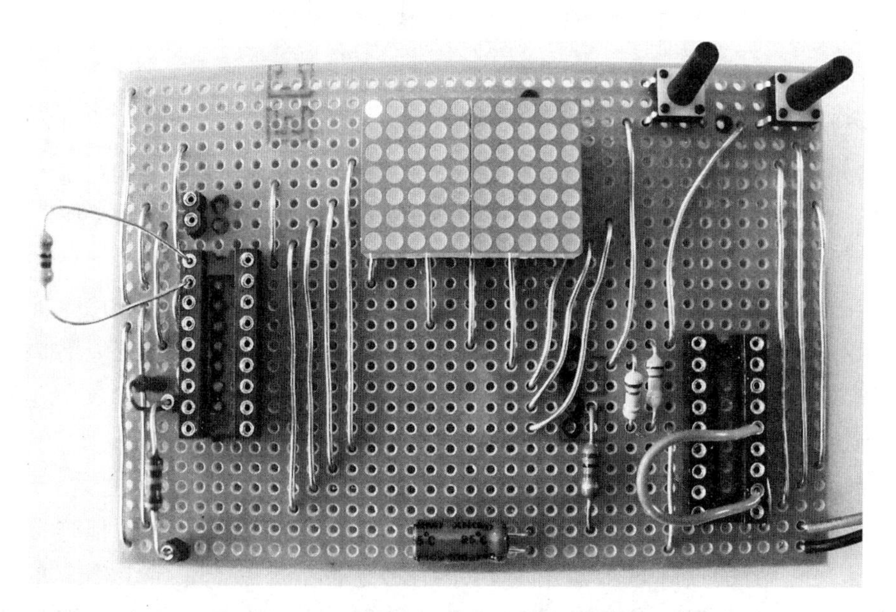

图17.9 用电阻器和一根导线来测试每个LED

要执行测试操作，需要在IC_2的双列直插式插槽的引脚1（输出1）和引脚2（接地）之间连接一个1kΩ的电阻器，它输入了一个限流负电压到点阵显示器，还需要在IC_1的双列直插式插槽的引脚14（正极）和引脚11之间连接一根导线。

可以继续测试第一列中的每一个LED，方法是将IC_1连接线的一端保持连接到引脚14，而另外一端则依次移动到IC_1的引脚11、10、6、12、7、8和9。在第1列测试完成之后，可以在IC_2的双列直插式插槽的引脚18（输入2）和引脚2（接地）之间连接一个1kΩ电阻器，然后重复IC_1插槽上的电线连接过程。继续按同样的方法，测试全部10列的所有70个LED。重要的是，在连接IC_2的双列直插式插槽的引脚2和每一个输出引脚时，必须使用1kΩ电阻器，否则将会损坏点阵显示器中的LED。在任何的同一时间内，只有一个LED被点亮。如果没有LED被点亮或者有多个LED被同时点亮，那么需要仔细检查电路板，看一看表面是否有错误，或者在铜箔面是否有虚焊点将铜箔轨道连接在一起。在完成测试步骤之后，可以将连接线和电阻器保留在原位，将电池从板子上移除，这样会使电容器通过某一个点亮的LED放电。在放电完成之后，可以移除连接导线和电阻器，开始给IC_1编程。

17.1.5 PIC微控制器编程

现在您需要给IC_1编程，并且将它安装到条形焊接板上。您可以从McGraw-Hill出版社网站下载本项目需要的汇编语言程序和十六进制文件。具体网址为：http://www.mhprofessional.com/ computingdownload。然后您可以按照本书第12章中介绍的内容，用十六进制文件LED Oscilloscope Screen.hex给IC_1编程。

1. 汇编程序

本项目汇编程序的名称为LED Oscilloscope Screen.asm，它为IC_1创建了时序电路。该程序包括一些解释运行原理的批注，但主要内容基本上是7个端口B的输出，用于按顺序激活高电平，每次一个，中间会有一个暂停，如此循环，永无休止。本程序的代码片段列表如下：

```
DISPLAY bsf PORTB,5
        call PAUSE
        clrf PORTB
        bsf PORTB,4
        call PAUSE
        clrf PORTB
        bsf PORTB,0
        call PAUSE
        clrf PORTB
        bsf PORTB,6
        call PAUSE
        clrf PORTB
        bsf PORTB,1
```

```
call PAUSE
clrf PORTB
bsf PORTB,2
call PAUSE
clrf PORTB
bsf PORTB,3
call GETKEY
goto DISPLAY
```

两个端口A的输入是用来监控两个开关（SW_2和SW_3）的。按下这两个按钮可以增加或减少“speed”变量，并由此改变时序电路运行的速度。这意味着，您可以调整显示器的扫描速度，稳定显示器上的数字信号输入。

2. 十六进制文件

您需要下载并编程写入IC_1的十六进制代码文件被称为LED Oscilloscope Screen.hex。该代码的完整版本显示如下：

```
:020000000528D1
:08000800052807309F00850167
:10001000860183160C308500003086008030810018
:100020008312323 0A200A30186162920860106160B
:10003000292086010614292086010617292086 0119
:1000400086142920860106152920860186153420 6C
:100050001428323 0A0002208A100A00B2D28323035
:10006000A000A10B2D2808000508003A03194A2812
:100070002318080085 19A20A0519A20B4028472059
:10008000A21B44202314080001 30A20008007F3086
:08009000A2000800A3011428DE
:02400E00303F41
:00000001FF
```

17.1.6　波形信号的显示测试

现在又到了开心享受的时刻，您会看到一些美妙的波形效果。首先，需要确认条形焊接板上没有任何电压，然后才能将IC_1和IC_2插入到双列直插式插槽中，并且将一个3.3kΩ电阻器插入到R_5位置的单列直插式插槽中。接下来，将4.5V电源连接到板子上。将板子旋转一下方向，使板子的窄边靠近您，而SW_2和SW_3开关则靠近板子的顶端，这就是以后查看显示器的默认方向。您应该立即能看到顶端的一行或两行LED被点亮，并且扫描的速度非常快，如图17.10所示。

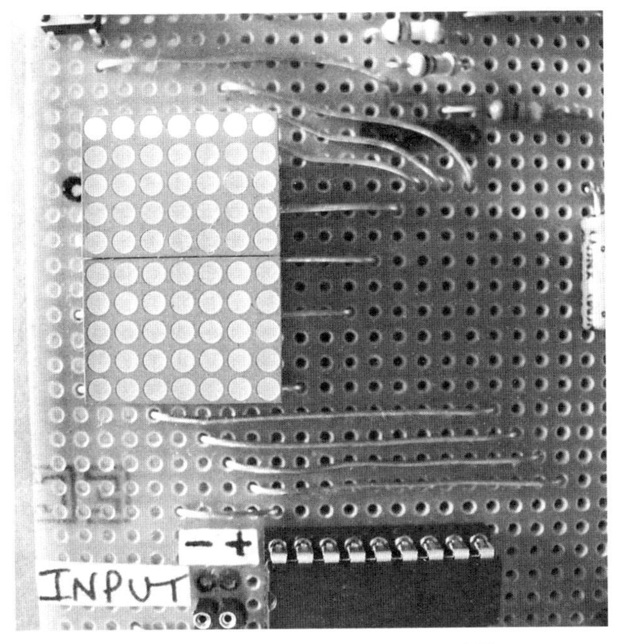

图17.10　没有输入信号时的显示器

现在按下SW_2开关多次，降低时序电路和扫描的速度。然后再按下SW_3开关多次，提高时序电路和扫描的速度，直到时序移动快到您已经无法觉察到扫描的存在，顶端的两行LED看上去就是一直在点亮的状态。这实际上是视觉暂留的效果——时序运行速度足够快，这14个LED就好像是一直亮着的，而实际上，在同一时间只有一个或两个LED是被点亮的。围绕IC_2的电路非常敏感，即使您只是触碰到板子的铜箔轨道，都会在显示器上产生某些图像，所以应该避免这种事情发生。

现在可以用在第4章中组装的555 LED闪光灯条形焊接板，将两个18kΩ的电阻器插入到R_1和R_2插槽，将一个1μF（额定电压10V）的电解质电容器插入到C_1插槽。确认可变电阻器已经完全顺时针旋转，然后将555 LED闪光灯电路板连接到由3节AA电池提供的独立4.5V电源（不要像在第4章那样用6V供电电源）上。在闪光灯条形焊接板上的LED将开始以非常快的速度闪烁，振荡频率大约为25 Hz。

图17.11显示了将555闪光灯电路板和LED示波器显示屏连接在一起的方法。注意，我已经焊接了一些附加的单个单列直插式插槽到555 LED闪光灯电路板，使两个板子更容易连接在一起，这些附加的引脚将连接到接地和555计时器的引脚6。

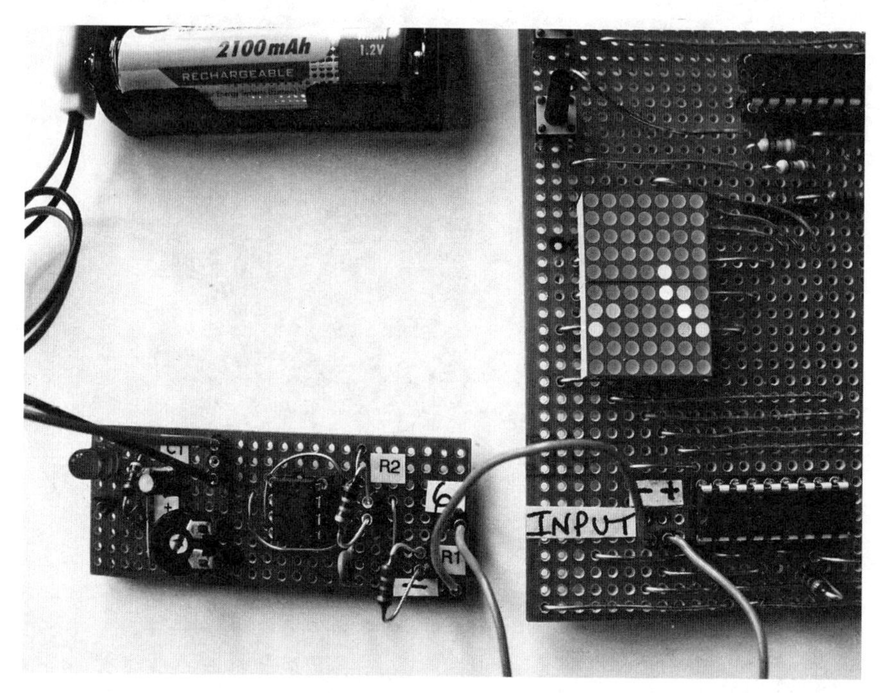

图17.11　将555计时器电路板连接到“放大器”

将示波器显示屏的负极输入连接到555计时器电路板的接地，然后将示波器显示屏的正极输入连接到555计时器电路板的引脚6。在非稳态模式下，555计时器电路板的引脚6产生一个锯齿波形，相信您能够在自己的“放大器”显示屏上看到它。开始时您看到的可能是一些非常快速的模糊图像，但是通过按下SW_2或SW_3开关，提高或降低时序速度，应该能够在显示器上“调准”波形的图像，其外观大致如图17.12所示。注意，在按下SW_2或SW_3开关按键时，必须在按下之后马上松开，这样才能逐步降低或提高速度，如果手指一直按在开关上，那么它并不会自动改变显示的速度。通过不断调节和熟悉时间基准速度，您应该发现，在某些计时点上，增加速度具有放大波形图像的效果。

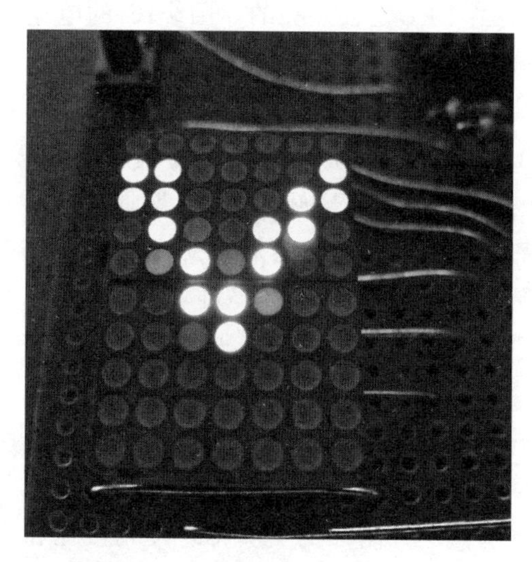

图17.12　从555计时器的引脚6输入的锯齿波形

> **提示**　连接到555计时器电路板的测试点有一个2～3V的输出电压波峰，所以您应该可以在显示器上清晰地看到它。

可以通过改变电阻器R_5的值来测试显示器电路板，显示器上显示的电压缩放比例应随之提高或降低。如果您发现波形一直出现在显示器的顶端，则可以尝试将R_5电阻器的阻值增加到6.8kΩ。

如果现在将示波器电路板的+信号输入连接到555闪光灯电路板的引脚3，那么应该能在显示器上看到一个如图17.13所示的方波输出。

图17.13　从555计时器的引脚3输入的方波

您将注意到，显示器并不会显示一个教科书中所介绍的标准方波，它看起来就好像是几个LED在显示器的顶端被点亮。这是因为方波从高-低电平状态，切换到低-高电平状态，切换的速度非常快，所以在显示器上根本看不到垂直变化。结果就是只能看到波形的高电平状态部分。如果您用两个速度开关改变显示的速度，那么最终将看到一行LED在显示器的顶端被点亮，它们之间有空隙，而这些空隙实际上就是在波形的两个高电平状态之间的低电平状态。

您可以用两个电路和555计时器的速度来做实验，看一看是否能在放大器显示屏上看到清晰的图像。

您可以改变放大器板子上电阻器R_5的阻值，以匹配被测试电路的最大输出电压。需要用本章前面提供的公式计算电阻器的阻值。我不建议您用当前的电路去测试任何直流电电压高于5V的波形电路。

注意 输入到LED示波器显示屏的电流始终应该是正极直流电输入。不要尝试使用交流电，因为LM3914不接收负极或反向电压，进行这种尝试很可能会损坏电路。

您还可以考虑用一个额定功率0.25W、10kΩ的可变电阻器取代R_5电阻器，这样就能改变显示器电压的最高上限。降低R_5的阻值将降低显示的最高输入电压限制。

注意 放大器的输入电压不要高于R_5的额定电压。例如，如果R_5被设置为接受最高3V的电压，那么就不要输入拥有4.5V峰值电压的波形，这样可能会损坏IC_2，并且也不可能看到完整的波形。

17.1.7 更多创意

使用LED数字示波器显示屏电路进行实验，可以帮助您思考本项目的某些功能电路设计和应用。在我最初的设计中，还添加了某些放大器电路，以放大输入电压信号，以及其他一些测量波形频率的电路，并且在两个七段显示器中将频率显示出来。这些附加电路模块已经超出了本书要讨论的范围，但是由此您可以理解，通过添加某些附加的电路模块，可以在更大的项目中使用LED示波器显示屏。

另外还有一个启发性的应用，那就是将放大器电路与麦克风连接到一起，它将乐声转换为恰当的电压信号，并且在显示屏上显示出来。我并没有进行过这项尝试，但是我想您可以用这类电路在显示器上产生某些有趣的声光效果。实际上，只要将555LED闪光灯电路的引脚6连接到板子来显示锯齿波形，然后稍稍调节一下计时，即可使波形像过山车一样沿着显示器移动。

第18章 光敏LED：实验性低分辨率投影相机

本章的项目来源于一项实验。我曾经想尝试能否模拟数码相机传感器的运行。正如您即将看到的，虽然最终结果是我没有精确地还原数码相机中传感器的工作原理（这也是我为什么要在项目名称前面加上“实验性”前缀的原因），但是它却产生了一个非常有趣的灯光效果。本项目包含一个光敏传感器阵列，其输出的变化取决于它所“看到”的光的总量。它将获取的图像复制到显示器“屏幕”上。这个“屏幕”实际上是用LED矩阵制作的。“屏幕”中的每个LED都将以非常快的速度依次在打开和关闭状态之间切换，从而产生视觉暂留效果，使人误以为看到的是持续点亮的灯光。实验性低分辨率投影相机项目如图18.1所示。

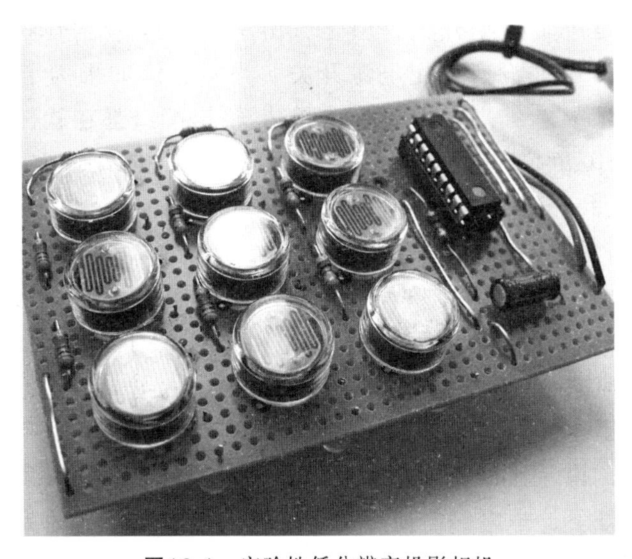

图18.1　实验性低分辨率投影相机

本项目对于如何将日常使用的电子设备小型化也提供了一些很有趣的思路。在本章的末尾还将就此问题展开讨论。

18.1 项目17 实验性低分辨率投影相机

本项目用一个PIC微控制器生成视觉暂留效果。如果您尚未阅读过本书第12章，那么建议您重新返回阅读一下，因为第12章介绍了微控制器的主要性能指标，以及如何给它编程。

项目说明

- 光敏传感器阵列包括9个像素，以3×3格式组成。
- LED“屏幕”同样是9像素显示（3×3格式）。
- LED“屏幕”是利用视觉暂留效果创建的。
- 本电路由微控制器驱动。
- 供电电压为4.5V。

我们还建议您阅读一下本书第15章，该章详细介绍了视觉暂留的原理。

18.1.1 电路工作原理

实验性低分辨率投影相机项目的电路图如图18.2所示。

本电路是由3节AA电池供电的，产生的供电电压为4.5V。它将驱动IC_1，也就是PIC16F628-04/P微控制器。该电路图显示了一个电源开关（SW_1），这是一个拨动开关，但是，由于这只是一个实验性的产品，所以我在原型设备中并没有使用电源开关。当然，您如果为了方便，可以在项目中使用这样一个开关。IC_1的所有输入/输出端口都在软件中被设置为输出，一共有9个IC_1的端口被使用，它们分别是RB_1~RB_7（7个），以及RA_2、RA_3（2个）。每个输出都将通过限流电阻器（R_2~R_{10}），在进入到LED（D_1~D_9）之前，还将依次连接光敏电阻器（R_{11}~R_{19}）。该配置对于所有9个输出都是一样的。

光敏电阻器（LDR）是一种特殊的电阻器，它的特性是在特定光的照射下，其阻值迅速减小，入射光强，则电阻减小，入射光弱，则电阻增大。光敏电阻器一般用于光的测量、光的控制和光电转换（将光的变化转换为电的变化）。例如，该元器件的一个常见用途就是保证夜灯在黄昏时亮起。在周围环境光的条件下，本电路中使用的光敏电阻器电阻值大约为2kΩ；而在黑暗中，其阻值会增加到500kΩ以上；当在真正的明亮光照下时，其阻值会下降到大约100Ω。

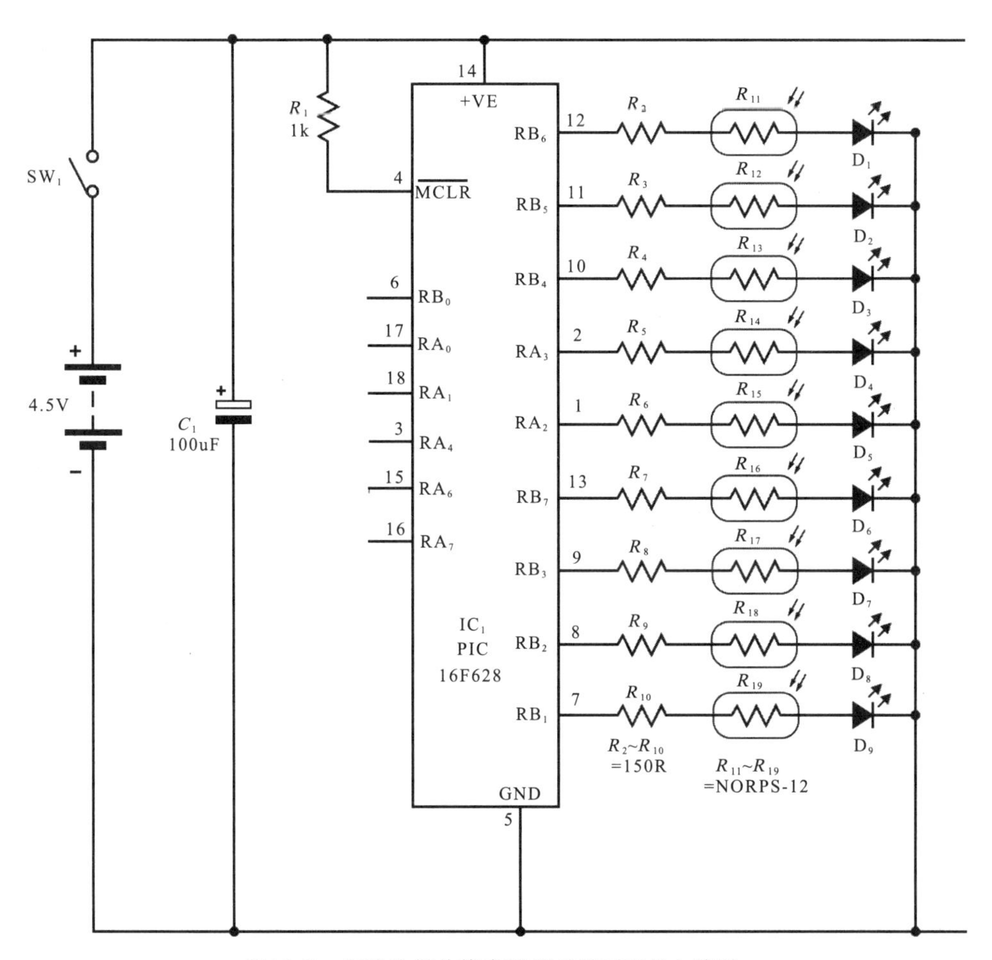

图18.2　实验性低分辨率投影相机项目的电路图

如果我们将IC_1忽略掉，那么该电路的运行原理就是：每个LED的亮度取决于它所关联的光敏电阻器接收到的光照总量。例如，在环境光的条件下，输入LED的总串联电阻大约是2.15kΩ（150Ω的串联电阻器+2kΩ光敏电阻器），在明亮的光照条件下，光敏电阻器的阻值下降到100Ω左右，那么总串联电阻就下降到大约250Ω（150Ω+100Ω）。这意味着如果您用亮光照射光敏电阻器，那么和它关联的LED也将发光并呈现出相应的亮度级别。如果照射光敏电阻器的亮光级别下降（变暗），那么LED的亮度也将随之下降。通过将9个光敏电阻器和LED按3×3的形式安排，可以创建一个光敏阵列，同时，阵列上的灯光输入可以被复制到LED显示器。

说明 有一些光敏电阻器比我们在本项目中使用的要更小一些，我之所以在本项目中选择使用该版本，是因为它可以消耗的功率高达250mW，对于本电路的运行来说足够了。更小型的光敏电阻器具有更好的降低电流/瓦特数的能力，所以可能并不适合该应用。

事实上，无需任何驱动电路就可以组装该电路，即使没有IC_1也没问题。但是，如果真的这样处理，那就意味着全部9个LED将同时通电，根据阵列提供的灯光亮度级别，电路的电流消耗将超过100mA。在电路中包含IC_1的理由，就是产生时序效果，使得在任意同一时间都只有一个光敏电阻器/LED通电。该时序电路和本书第8章提供的555/4017 LED时序电路相似。但是，在本电路中，时序的运行速度非常快，使得全部9个LED看起来就像是同时点亮一样。这样有助于降低电路的总体电流消耗，另外同时也演示了使用不断变化的电压信号产生视觉暂留效果的另外一种方法。电容器C_1是作为去耦电容器而包含在电路中的。

18.1.2 项目零部件列表

实验性低分辨率投影相机项目所需要的零部件列表见表18.1。

说明 表18.1以单独的列显示了我在本项目中所使用的特定零部件的供应商和零部件编号，您可以参考本书附录或通过网络搜索等方式查找和购买您所需要的零部件。

表18.1 实验性低分辨率投影相机项目零部件列表

代 码	数 量	说 明	供应商和零部件编号
IC_1	1	PIC16F628-04/P微控制器	RS Components 379-2869（制造商编号：Microchip Technology Inc.PIC16F628-04/P）
R_1	1	1kΩ 0.5W ±5%容差碳膜电阻器	-
R_2~R_{10}*	9	150Ω0.5W ±5%容差碳膜电阻器	-
R_{11}~R_{19}	9	光敏电阻器 明亮电阻值 = 大约 100Ω 黑暗电阻值 = 大约 500kΩ+ 瓦数值 = 250mW	RS Components 651-507（制造商编号：Silonex NORPS-12）
D_1~D_9	9	5mm黄色LED V_F（典型值）=2.1V，I_F（典型值）=20mA	RS Components228-6010（5个一包）
C_1	1	100μF 10V径向电解质电容器	-
SW_1	1	单刀面板安装切换开关，额定电流2A（可选）	RS Components 710-9674

续表18.1

代　码	数　量	说　明	供应商和零部件编号
硬件	1	条形焊接板，2.54mm孔距，37孔宽×24轨道高	-
硬件	1	18引脚双列直插式插槽	-
硬件	1	AA电池座（3节AA电池）	Maplin YR61R
硬件	1	PP3电池夹和导线	RS Components 489-021（5个一包）
硬件	3	AA电池（1.5V）	-
硬件	1	A4大小的黑色较厚卡片、A4大小描图纸	办公文具商店
硬件	-	双面胶、黑色绝缘胶带、手电筒	-

*说明：如果您使用了和本零部件列表中不同的V_F和I_F值的LED，那么您可能需要修改这些LED串联电阻器的电阻和瓦数值。具体的做法请参考本书第2章。另外还需要注意，光敏电阻器（R_{11}~R_{19}）对于通过LED的电流总值也有影响。在本项目的计算中，我假定光敏电阻器的阻值为0，再据此来计算LED串联电阻器的阻值。对于公式中I_F的值，我使用的是16mA，这意味着可以通过LED的最大电流就是16mA，之所以要这样计算，是因为光敏电阻器的阻值将可能为0。最后，您还需要考虑公式中光敏电阻器的最大额定功率。

18.1.3　条形焊接板布局

本项目的条形焊接板布局如图18.3所示。正如您所看到的，需要先制作23个轨道切口，它们在条形焊接板布局图中是以白色矩形块显示的。

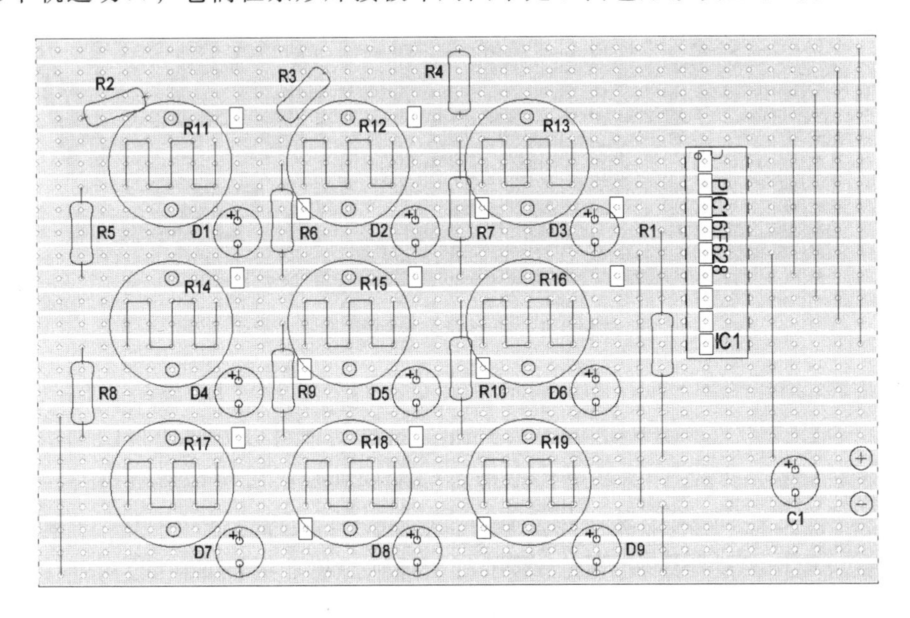

图18.3　实验性低分辨率投影相机的条形焊接板布局图
注意，R11~R19中的曲折线条代表光敏电阻器的内部结构，它们不是连接导线

18.1.4 组装及测试电路板

说明 请参考本书第1章中的焊接提示和技巧，并遵照条形焊接板的一般组装原则进行操作。

您可以按照图18.3所示的条形焊接板布局图来仔细地组装该项目。但是，在目前这个阶段不要插入9个LED（D_1~D_9）。在下一个阶段再将它们插入到条形焊接板的轨道面。

在完成第一个阶段的组装任务之后，条形焊接板应该如图18.4所示。目前仍然不要将IC_1插入到双列直插式插槽中。

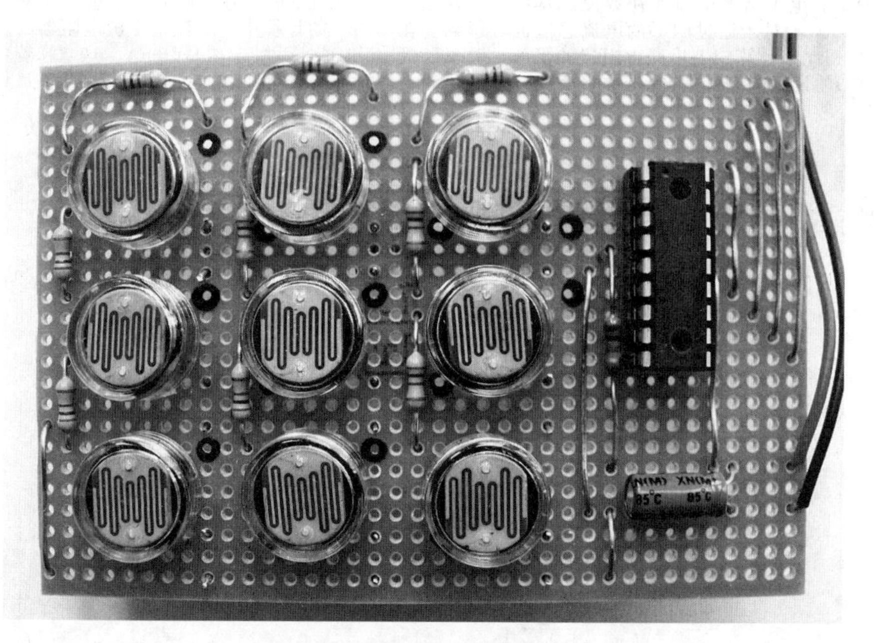

图18.4 条形焊接板的相机面

现在将板子翻过来，显示铜箔轨道面，然后将9个LED焊接到位。需要确认每个LED直立并且距离板子约5mm，这样您就可以方便地将LED引脚焊接到铜箔轨道。另外，还需要仔细地将LED的两只引脚稍稍掰弯分开一些，因为根据图18.3所示的条形焊接板布局，每个LED都需要跨过一条铜箔轨道。完成焊接的最终阶段，LED显示器的外观应该如图18.5和图18.6所示。

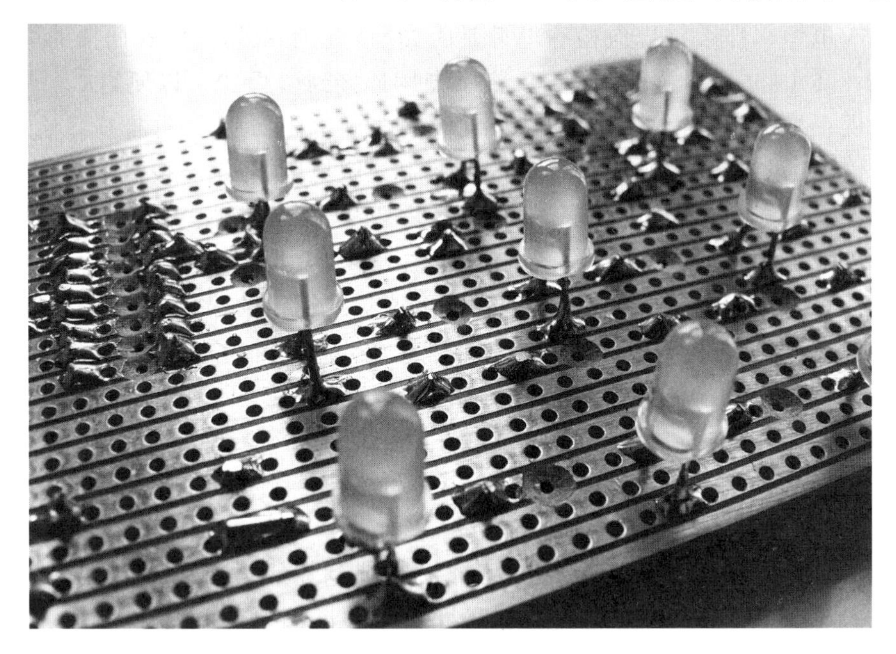

图18.5　将LED焊接到铜箔轨道面

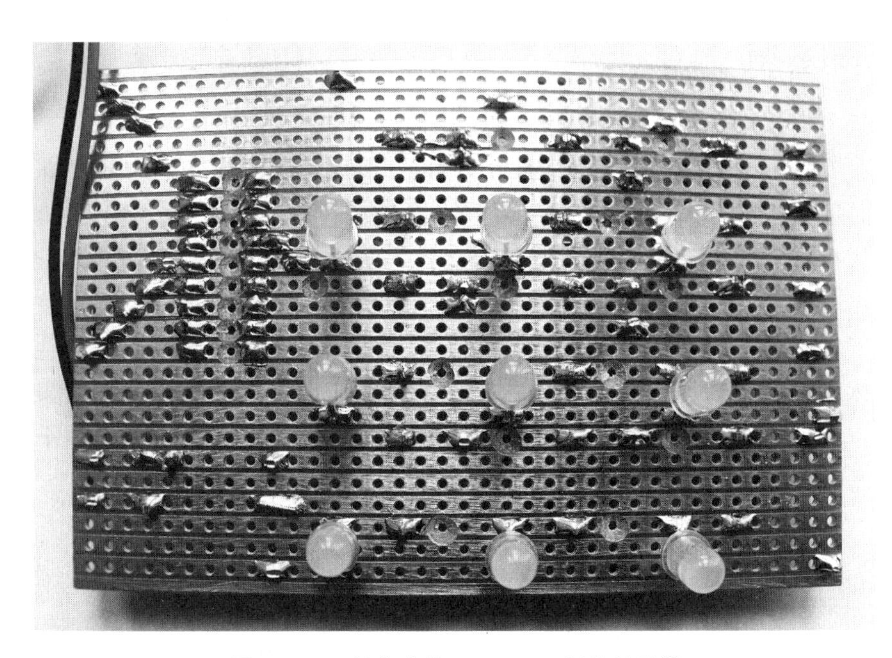

图18.6　已经完成的3×3　LED矩阵显示器

在将LED焊接到位之后，您可以剪切掉穿透条形焊接板元器件那一面的LED引脚。至此，电子元器件的组装才算完成。

在电路组装完成之后，可以执行一些测试，在给IC_1编程及将其插入到双列直插式插槽之前，确认所有的LED都能按预期工作。如果您给板子连接了4.5V电源，那么首先应检查电源是否如期到达了双列直插式插槽的引脚4（+）、5（–）和14（+）。然后将引脚14连接到引脚12，以便给R_2、R_{11}和D_1提供正极电压。接下来，用手电筒照射光敏电阻器R_{11}，这样应该会点亮D_1。该LED的亮度取决于用多亮的灯照射光敏电阻器R_{11}。按上述方法继续测试板子，将引脚14（+）依次连接到引脚12、11、10、2、1、13、9、8和7，以确认每个光敏电阻器都能激活相关的LED。您可以参考图18.2来执行该项测试。还有一种测试集成电路双列直插式插槽的输出引脚的方法，它和我们在前面的章节中介绍的相似。例如，您可以阅读一下第12章的测试过程，它解释了如何用导线来测试每一个输出。需要注意，本章需要测试的输出引脚和第12章中的引脚是不同的。

18.1.5 PIC微控制器编程

现在您需要给IC_1编程，并且将它安装到条形焊接板上。您可以从McGraw-Hill出版社网站下载本项目需要的汇编语言程序和十六进制文件。具体网址为：http://www.mhprofessional.com/ computingdownload。然后您可以按照本书第12章中介绍的内容，用十六进制文件LED Shadow Camera.hex给IC_1编程。

1. 汇编程序

本项目中的汇编程序被称为LED Shadow Camera.asm。本程序非常简单，而且和往常一样，也包含了大量的批注来解释它的运行方式。

从本质上来说，该程序的运行原理就是，从RB_6开始，每次打开一个IC_1的输出。在输出被打开之后，会有一个轻微的延迟，直至它切换至关闭状态。下一个输出按同样的方式在打开和关闭状态之间切换，如此循环往复，永无休止。这个切换操作的执行速度非常快，所以产生了视觉暂留效果，使人误以为所有的LED都在同一时间被点亮。以下就是程序中控制前3个光敏电阻器的代码片段：

```
CAMERA: bsf PORTB,6       ;activate 1st LDR
        call PAUSE        ;delay
        bcf PORTB,6       ;de-activate 1st LDR

        bsf PORTB,5       ;activate 2nd LDR
        call PAUSE        ;delay
        bcf PORTB,5       ;de-activate 2nd LDR

        bsf PORTB,4       ;activate 3rd LDR
        call PAUSE        ;delay
        bcf PORTB,4       ;de-activate 3rd LDR
```

2. 十六进制文件

您需要下载并编程写入IC_1的十六进制代码文件被称为LED Shadow Camera.hex。完整的十六进制代码列表如下所示：

```
:020000000528D1
:0800080005280730 9F00850167
:10001000860183160030850000308600803081002 4
:100020008312850186010617 2F20061386162F20BE
:1000300086120616 2F20061285152F20851105150C
:100040002F20051186172F20861386152F20861145
:100050000615 2F20061186142F2086101328043031
:10006000A0008B010B1D32280B11A00B32280800B9
:02400E00303F41
:00000001FF
```

一旦完成对IC_1的编程，即可将它插入到已经组装好的条形焊接板的双列直插式插槽中。

18.1.6 安装条形焊接板

需要找到一个合适的外壳，来安装电池座和条形焊接板。因为我只是在做实验，所以就没有力求将条形焊接板放入外壳中。但是，我也需要屏蔽光线，才可以测试板子。我找到了一个比较厚实的A4大小的黑色卡片（这是我以前从办公文具店买来的），现在我需要卡片上打出9个直径5mm的小孔，以匹配LED显示器的布局。首先，我用一张描图纸覆盖在条形焊接板的LED面（也就是铜箔轨道面）上，然后标记了所有9个LED的中心位置。我以该描图纸作为模板，在黑色卡片上标记出了9个LED的位置，再根据这些位置在黑色卡片上打出9个小孔，最终结果如图18.7所示。

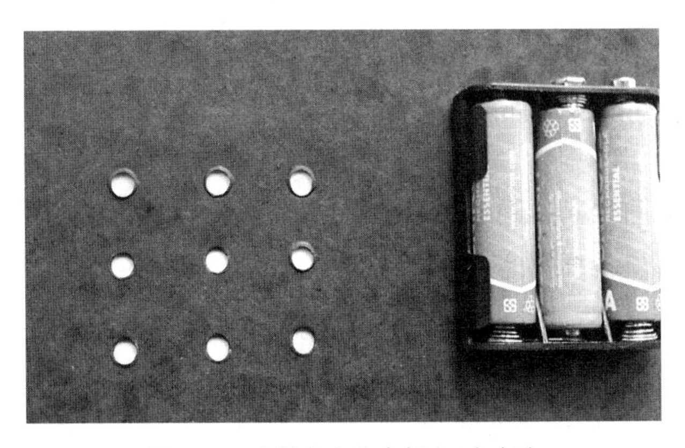

图18.7 在黑色卡片中打出9个小孔

接下来我将LED和卡片上的9个小孔对齐，轻轻地推动条形焊接板，使LED能穿出卡片，如图18.8所示。如果卡片足够厚，您将发现，条形焊接板会相当牢靠地被固定。

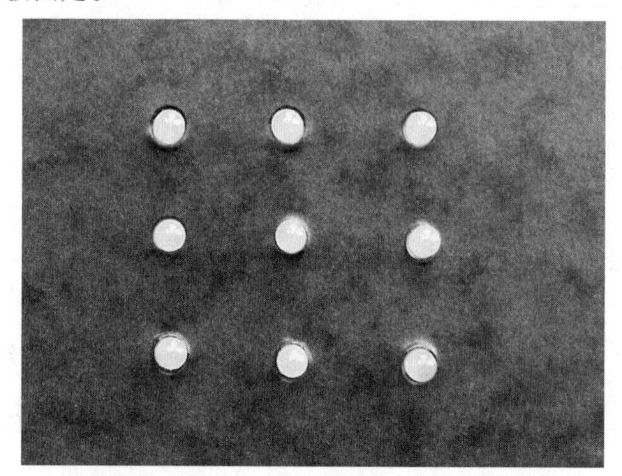

图18.8　LED穿出卡片上的小孔，组成显示器

我将板子翻了过来，并且用双面胶将电池座固定在条形焊接板的旁边，如图18.9所示。

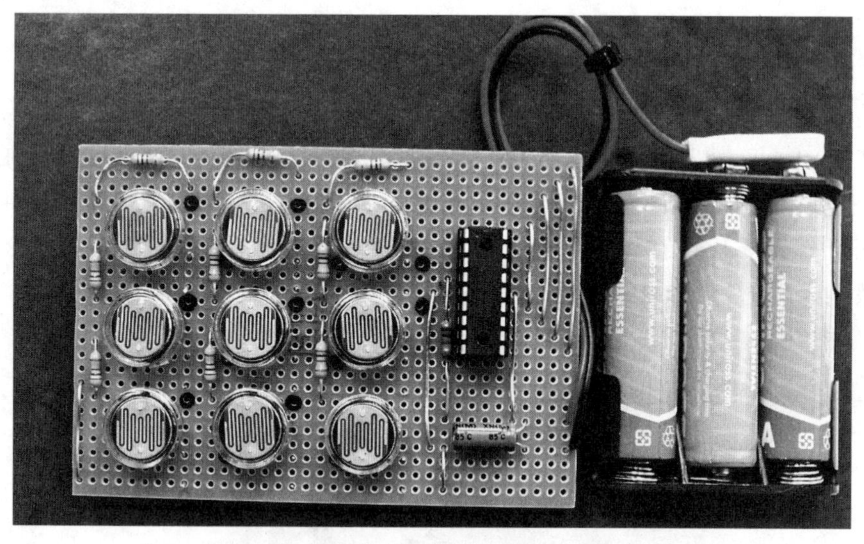

图18.9　条形焊接板的相机面紧靠着电池座

最后，我裁剪了一小块黑色卡片来制作光敏传感器阵列的遮罩。该遮罩可以防止照射光敏电阻器的手电筒的灯光穿透条形焊接板上的小孔，照射到LED上，这样会破坏最终的效果。我仔细地用美工裁纸刀裁剪卡片，然后用黑色绝缘胶带沿着遮罩四周进行粘贴，使它能够紧紧地贴着光敏电阻器。组装完成的相机传感器遮罩如图18.10所示。

图18.10　传感器遮罩

如果您已经按照我的步骤操作，组装出了同样的作品，那么可以按以下方法测试遮罩是否有效：用一束强光照射光敏电阻器阵列（不要给电路接通电源），然后看一看是否有灯光穿透小孔照射到LED上。如果只有很少一点灯光穿透小孔照射在LED上，那么完全不必介意，因为这并不会破坏整体效果。

18.1.7　观察投影

完成上述组装作业后，即可将电池连接到电池座，然后握住卡片（或外壳），观察LED显示器。根据周围环境光的条件，您应该看见一点点的LED显示，也可能看起来LED根本就没有被点亮。要获得最佳的效果，可以在黑暗中进行实验。在黑暗的房间中，显示器将完全关闭，用手电筒照射卡片上的光敏电阻器，在另一面就应该能看到这个光束被复制在LED显示器上。

用该设备可以产生一些有趣的效果。例如，将灯光照射到传感器阵列上，使得整个LED显示器都被点亮，然后在光源和传感器阵列之间摇动您的手指或一支铅笔，您将看到该图像以投影的形式被复制到LED显示器上。当您在显示器中看到自己手指的投影时，相信您会真真切切地感受到一丝离奇和兴奋。另外，您也可以尝试围绕着传感器阵列移动光源，这样，手电筒发出的明亮光束和周围黑暗一点的区域就会被复制到显示器上，如图18.11所示。

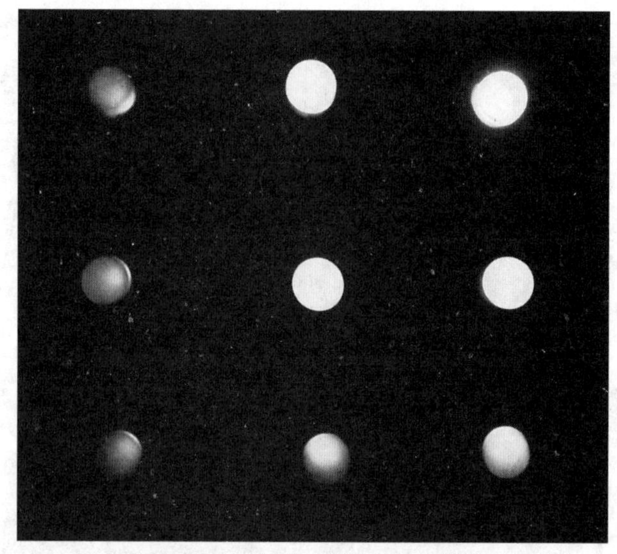

图18.11 在“屏幕”上创建投影

18.1.8 更多创意

在把玩一段时间之后，您可能会对该项目产生更多的想法和创意，希望在今后的项目设计中能够应用。其中一个创意就是制作更多的这种电路，然后将它们组合在一起，形成更大的项目，从而在屏幕上复制更大范围的光照。当然，如果您在设计中加入很多这样的电路，那么费用也是比较贵的，因为每一个光敏电阻器的价格都比较高。如果您决定要制作这样的项目，可以考虑组装一个更大的、单独的LED显示器，并且将它安装在另外一块条形焊接板上，让它和传感器阵列远远地隔开，中间则用互连导线连接。

正如我在本章前面所提到的，本项目对于如何将日常使用的电子设备小型化也提供了一些很有趣的思路。想象一下，如果我们要组装一个1百万像素的投影相机，意味着需要一个1000×1000光敏电阻器的矩阵。如果我们复制本项目的条形焊接板来创建这种类型的显示器，则需要组装111 556个条形焊接板，组成334×334的矩阵。这种项目布局的大小差不多是32m宽×21.3m高！想象一下，您是否愿意带这样一个庞然大物出门照相呢？

第19章 在半空中产生视觉暂留效果：时髦的电光棒

想不想只用5个红色LED就打造出一个时髦的电光显示器？如果您对此很感兴趣，那么不妨来看一看我们是如何制作这样一个时髦电光棒的，其实际成品如图19.1所示。本项目使用一排5个快速闪动的LED，在空中创造出移动的灯光图案，并且产生了一个有趣的视觉暂留效果。有关视觉暂留效果的详细信息，请参考本书第15章。本电路用一个微控制器来存储灯光图案的图像数据，以快速移动的顺序切换5个LED，产生所需的效果。

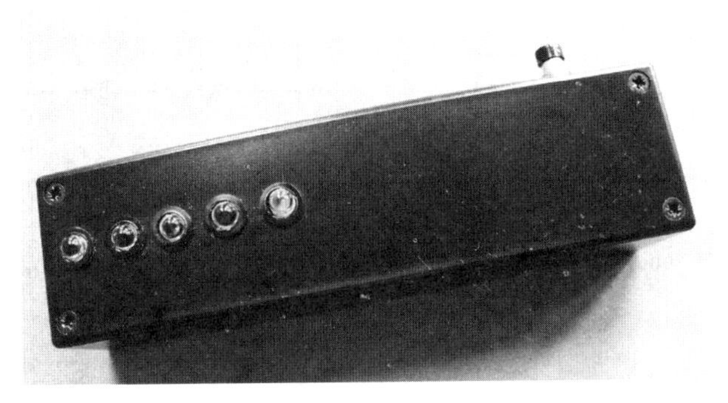

图19.1　时髦的电光棒

19.1　项目18　时髦的电光棒

本项目的组装非常简单，利用视觉暂留来产生有趣的灯光效果。项目中5个LED按特定的顺序闪烁，当您摇动或旋转设备时，它会在半空中留下独特的灯光图案。

- 5个红色LED组成了视觉暂留灯光显示器。
- 本电路是由微控制器驱动的。
- 该显示器的速度是用单个按压按钮调节的。
- 通过摇动或旋转“棒子”即可看到视觉暂留效果。
- 供电电压为3V。
- 微控制器被编程并加入了低电流的易休眠设备，以便在不使用的时候节约电池电量，这也意味着本项目不需要电源开关。

19.1.1 电路工作原理

时髦电光棒的电路图如图19.2所示。正如您所看见的，这个电路并不复杂。大部分的工作都是由编程写入PIC微控制器中的软件来执行的。

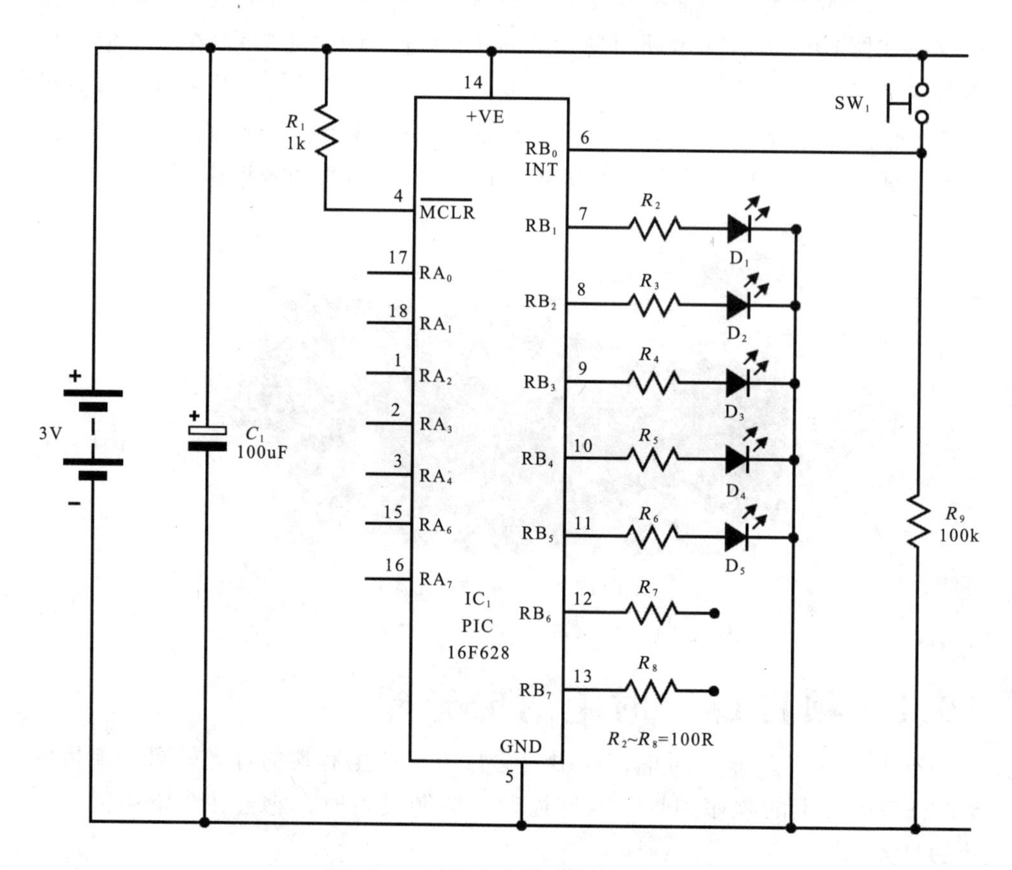

图19.2 时髦电光棒项目的电路图

该电路由两节AAA电池供电，它可以给PIC16F628微控制器（IC_1）提供3V的电源。

在本项目中只使用了IC_1的6个输入/输出端口。B_1~B_5被设置为输出，通过串联电阻器R_2~R_6驱动5个LED（D_1~D_5）。端口B_0被设置为输入，在一般情况下通过电阻器R_9保持为低电平。

如果按键开关SW_1被按下，则端口B_0将获得高电平，这将被软件监控到。其他端口（端口B_6和B_7）将只连接到电阻器R_7和R_8，而没有其他意义。如果您要修改电路和软件，在显示器中使用7个LED而不是5个，那么端口B_6和B_7将发挥作用。如果您愿意，现在也可以将电阻器R_7和R_8排除在外。

和以前的项目一样，电阻器R_1将电源连接到引脚4以激活IC_1。您可能还会注意到，在该电路中没有电源开关，这是因为在软件中我们引入了一个休眠设备，这在本章后面的内容中将有详细介绍。C_1是一个去耦电容器，它在电路中可以起到使供电更加平稳的作用。

19.1.2 项目零部件列表

时髦电光棒项目所需要的零部件列表见表19.1。

说明 表19.1以单独的列显示了我在本项目中所使用的特定零部件的供应商和零部件编号，您可以参考本书附录或通过网络搜索等方式查找和购买您所需要的零部件。

表19.1 时髦电光棒项目零部件列表

代 码	数 量	说 明	供应商和零部件编号
IC_1	1	PIC16F628-04/P微控制器	RS Components 379-2869（制造商编号：Microchip Technology Inc.PIC16F628-04/P）
R_1	1	1kΩ 0.5W ±5%容差碳膜电阻器	-
R_2~R_8*	7	100Ω0.5W ±5%容差碳膜电阻器	-
R_9	1	100kΩ0.5W ±5%容差碳膜电阻器	-
C_1	1	100μF 10V径向电解质电容器	-
D_1~D_5	5	5mm红色超亮LED V_F（典型值）=1.85V，I_F（典型值）=20mA	RS Components564-009
SW_1	1	单刀常开面板安装开关（100mA）	RS Components133-6502
硬件	1	条形焊接板，2.54mm孔距，25孔宽×9轨道高	-
硬件	1	18引脚双列直插式插槽	-
硬件	1	10路单行引脚头（需裁剪尺寸）	ESR Electronic Components 111-110

续表19.1

代 码	数 量	说 明	供应商和零部件编号
硬件	1	AAA电池座（2节AAA电池）	RS Components 512-3552
硬件	2	AAA电池（1.5V）	–
硬件	1	小而窄的外壳，大概124mm长×33mm宽×30mm深	Maplin FT31
硬件	5	5mmLED夹子	–
硬件	–	扎线带、扎线带基座、各种颜色的互连导线、双面胶	–

*说明：如果您使用了和本零部件列表中不同的V_F和I_F值的LED，那么您可能需要修改这些LED串联电阻器的电阻和瓦数值。具体的做法请参考本书第2章。另外还需要考虑到IC_1的最大拉电流能力，有关详情可参考本书第12章。

19.1.3 条形焊接板布局

时髦电光棒的条形焊接板布局如图19.3所示。它和本书第13章中介绍的LED光剑项目的布局非常类似，但是并不完全相同。在将元器件焊接到位之前，还需要制作16个轨道切口，它们在图19.3中是以白色矩形块显示的。

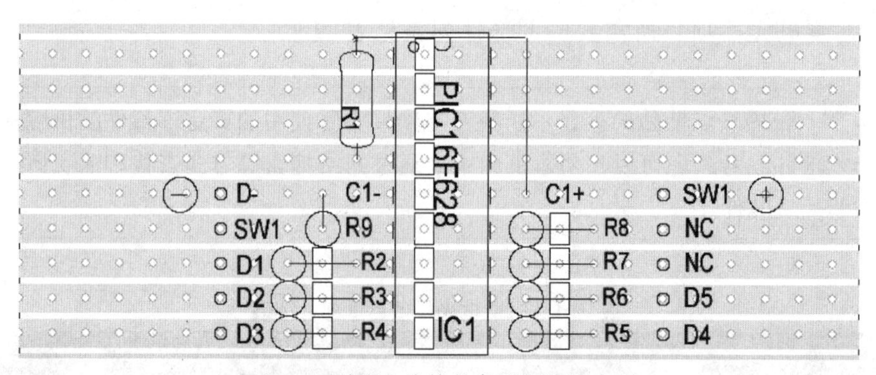

图19.3 时髦电光棒的条形焊接板布局

19.1.4 组装电路板

说明 请参考本书第1章中的焊接提示和技巧，并遵照条形焊接板的一般组装原则进行操作。

首先，为了能将条形焊接板安装到外壳中，需要裁剪一下条形焊接板，使它变得稍微小一些（24孔宽×9轨道高），并且修理其边角，如图19.4所示。我们在零部件列表中指定的条形焊接板是25孔宽×9轨道高，所以在修剪条形焊接板的两个边角之前，需要先裁剪掉宽边上的一行小孔。

您可以按照图19.3所示的条形焊接板布局图来仔细地组装该项目。可以在IC_1的双列直插式插槽的两边焊接两个5引脚头，为电池连接、5个LED（D_1~D_5）和SW_1提供焊接点。另外还需要注意，由于条形焊接板的轨道数目有限，所以需要将电容器C_1安装在条形焊接板的轨道面，并且在焊接时要跨越IC_1的引脚5和14，如图19.4所示。注意，请确认电容器C_1的极性朝向正确，也就是说，在您将它焊接到位之前，电容器的负极引脚面对的应该是IC_1的引脚5。

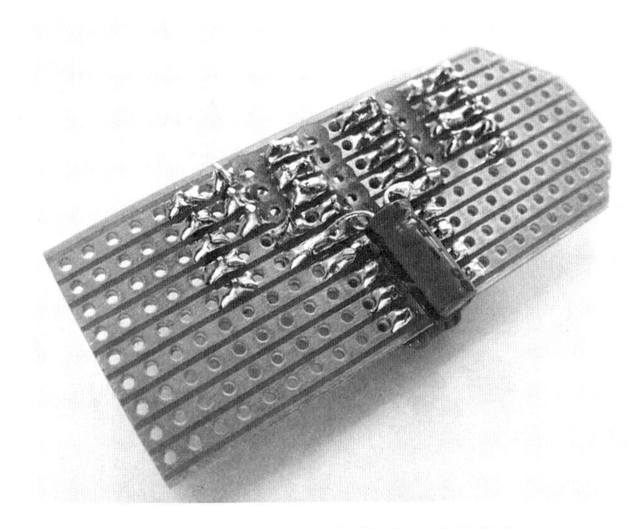

图19.4　将电容器C_1焊接到板子的轨道面

已经组装好的条形焊接板如图19.5所示。

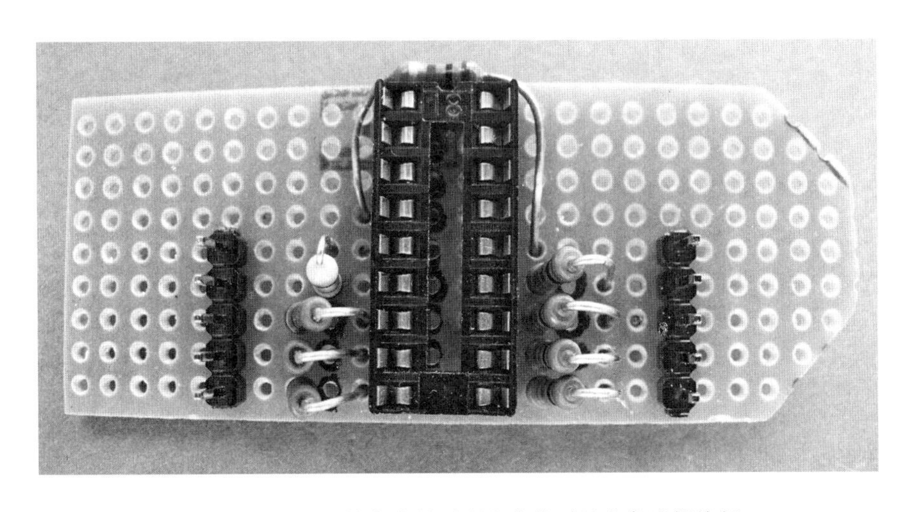

图19.5　已经组装完成的时髦电光棒项目的条形焊接板

19.1.5 组装LED显示器

完成条形焊接板的组装之后，接下来的任务就是组装LED显示器，它将被安装到外壳的盖子上。首先您可以在盖子上钻出5个等距的小孔，它们的大小应能够容纳LED夹子。每个LED之间应该留下一点点间隙。然后将5个LED插入夹子中。请注意确认每个LED引脚的极性，在将它们固定时要让5个LED保持相同的方向。

接下来，细心地弯曲LED引脚，将所有5个阴极（–）引脚焊接在一起，然后焊接一根导线到该共阴极连接。从每个LED的阳极（+）焊接出一根导线，并且用扎线带将这6根导线固定在一起。用扎线带基座将这些连接线固定在盖子的背面。我建议您用不同颜色的导线来进行连接，这样就可以轻松地识别出各个LED的连接，方便将它们连接到条形焊接板上的对应位置。组装完成的显示器外观如图19.6和图19.7所示。

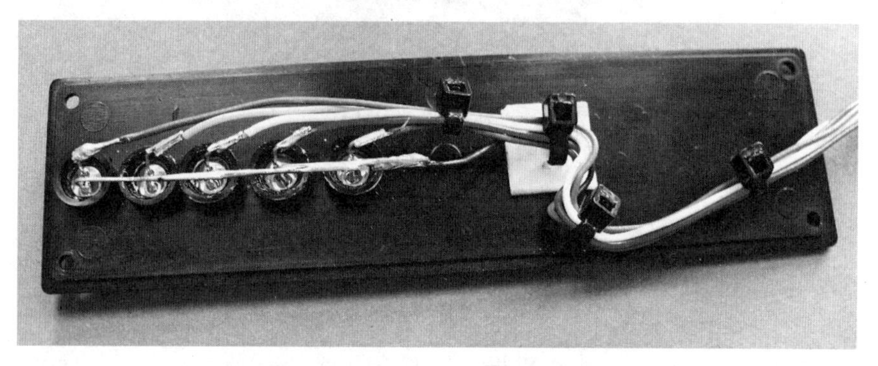

图19.6 将5个LED焊接在一起创建显示器

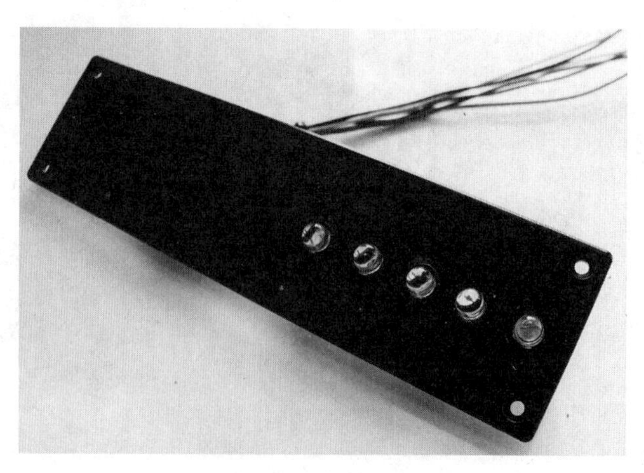

图19.7 显示器前面的外观

19.1.6 组装外壳

现在您可以用双面胶将电池座固定到盒子内部，并且加入两个扎线带基座，其中一个用来绑定LED连接线，另外一个则用于帮助固定条形焊接板。在盒子内部准备好了以后，即可将条形焊接板安装到位，并且给开关标记一个合适的位置，然后将它安装到盒子中。一切都安排到位之后，如果我们把条形焊接板和外壳取下来，那么盒子的外观应该如图19.8所示。

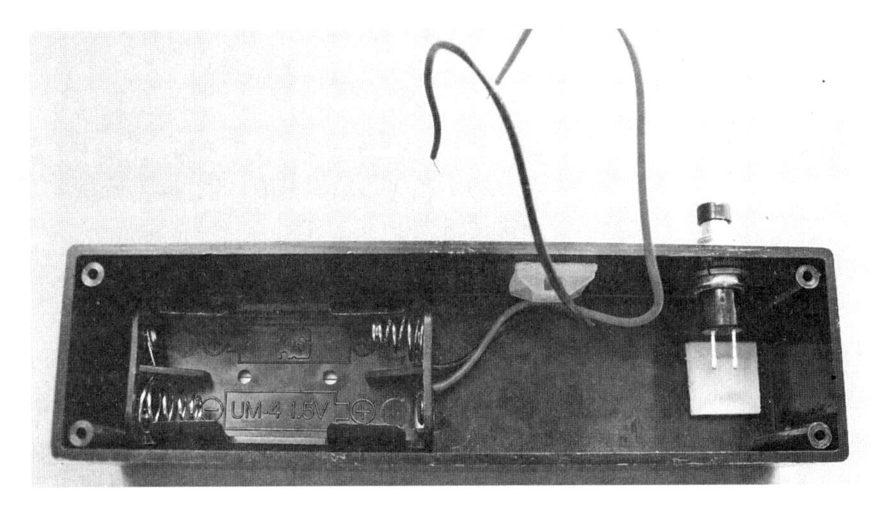

图19.8 准备外壳

注意，开关的位置非常重要，所以，在给开关钻孔之前，一定要仔细看清楚图19.9中开关的位置以及我们后面的说明文字。现在先将LED连接线固定到外壳侧边的扎线带基座上。注意要保留足够的余地，使得盖子能轻松地打开和关闭。然后，将所有内部连接线都焊接到板子的引脚头上。

由于外壳内部的空间有限，所以，在将这些连接线焊接在一起时，需要小心谨慎、不急不躁，就好像是在做一次“电子”外科手术一样！将所有的导线都焊接到位之后，外壳的外观如图19.9所示。

注意，条形焊接板是用扎线带固定在扎线带基座上的。另外请注意开关的位置，它的其中一个引脚可以被直接焊接到右面的引脚头（在图19.3中被标记为SW_{1+}）上，并与电池正极导线连接。这两个机械特性对于条形焊接板的固定来说极其重要，可以确保电光棒在空中摇动时，条形焊接板不会跟着晃动松脱。电池的负极导线和LED的共阴极都被焊接到板子左上角的引脚头，在图19.3中被标记为D-。

图19.9 一切都已经焊接到位

19.1.7 测试电路板

在给IC_1编程之前，需要对板子进行常规的通电检测，以确认有3V极性正确的电流通过双列直插式插槽的引脚5和14。还可以验证引脚6是否在一般情况下为低电平，而当按下SW_1开关时则转变为高电平。在接通3V电源之后，可以按照图19.2来测试5个LED的运行。您可以用一根导线连接双列直插式插槽的引脚14上的正极电压，而导线的另外一端则分别连接引脚7、8、9、10、11，每次连接一个，以确认每个LED都能如期点亮。具体的连接方式请参考图19.10。

图19.10 IC_1的双列直插式插槽的引脚14（+）连接到引脚11，点亮最后一个LED（D_5）

在确认板子的运行没有问题，并且已经完成了最后一个LED（D_5）的检测后，即可移除电路的电源，让电容器C_1通过LED放电几秒钟，直至LED完全熄灭，再移除测试用的连接线。

19.1.8 PIC微控制器编程

现在您需要给IC_1编程，并且将它安装到条形焊接板上。您可以从McGraw-Hill出版社网站下载本项目需要的汇编语言程序和十六进制文件。具体网址为：http://www.mhprofessional.com/ computingdownload。然后您可以按照本书第12章中介绍的内容，用十六进制文件LED Groovy Light Stick.hex给IC_1编程。

1. 汇编程序

本项目中的汇编程序被称为LED Groovy Light Stick.asm。该程序的主体其实就是一个查询表，它包含了生成图像所需要的所有二进制数据。该程序的工作方式和我们在第16章中介绍的背包照明灯项目类似，当然在这里不是多路复用逐列显示，而是将不断变化的显示数据持续提供给单行LED。

在程序中还引用了一些变量，它们决定显示的速度。按下按键开关SW_1，它将连接到输入端口B0，程序将随时监控这个变化，允许您通过按下按键开关来调节显示速度。

该程序的另外一个功能就是：在LED按顺序显示5次之后，程序将进入休眠模式。这意味着微控制器基本上断电，只需要从供电电源获取很少一点电流（微安），直到它接收到外部触发信号再次醒来。这项功能的好处就是无需为电路配置单独的电源开关。SW_1连接到输入端口B0的理由也正是在此，该输入可以被设置为外部触发器，将软件从休眠模式中唤醒。

二进制集成电路组件在查询表中配置的实例如下所示：

```
CODE:                addwf PCL,F1
                     1;
                     retlw B'00100000'
                     retlw B'00100000'
                     retlw B'00000000'
                     retlw B'00000000'
                     retlw B'00100000'
                     retlw B'00100000'
                     retlw B'00000000'
                     retlw B'00000000'
```

以下是汇编程序列表的片段：

```
START:          movlw 31          ;this is the total number of frames in the animation
                movwf FRAME       ;try to limit the number to 31

                clrf DISPL
                clrf MAP
                clrf COUNT

ST:             movf MAP,W
                movwf DISPL       ;display mapping starts at 0

ST1:            movf DISPL,W      ;move display variable into w
                call CODE         ;calls display byte from lookup table
                movwf PORTB       ;moves the lookup value to port B
                call PAUSE        ;pause to stabilize the display
                incf COUNT,W      ;increments count variable
                xorlw 8           ;does count = 8?
                btfsc STATUS,Z
                goto ST2          ;yes, a frame is complete
                incf COUNT,F      ;no, increment count
                incf DISPL,F      ;no, increment display variable
                goto ST1          ;go back to the start again

ST2:            movf MAP,W        ;move map to w
                movwf DISPL       ;move w to display variable
                clrf COUNT        ;clear count
KEY:            btfsc PORTB,0     ;is B0 being pressed?
                call ADJUST       ;yes, adjust speed
                decfsz REPEATF,F  ;decrease repeat, has it reached zero
                goto ST           ;no, keep showing the same frame

NEXT:           movf FAST,W       ;yes, prepare to show the next frame
                movwf REPEATF     ;sets the repeat value to the FAST value again
                movlw 8
                addwf MAP,F       ;adds 8 to the map to shift to the next frame
                decfsz FRAME,F    ;have all animation frames been shown?
                goto ST           ;no, go and show the next 8-byte frame

                decfsz REPEAT,F   ;decrease animation repeat variable
                goto START
                goto SNOOZE       ;the animation has been shown 5 times go into sleep mode

ADJUST:movlw 2
                addwf FAST,W
                xorlw 40          ;does fast = max 40? = slow animation
                btfsc STATUS,Z
                goto RESET        ;yes, adjust speed to max
```

```
            movlw 2
            addwf FAST,F        ;no, increment speed
            return

RESET:      movlw 2             ;yes, moves 2 to w
            movwf FAST          ;makes fast = 1 = very quick animation
            return
```

2. 十六进制文件

您需要下载并编程写入IC_1的十六进制代码文件被称为LED Groovy Light Stick.hex。完整的十六进制代码列表如下所示：

```
:02000000FF28D7
:08000800FF28FF2882072034C5
:10001000203400340034203420340034003410340D0
:10002000103400340034103410340034003408834F8
:10003000083400340034083408340034003404343404
:10004000043400340034043404340034003402343402
:10005000023400340034023402340034003420340DA
:10006000203408340834203420340834083420343450
:10007000203402340234203420340234023410343468
:10008000103404340434103410340434043408343488
:10009000083408340834083408340834083404343484
:1000A000043410341034043404341034103402343462
:1000B000023420342034023402342034203420340FA
:1000C000103408340434043408341034203420343418
:1000D000103408340434043408341034203420343408
:1000E000103408340434043408341034203420340F8
:1000F000303438343C343C3438343034203430E34BA
:100100002A342A3436342A342A343E3436342034DD
:1001100010340434023402340434103420340234F1
:1001200002340834103410340834023402340034F9
:1001300000340034083408340034003400340034 0F
:100140000000341C34143414341C34003400340034AF
:100150003E342234223422342234 3E3400340034FB
:100160000000341C34143414341C340034003400348F
:1001700000340034083408340034003400342234AD
:100180001434083414342234143408341434223 42B
:100190001434083414342234143408341434223 41B
:1001A000003414340034083400341434003 42A3455
:1001B00000341434003 42A34003414340034083445
:1001C0003E3400340834 3E3400340834 3E340834BD
:1001D0003E3408340834 3E3408340834 3E340034A5
:1001E00002340234083408340034203420343E34DD
:1001F0002A343E3436343E342A343E3436340730E2
:100200009F0083160030850001308600C0308100D9
:1002100083121430A20085018601 1030A90029083C
:10022000A4000530A5001F30A800A001A601A70169
```

```
:100230002608A0002008062086004021270A083A48
:1002400003192529A70AA00A1A292608A000A70130
:100250000618352 1A40B18292908A4000830A60780
:10026000A80B1829A50B13294929023029072 83A78
:100270000319 3D290230A90708000230A90008002F
:100280002208A1008B010B1D43290B11A10B43294F
:100290000080010308B00860163008B100530A5002C
:0202A000132920
:02400E00303F41
:00000001FF
```

19.1.9 让它动起来

在完成对IC_1的编程之后，可以将它插入到条形焊接板的双列直插式插槽中，然后在电池座中安装两节AAA电池。您应该立即就能够看到5个LED开始闪烁并改变位置，这是查询表中的二进制数据赋予LED的显示结果。现在您可以用4个螺丝将LED显示器盖子和外壳紧紧地拧在一起。当然，这个时候您可能会想："这效果哪里能显出时髦的意思呢？"而您可以回想一下，视觉暂留效果是需要运动才能出现的，所以如果您能让电光棒运动，从运动开始，您会看到LED生成的不断变化的灯光图案。有很多方式都能让电光棒动起来，而且您会发现，根据所使用方法的不同，灯光图案也会发生不同的变化。

1. 在空中摇动

进入一个黑暗的房间中，直接在空中摇动电光棒，这是最简单的观察灯光图案的方法，也是我们推荐的方法。只要将时髦电光棒握在手中，然后在面前大力挥动，您就应该能看到和图19.11所示相似的效果。

图19.11 摇一摇，更好看

注意，在摇动电光棒时，改变速度也将改变灯光图案的外观。您还可以尝试扩展或减小运动弧度，这样也可以看到图案的变化。或者尝试按下电光棒侧面的按键按钮，调节LED显示的速度。一旦LED完成全部的显示顺序（5次），则IC_1将进入休眠模式，5个LED都将切换到关闭状态。您可以随时通过按下开关按键来唤醒它。

注意 如果您决定将时髦电光棒捆绑到其他旋转或移动的对象上，那么首先需要确认将其外壳牢固地绑定在合适的支架或固定部位，并且这些支架或固定部位也一定要结实、牢靠。另外，您还需要确保开关的塑料头（和螺母）、4个外壳螺丝、LED及其夹子在旋转的时候不会被甩出脱落。旋转马达和自行车轮子都是比较危险的，所以，如果您要将电光棒绑定到这些对象上，那么一定要绝对小心谨慎。在旋转时，不要尝试去触摸电光棒，更不要想着去按开关。如果您决定将本项目安装到自行车上，那么请注意遵守本地有关自行车照明的法律法规，确保这种类型的闪光LED显示器能够在道路上使用。必须指出的是，在自行车上使用本项目，只是为了酷炫好看，而不是出于安全照明的需要。

2. 转起来更好玩

如果电光棒以足够快的速度360°旋转，那么产生的灯光图案看起来真是很不错。最简单和最安全的将电光棒旋转起来的方法就是找到一种手动旋转外壳的方式，例如轮盘。我尝试过这种方法，将一个圆形的塑料片固定在外壳的背面（中心位置），然后旋转。我在塑料片表面上钻了一个小孔，防止外壳在旋转时掉落。

还有一种方法，就是将外壳固定在一个小型的、以电池为动力、速度可以调节的旋转马达上。如果您要采用这种方法，那么需要用合适的固定螺丝，拧紧外壳，这样设备才不会在旋转时甩飞出去。用这种方法产生的灯光图案看起来就像是一个完整的圆形，令人赏心悦目，图19.12所示就是一个很好的范例。改变马达的转速也能改变灯光图案的外观。

图19.12 使用马达旋转电光棒

3. 用自行车轮子来转转看

您还可以考虑将时髦电光棒固定到自行车的车轮上。如果要这样做，那么一定要确认将外壳牢固地绑在车轮的多条轮辐上，这样才能防止外壳松脱或甩飞。您还需要确保外壳在旋转时不会和自行车其他部件（例如，前后叉或刹车皮）接触。这种方法产生的灯光效果如图19.13所示。

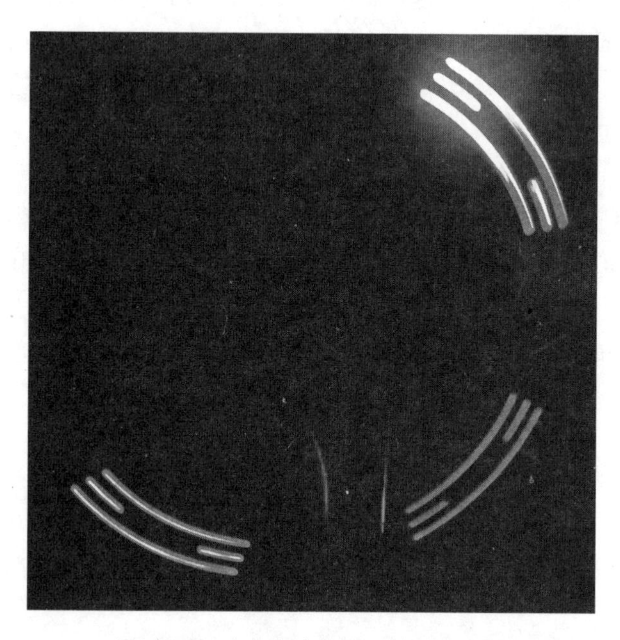

图19.13 在自行车轮子上旋转电光棒

注意　如果您想要将电光棒作为永久性的装饰固定在自行车上，那么需要使用更小一些的防水外壳。

4. 手套LED

还有一个我认为值得进一步探讨的主意，那就是将5个LED分别安装在手套的5个手指上。电子元器件部分仍然可以保留在外壳中，并且通过互连导线与5个LED连接，外壳可以隐藏在袖子中或绑定在前臂上。然后我们只要把设备打开，双手用力挥动（其实是摇动手套）就可以看到灯光图案在空中移动变化。您需要找到一种合适的方法来将LED固定到手套中，并且还需要多次试验，以找到将LED安装在手套上的最佳位置，产生最佳的视觉暂留效果。

19.1.10　进一步的改进

如果您知道如何编写汇编程序或如何修改我们提供的汇编程序，那么可以通过修改程序查询表中的二进制代码，设计自己的灯光图案。您还可以考虑其他一些电路修改方案，例如，用7个LED而不是5个，或者用三色LED而不是单色LED。如果您决定用5个三色LED，那么需要用到端口A，并且相应地修改电路设计。

第20章

在点阵显示器上显示数字：点阵计数器

如果您已经完成本书中的项目6（微型数字显示记分牌）和项目14（三位数计数器），那么您就已经组装了两种类型的计数器，这两种计数器都是用标准的七段LED显示器来产生数字。在这些应用中，七段显示器工作得很好，但是它也有一个缺陷，那就是通过这种方式显示的数字非常有限。本章的项目为您展示了另外一种显示方法，它采用了一个小巧简便的5×7点阵LED显示器，如图20.1所示。该电路利用视觉暂留效果显示数字，您可以通过按键按钮在两种稍有差异的字符集之间进行选择。

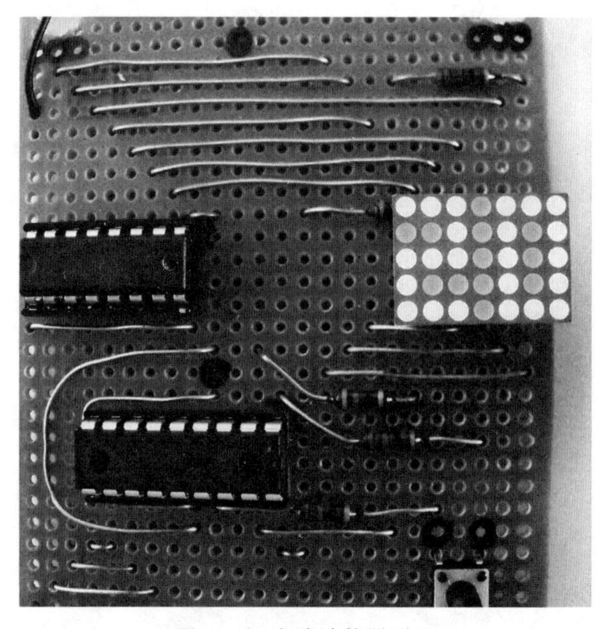

图20.1　点阵计数器项目

20.1 项目19 点阵计数器

如果您已经阅读过本书第17章，并且组装过数字示波器显示屏，那么您应该已经了解如何用点阵LED显示器产生视觉暂留效果。这是本书中第一个允许我们利用视觉暂留效果生成可读数字的点阵LED显示器项目。有关视觉暂留概念的详细信息，请参阅本书第15章。

项目说明

- 该两位数计数器可以从0计数到99。
- 点阵显示器由35个LED组成，其排列形式为5×7LED矩阵（0.7in）。
- 该显示器提供了两种不同的可选字符集。
- 使用一个按键按钮即可累加计数、复位计算机以及选择字符集等。
- 供电电压为3V。

20.1.1 电路工作原理

点阵计数器项目的电路图如图20.2所示。该电路的核心是PIC16F628微控制器（IC_1），它连接到一个很小的、0.7in共阳极点阵显示器（5×7LED）。

该电路图显示，IC_1的端口B（RB_0~RB_6）的正极驱动输出直接连接到ULN2003的引脚1~7，它们被转换为引脚10~16上的负极输出。这些负极输出可以从共阳极LED矩阵的每一列灌入电流。端口A的正极输出通过各自的电阻器（R_1~R_5）送出。在本设计中被设置为输出的端口A包括RA_0、RA_1、RA_2、RA_3和RA_6。在我最初的设计原型中，使用的是RA_4而不是RA_6，但是RA_4需要额外的负载电阻器提供输出。由于本设计使用了微型处理器的内部4MHz晶体振荡器，并不需要外部时钟振荡器，所以我决定使用RA_6输出而不是RA_4。端口RA_4和RA_7未被使用，因此在软件中被设置为输出并且保留为空。

从IC_1的每个输出获取的最大输出电流为25mA，因此，在用3V电源供电时，电阻器R_1~R_5都被设置为限制LED电流小于20mA。从IC_1的每个输出灌入的最大电流也是25mA，并且还要记住，字符列可能需要将所有5个端口的输出都切换为打开状态，这意味着当它们被激活时，很可能需要从端口B的输出获取超过100mA的电流。所以，端口B的每个输出都要采用一种电流缓冲方法。我最开始考虑的是用7个单独的晶体管，但后来我想要一个更加整洁干净的条形焊接板布局，所以决定使用ULN2003缓冲芯片。如果您已经完成了本书第9章或第16章中的项目，那么您可能已经接触过ULN2003缓冲芯片了。该芯片可以安装在标准的16引脚集成电路双列直插式封装中，能够输出的电流最高可达500mA，这对于本应用项目来说已经足够了。

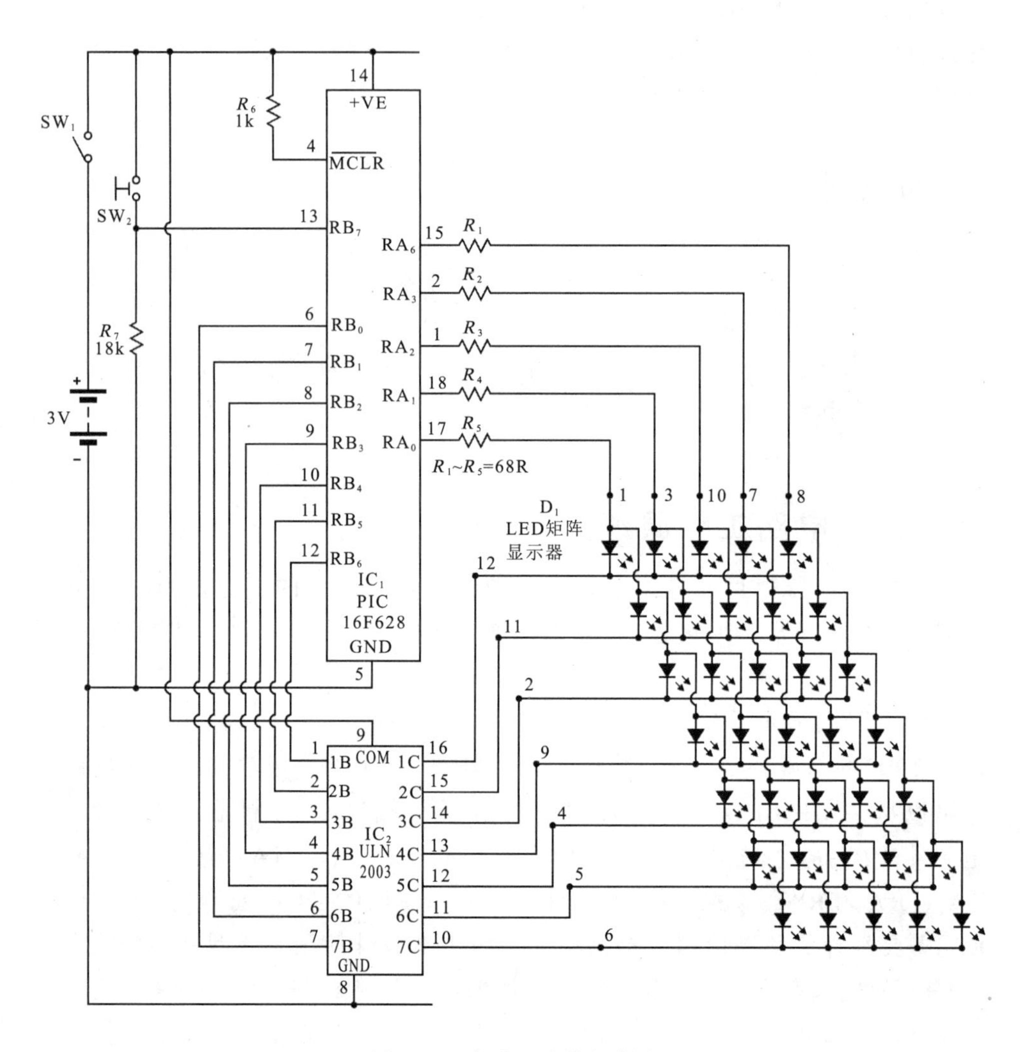

图20.2 点阵显示器电路图

SW_1是电源开关，SW_2一般情况下是一个打开的（NO）按键开关，它由程序进行监控，可用于累加计数器和将计数复位到00。SW_2连接到端口RB_7，RB_7被设置为输入，并且一般情况下通过电阻器R_7保持低电平状态；当按钮被按下时，端口RB_7将到达高电平状态。

20.1.2　项目零部件列表

点阵计数器项目所需要的零部件列表见表20.1。

表20.1　点阵计数器零部件列表

代　码	数　量	说　明	供应商和零部件编号
IC_1	1	PIC16F628-04/P微控制器	RS Components 379-2869（制造商编号：Microchip Technology Inc.PIC16F628-04/P）
IC_2	1	ULN2003A达林顿晶体管阵列	RS Components 436-8451
R_1~R_5*	5	68Ω 0.5W ±5%容差碳膜电阻器	-
R_6	1	1kΩ0.5W ±5%容差碳膜电阻器	-
R_7	1	18kΩ0.5W ±5%容差碳膜电阻器	-
D_1	1	0.7in 5×7共阳极红色点阵LED显示器 V_F（典型值）=2V，I_F（典型值）=20mA	RS Components247-3141（制造商编号：Kingbright TA07-11EWA）
SW_1	1	单刀面板安装切换开关，额定电流2A	RS Components710-9674
SW_2	1	6mm×6mm瞬时按键开关，17mm高，额定电流50mA	RS Components 479-1463（20个一包）
硬件	1	条形焊接板，2.54mm孔距，37孔宽×24轨道高	-
硬件	1	18引脚双列直插式插槽	-
硬件	1	16引脚双列直插式插槽	-
硬件	1	20路转向引脚单列直插式插槽（需裁剪大小；有关详情请参考本章文字说明）	RS Components 267-7400（5个一包）
硬件	1	AAA电池座（2节AAA电池）	RS Components 512-3552
硬件	2	AAA电池（1.5V）	-

*说明：如果您使用了和本零部件列表中不同的V_F和I_F值的LED点阵显示器，那么您可能需要修改这些LED串联电阻器的电阻和瓦数值。具体的做法请参考本书第2章。另外还需要考虑到IC_1的最大电流输出能力，有关详情可参考本书第12章。

说明　表20.1以单独的列显示了我在本项目中所使用的特定零部件的供应商和零部件编号，您可以参考本书附录或通过网络搜索等方式查找和购买您所需要的零部件。

20.1.3 条形焊接板布局

点阵计数器的条形焊接板布局如图20.3所示。

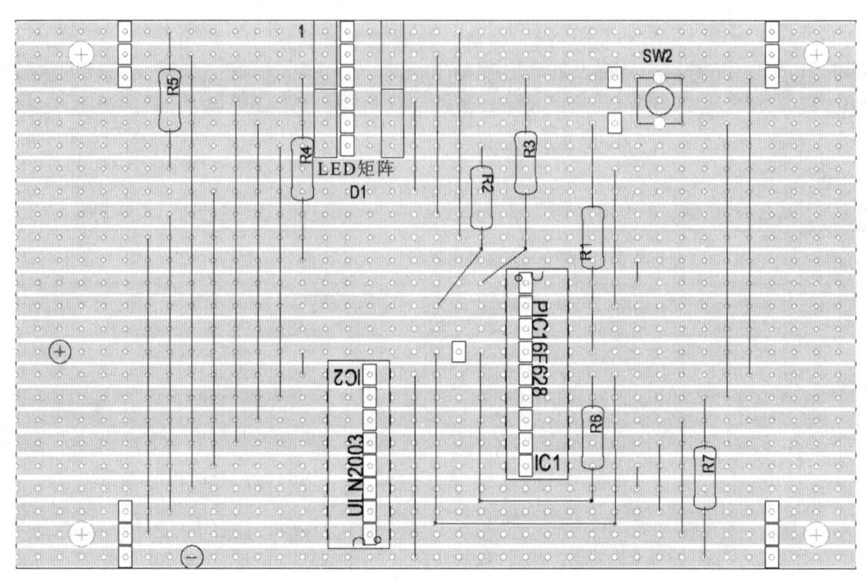

图20.3 点阵计数器项目的条形焊接板布局图

本电路是在一块37孔宽 × 24轨道高的条形焊接板上组装的。在将元器件焊接到位之前，您需要制作26个轨道切口，它们中的很多都在双列直插式插槽的下面，另外还有12个轨道切口位于4个安装孔的旁边，这4个安装孔都在角上，每个角都需要钻出一个安装孔，旁边则是3个轨道切口。轨道切口在条形焊接板布局图中是以白色矩形块显示的。

20.1.4 组装及测试电路板

说明 请参考本书第1章中的焊接提示和技巧，并遵照条形焊接板的一般组装原则进行操作。

您可以按照图20.3所示的条形焊接板布局图来仔细地组装该项目。注意，点阵显示器（D_1）并不是直接焊接在条形焊接板上，需要先焊接两个6路旋转引脚的单列直插式插槽（从20路单列直插式插槽裁剪而来），然后再将显示器D_1插入到这些插槽中。还需要确认点阵显示器是按正确的方向插入的，它的引脚1应该匹配在图20.3所示的位置。我所使用的点阵显示器的下侧如图20.4所示，您将注意到在显示器的一侧有一个凸起的酒窝，这表示该侧包含的是引脚7~12。如果您使用的点阵显示器和我在零部件列表中标明的并不相同，那么它可能会采用不同的引脚标示方法。如果出现了这种情况，需要修改条形焊接板布局，以适应点阵显示器。无论如何，您都应该查看制造商的技术参数表，以确认点阵显示器的插脚配置。

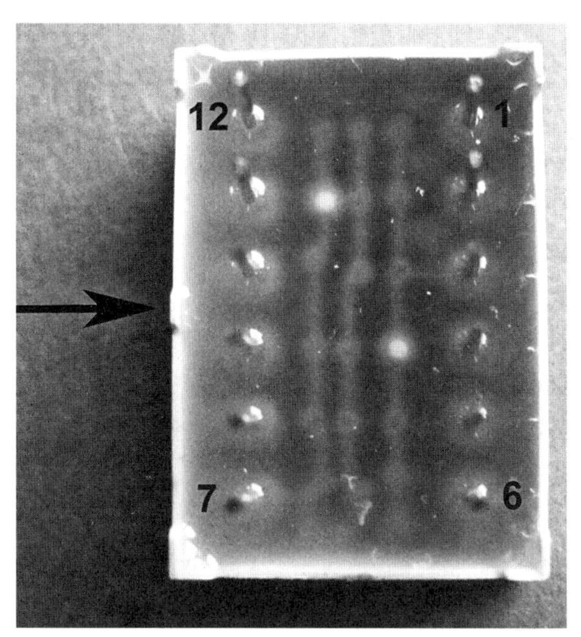

图20.4　我所使用的点阵显示器的引脚配置（箭头指示了突起酒窝的位置）

已经组装完成的条形焊接板外观如图20.5所示。

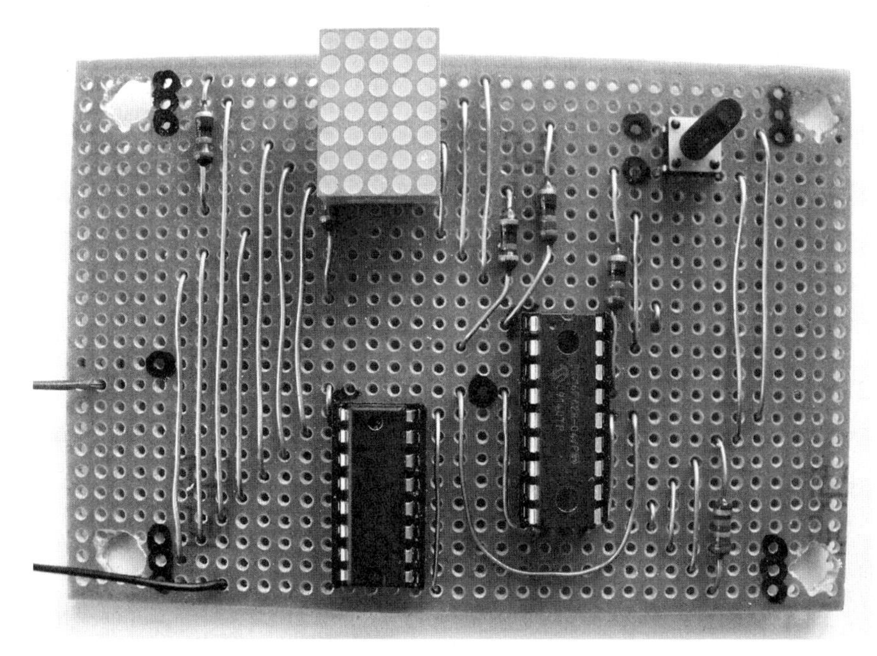

图20.5　已经组装完成的点阵计数器条形焊接板

在完成条形焊接板的组装之后，应该执行某些检查，以确认在IC_1和IC_2的双列直插式插槽的相关引脚上出现了正确的电压。在将IC_1插入到位之前，还应检查点阵显示器上的35个LED是否能正常运行。要执行该项检查，首先需要将IC_2插入到双列直插式插槽中，在插入时请参考图20.3，注意其安装方向。然后，将一个正极电压连接到IC_1的双列直插式插槽的引脚17，并给IC_1的双列直插式插槽的引脚6施加一个正极电压，此时电路图右下角的LED会点亮。接下来您可以一直保持IC_1的双列直插式插槽的引脚17的电源连接，然后依次给IC_1的双列直插式插槽的引脚6~12施加正极电压。在完成第一排LED的测试之后，重复上述过程，但是这次需要将正极电压固定连接到IC_1的双列直插式插槽的引脚18，然后依次给IC_1的双列直插式插槽的引脚6~12施加正极电压，这样测试的就是第二排LED。可以按照电路图继续上述测试，直到全部35个LED都能按预期运行。注意，第三排需要将正极电压固定连接到IC_1的双列直插式插槽的引脚1，第四排需要将正极电压固定连接到IC_1的双列直插式插槽的引脚2，第五排需要将正极电压固定连接到IC_1的双列直插式插槽的引脚15，而对各排LED的检测都是依次给IC_1的双列直插式插槽的引脚6~12施加正极电压。

20.1.5 PIC微控制器编程

现在您需要给IC_1编程，并且将它安装到条形焊接板上。您可以从McGraw-Hill出版社网站下载本项目需要的汇编语言程序和十六进制文件。具体网址为：http://www.mhprofessional.com/ computingdownload。然后您可以按照本书第12章中介绍的内容，用十六进制文件LED Dot Matrix Counter.hex给IC_1编程。

1. 汇编程序

本项目中的汇编程序被称为LED Dot Matrix Counter.asm。该文件包含一些有关程序运行原理的详细批注。在本书第21章中，我们还将为您详细解释程序是如何使图像出现在点阵显示器上的。

2. 十六进制文件

您需要下载并编程写入IC_1的十六进制代码文件被称为LED Dot Matrix Counter.hex。完整的十六进制代码列表如下所示：

```
:0200000063287З
:080008006328632882070034lD
:1000100004340834OC341034143418341C342034B0
```

```
:10002000243482070E3411340E34003412341F3459
:100030001034003419341534123400341134l534AA
:100040000A34003407340434lF34003413341534B4
:100050000D3400340E34153409340034013410D34A9
:10006000033400340A3415340A34003412341534 9D
:100070000E34003482071F3411341F34003400342E
:100080001F34003400341D3415341734003411 3457
:1000900015341F34003407340434lF3400341734 4B
:1000A00015341D3400341F3415341D34003401342C
:1000B0001341F3400341F3415341F34003407 3426
:1000C0005341F3400348601A001A201A101A4015E
:1000D000A501A901AA01AB01AC01AE0183168501FE
:1000E0008030860081308100831203 30A3003230DB
:1000F0008400A1010430A8002908A7000F390620B8
:10010000A70027082E1811202E1C3A208000840AF0
:10011000A70AA80B81280430A8002A08A7000F39D5
:100120000620A70027082E1811202E1C3A20800038
:10013000840AA70AA80B9228A201A601A401A5017E
:100140003230840032 30A400A101A628860101309B
:10015000A00024088400861BD020861FAB012C0839
:10016000FF3A0319E4202408A1002108073EA50056
:10017000A20A22082306031977288601 0008A7008F
:10018000271A271727088500 20088600F820A00DC9
:10019000A10A210825060319A62821088400BD28E4
:1001A000AC0A2B180800AA0A2A080A3A0319DB2805
:1001B0002B14AC010800AA01A90A29080A3A03195C
:1001C000E4282B14AC010800A901AA012B142C0867
:1001D000FF3A0319ED20AC010800AC01861F0800AE
:1001E000AC0A01212C08FF3A031DEE28AE0A0800D4
:1001F0000230AD008B010B1DFB280B11AD0BFB2852
:1002000008000A30AD008B010B1D04290B11AD0B4A
:0402100004290800B5
:02400E00303F41
:00000001FF
```

20.1.6 计数时间到

在用十六进制代码给IC_1编程之后，可以将它插入到条形焊接板上的双列直插式插槽中，并且连接3V供电电源。如果您将条形焊接板旋转一下，那么应该立即看到在显示器上出现两个零（00），如图20.6所示。

按下开SW_2后松开，计数器将累加1，得到01。每次按下SW_2键，计数都将累加1，直到99，然后再次回到00。如果按下SW_2不松开，而是保持几秒钟的时间，则计数器显示空白，此时松开SW_2键，则显示器又复位到00。

图20.6 显示器最开始时将显示00

现在我们来体验一项有趣的功能。如果持续按住SW_2键，在显示器被清空之后仍然不松开并保持几秒钟时间，则数字字符集将变成第二种字符集。现在可以在计数器中采用新的字符集。如果您想回到第一种字符集，那么还可以按上面介绍的方法切换回来。这两种不同的数字字符集已经编程写入IC_1中，其外观如图20.7所示。在通电之后，点阵计数器默认使用的是第二种字符集。

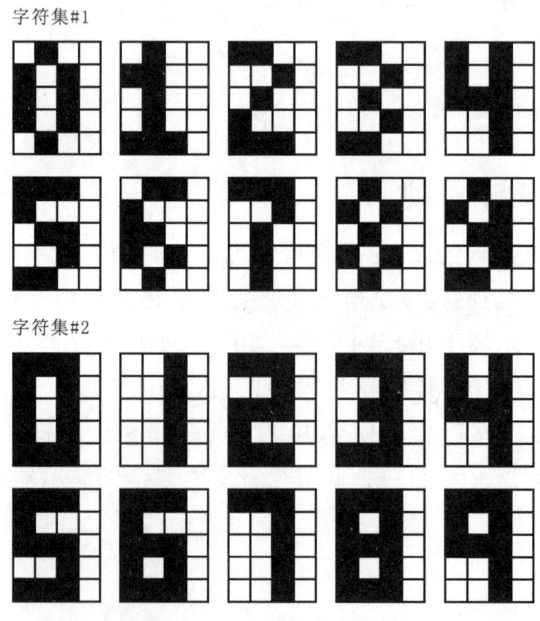

图20.7 两种数字字符集

说明 本项目的微控制器电路布局并未在电池正极（+）和负极（-）之间添加去耦电容器，以平稳供电电压，帮助避免潜在的电路伪触发。我之所以未在电路布局中包含去耦电容器，是因为该电路在没有它时也能工作得很好。如果您在项目中遇到了问题，那么可以尝试在电路的正极和接地线路之间添加一个100nF或0.1μF（最小额定电压为10V）的电容器，看一看这样是否能解决问题。

20.1.7　外壳和其他应用方法

如果您想将点阵计数器用作简单的计数器或记分牌，那么可以将该电路装入一个大小合适的外壳中。在电子器材商店应该能购买到这样的外壳。您也可以轻松地修改条形焊接板布局，来接收数字输入信号，而不是通过开关来累加计数器。

本书第21章将为您介绍本电路设计的一个完全不同的应用，并且提供了更加详尽的关于电路和显示器软件运行原理的解释。

第21章

在点阵显示器上创建动画和滚动文字："算命"器

图21.1 "算命"器

本项目为您展示了如何在单个点阵显示器上生成移动的消息和动画，将点阵显示和视觉暂留效果应用的水平提高到一个新的台阶。在本书第15章有关于视觉暂留效果的详细说明。本章项目的创意，来源于在很多电子游戏厅、游乐园和集市上都能看到的"算命"机器。您投入一个硬币到机器里面，再问一个问题，然后您就会收到一个揭示您命运的答案。例如，您可能会问："我的女友会和我结婚吗？"，"算命"机器在收到一个硬币之后就会随机发一条消息出来预测您的命运，例如："不可能！"。

图21.1所示就是我组装的"算命"器，它当然不能给您的命运提供任何准确的预测，但是当按钮被按下时，它确实能够提供一条简短的、通用的答案，这足以使

它成为家庭娱乐或朋友聚会中一个令人开心的趣味玩具。

本章还将深入探讨如何用软件生成字母、数字、字符，并使它们在显示屏上滚动。另外我们还将为您介绍如何用一个稍微有点与众不同的外壳来封装该电子设备。

21.1　项目20　"算命"器

本项目使用了和第20章中的项目相同的电路设计和条形焊接板布局，但是，编程写入PIC微控制器中的十六进制代码却是截然不同的。如果您尚未组装第20章的点阵计数器项目，那么也不必担心，因为本章我们也会详细解释电路板的组装方法。

- 点阵显示器由35个LED组成，其排列形式为5×7LED矩阵（0.7in）。
- 在写入微控制器的程序中将包含一个简化的包含39个数字字母的字符集。
- 将有15条包含16个字符的"算命"消息在显示器中滚动出现。
- 在"算命"器"算命"时，同时会有一个很短的28帧动画显示。
- 该电子设备将安装在一个与众不同的透明亚克力外壳中。
- 供电电压为3V。

21.1.1　电路工作原理

本项目的电路图如图21.2所示。如果您此前已经组装过20章的点阵计数器项目，那么您会发现该项目的电路图和点阵计数器完全一样。该电路的核心是PIC16F628微控制器（IC_1），它连接到D_1，也就是一个很小的、0.7in共阳极点阵显示器（5×7LED）。

该电路图显示，IC_1的端口B（RB_0~RB_6）的正极驱动输出直接连接到ULN2003的引脚1~7，它们被转换为引脚10~16上的负极输出。这些负极输出可以从共阳极LED矩阵的每一列灌入电流。端口A的正极输出通过各自的电阻器（R_1~R_5）送出。在本设计中被设置为输出的端口A包括RA_0、RA_1、RA_2、RA_3和RA_6。在我最初的设计原型中，使用的是RA_4而不是RA_6，但是RA_4需要额外的负载电阻器提供输出。由于本设计使用了微型处理器的内部4MHz晶体振荡器，并不需要外部时钟振荡器，所以我决定使用RA_6输出而不是RA_4。端口RA_4和RA_7未被使用，因此在软件中被设置为输出并且保留为空。从IC_1的每个输出获取的最大输出电流为25mA，因此，在用3V电源供电时，电阻器R_1~R_5都被设置为适应该电流。

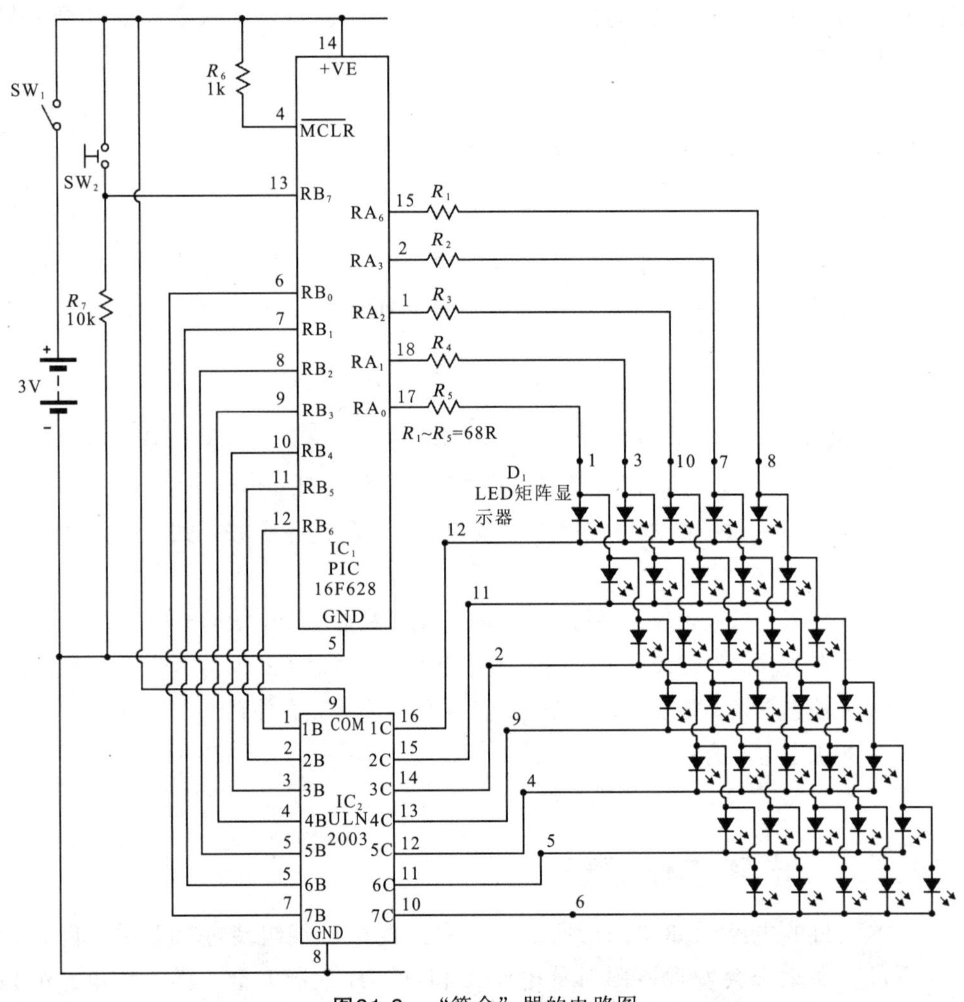

图21.2 “算命”器的电路图

说明 本项目中的电阻器R_1～R_5（包括本书第20章中的项目）在使用部件列表中列出的点阵显示器时，都被设置为限制LED电流小于20mA。

从IC_1的每个输出灌入的最大电流也是25mA，并且还要记住，字符列可能需要将所有5个端口的输出都切换为打开状态，这意味着当它们被激活时，很可能需要从端口B的输出获取超过100mA的电流。出于这个理由我决定使用ULN2003晶体管阵列芯片，而不采用7个LED列。如果您已经完成了本书第9章或第16章中的项目，那么您可能已经接触过ULN2003缓冲芯片了。

SW_1是电源开关，SW_2一般情况下是一个打开的（NO）按键开关，它由软件进行监控，可以用作“问我一个问题”的按钮。按下该按钮，可以使微控制器选择一条随机的消息显示在LED显示器上。SW_2连接到端口RB_7，它被设置为输入，一般情况下通过电阻器R_7保持低电平状态；当按钮被按下时，端口RB_7将到达高电平状态。

21.1.2　项目零部件列表

“算命”器项目所需要的零部件列表见表21.1。

表21.1　“算命”器零部件列表

代码	数量	说明	供应商和零部件编号
IC_1	1	PIC16F628-04/P微控制器	RS Components 379-2869（制造商编号：Microchip Technology Inc.PIC16F628-04/P）
IC_2	1	ULN2003A达林顿晶体管阵列	RS Components 436-8451
R_1~R_5*	5	68Ω 0.5W ±5%容差碳膜电阻器	-
R_6	1	1kΩ0.5W ±5%容差碳膜电阻器	-
R_7	1	18kΩ0.5W ±5%容差碳膜电阻器	-
D_1	1	0.7in 5×7共阳极红色点阵LED显示器 V_F（典型值）=2V，I_F（典型值）=20mA	RS Components 247-3141（制造商编号：Kingbright TA07-11EWA）
SW_1	1	单刀面板安装切换开关，额定电流2A	RS Components 710-9674
SW_2	1	6mm×6mm瞬时按键开关，17mm高，额定电流50mA	RS Components 479-1463（20个一包）
硬件	1	条形焊接板，2.54mm孔距，37孔宽×24轨道高	-
硬件	1	18引脚双列直插式插槽	-
硬件	1	16引脚双列直插式插槽	-
硬件	1	20路转向引脚单列直插式插槽（需裁剪大小；有关详情请参考本章文字说明）	RS Components 267-7400（5个一包）
硬件	1	AAA电池座（2节AAA电池）	RS Components 512-3552
硬件	2	AAA电池（1.5V）	-
硬件	1	外壳（有关详情请参考本章文字说明）	-

*说明：如果您使用了和本零部件列表中不同的V_F和I_F值的LED点阵显示器，那么您可能需要修改这些LED串联电阻器的电阻和瓦数值。具体的做法请参考本书第2章。另外还需要考虑到IC_1的最大电流输出能力，有关详情可参考本书第12章。

说明　表21.1以单独的列显示了我在本项目中所使用的特定零部件的供应商和零部件编号，您可以参考本书附录或通过网络搜索等方式查找和购买您所需要的零部件。

21.1.3 条形焊接板布局

“算命”器项目的条形焊接板布局和第20章中的项目是一样的，如图21.3所示。在将元器件焊接到位之前，您需要制作26个轨道切口，它们中的很多都在双列直插式插槽的下面，另外还有12个轨道切口位于4个安装孔的旁边，这4个安装孔都在角上，每个角都需要钻出一个安装孔，旁边则是3个轨道切口。轨道切口在条形焊接板布局图中是以白色矩形块显示的。

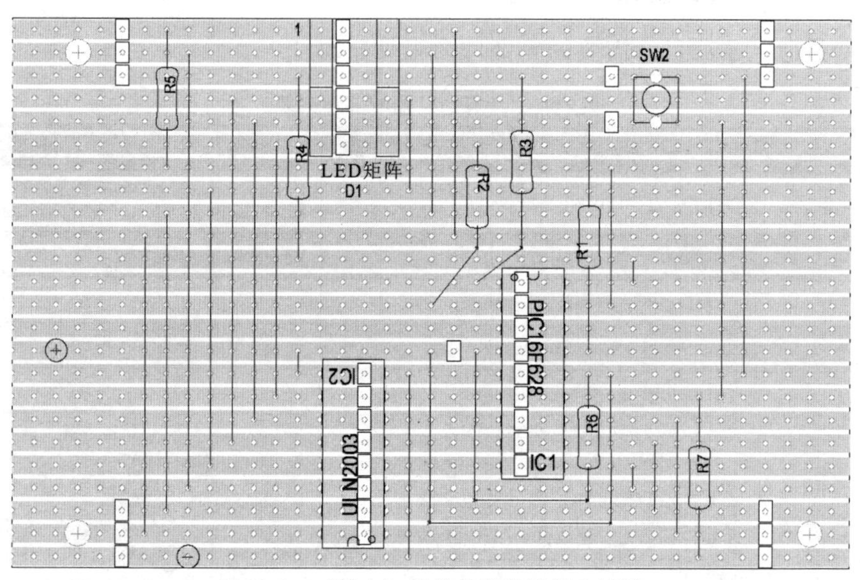

图21.3 “算命”器的条形焊接板布局图

21.1.4 组装及测试电路板

说明 请参考本书第1章中的焊接提示和技巧，并遵照条形焊接板的一般组装原则进行操作。

您可以按照图21.3所示的条形焊接板布局图来仔细地组装该项目。注意，点阵显示器（D_1）并不是直接焊接在条形焊接板上，需要先焊接两个6路旋转引脚的单列直插式插槽（从20路单列直插式插槽裁剪而来），然后再将显示器D_1插入到这些插槽中。还需要确认点阵显示器是按正确的方向插入的，它的引脚1应该匹配在图21.3所示的位置。我所使用的点阵显示器的下侧如第20章的图20.4所示，您将注意到在显示器的一侧有一个凸起的酒窝，这表示该侧包含的是引脚7~12。这意味着如果从图21.3上看，那么每个显示器凸起的酒窝应该朝向板子的右手侧。如果您使用的点阵显示器和我在零部件列表中标明的并不相同，那么它可能会采用不同的引脚标示方法。如果出现了这种情况，需要修改条形焊接板布局，以适应点阵显示器。无论如何，您都应该查看制造商的技术参数表，以确认点阵显示器的引脚配置。

已经组装完成的条形焊接板外观如图21.4所示。

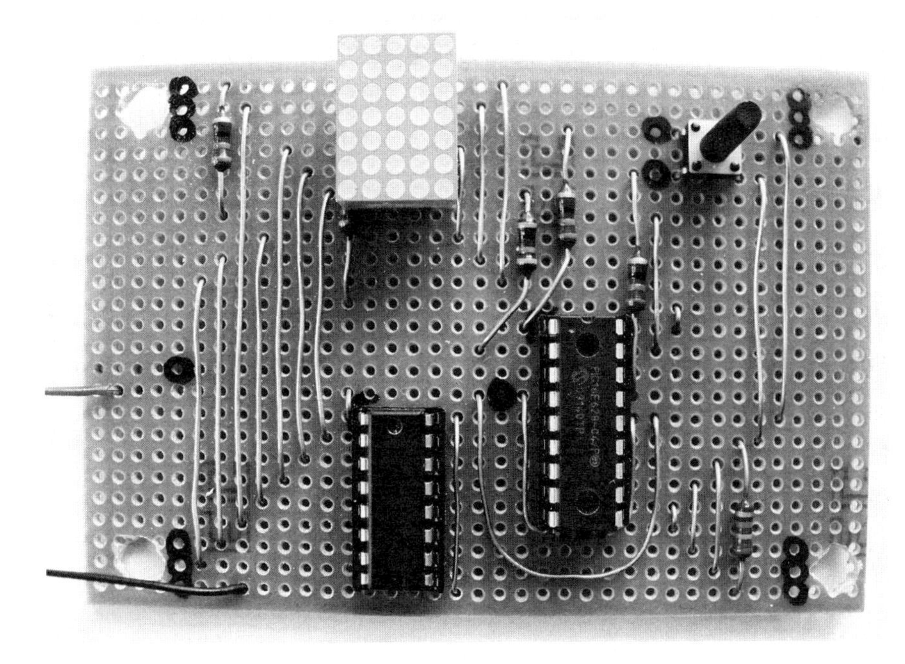

图21.4　已经组装完成的"算命"器条形焊接板

在完成条形焊接板的组装之后，应该执行某些检查，以确认在IC_1和IC_2的双列直插式插槽的相关引脚上出现了正确的电压。在将IC_1插入到位之前，还应检查点阵显示器上的35个LED是否能正常运行。要执行该项检查，首先需要将IC_2插入到双列直插式插槽中，在插入时请参考图21.3，注意其安装方向。然后，将一个正极电压连接到IC_1的双列直插式插槽的引脚17，并给IC_1的双列直插式插槽的引脚6施加一个正极电压，此时电路图右下角的LED会点亮。接下来您可以一直保持IC_1的双列直插式插槽的引脚17的电源连接，然后依次给IC_1的双列直插式插槽的引脚6~12施加正极电压。在完成第一排LED的测试之后，重复上述过程，但是这次需要将正极电压固定连接到IC_1的双列直插式插槽的引脚18，然后依次给IC_1的双列直插式插槽的引脚6~12施加正极电压，这样测试的就是第二排LED。可以按照电路图继续上述测试，直到全部35个LED都能按预期运行。注意，第三排需要将正极电压固定连接到IC_1的双列直插式插槽的引脚1，第四排需要将正极电压固定连接到IC_1的双列直插式插槽的引脚2，第五排需要将正极电压固定连接到IC_1的双列直插式插槽的引脚15，而对各排LED的检测都是依次给IC_1的双列直插式插槽的插脚6~12施加正极电压。

说明 本项目的微控制器电路布局并未在电池正极（+）和负极（-）之间添加去耦电容器，以平稳供电电压，帮助避免潜在的电路伪触发。我之所以未在电路布局中包含去耦电容器，是因为该电路在没有它时也能工作得很好。如果您在项目中遇到了问题，那么可以尝试在电路的正极和接地线路之间添加一个100nF或0.1μF（最小额定电压为10V）的电容器，看一看这样是否能解决问题。

21.1.5 PIC微控制器编程

现在您需要给IC_1编程，并且将它安装到条形焊接板上。您可以从McGraw-Hill出版社网站下载本项目需要的汇编语言程序和十六进制文件。具体网址为：http://www.mhprofessional.com/computingdownload。然后您可以按照本书第12章中介绍的内容，用十六进制文件LED Destiny Predictor.hex给IC_1编程。

1. 汇编程序

本项目的汇编程序太长了，不方便在这里直接显示，但是，我们将在后面对其运行原理做更加详细的解释。该汇编程序的文件名为LED Destiny Predictor.asm，它里面已经包含了关于程序运行的详细批注。

2. 十六进制文件

您需要下载并编程写入IC_1的十六进制代码文件为LED Destiny Predictor.hex。完整的十六进制代码列表如下所示：

```
:02000000ED28E9
:08000800ED28ED288207003409
:1000100004340834 0C341034143418341C342034B0
```

```
:1000C0001034103400341F3402341F3400341E3412
:1000D00001341E3400340E3411340E3400341F3415
:1000E000053406340034063409341634 00341F3421
:1000F00005341A340034123415340934003401 3410
:100100001F34013400340F3410340F3400340734FA
:1001100018340734 00341F3408341F3400341B34BF
:1001200004341B3400341734143 40F3400341934BD
:1001300015341334 00340E3411340E3400341234B8
:100140001F3410340034193415341234003411348F
:1001500015340A3400340734 04341F3400341334A3
:1001600015340D3400340E3415340934003401 34A0
:100170001D3403340 0340A3415340A340034123484
:1001800015340E340034013415340234003400 3494
:100190000334003400348207003410342034303407
:1001A000403450346034703480349034A034B034EF
:1001B000C034D034E034F034820761347334 6B34AB
:1001C0002034613420347134753465347334743 4BC
:1001D00069346F346E3420342034831685018030C6
:1001E0008600803081008312283 0A3001430A400E0
:1001F0008601A001A201A101A901A501A601AB01EF
:100200008A01AD011030AC002E3084008001840AD8
:100210002908073A03190E29A90A06290430A9005A
:10022000AD1F472902308A0021080022A8008A0158
:100230002808203A0319392928083F3A03193C298C
:100240002808273A03193F29281F42292813A812F2
:1002500028080620A80028082E208000AA0A840A60
:10026000A80AA90B2B29A10A21082C0603194B293E
:100270000E290030A80028292530A800282926307A
:10028000A80028292812A8121B30A807282921080D
:10029000DC20A8001829A9018001840A2908073A4E
:1002A00003195429A90A4C29A201A701A501A601F5
:1002B0002E3084002E30A500A1010130A0002508B9
:1002C00084002508A1002108073EA600A20A2208F2
:1002D000230603198129860186 1BF12A0008A8003C
:1002E000281A28172808850020088600 8921A00DD3
:1002F000AA0AA10A2108260603195D2921088400FB
:100300006B29A70AA2012708483A0319F828A50A69
:100310005D290130AB008B010B1D8C290B11AB0B40
:100320008C2908008A01861F9729AA0A93292A087E
:100330000F39A80028080F3A0319A8012808CB2074
:0E034000A1002108103EAC00AD17A901042950
:1004000082076D346F34723465342034743468 3448
:1004100061346E3420346C3469346B3465346C343C
:100420007934493427346D3420347334613479 3469
:1004300069346E34673420346E346F3420342034A1
:100440002034643465346634693 46E346934743409
:1004500065346C34793420347934653473342034 21
:10046000203469347434273473342034613420 34B4
:1004700073346134663465342034623465347434E2
:100480002034693420347034723465346434693 40F
:1004900063347434203461342034 6E346F34203447
```

```
:1004A000203470346C3465346134733465342034F2
:1004B000613473346B3420346134673461346934AB
:1004C0006E3479346534733420347934653473345C
:1004D000203479346534733420347934653473349A
:1004E0002034693427346D342034733461347934E2
:1004F00069346E346734203479346534733420348D
:10050000203469347434203477346F346E342734B3
:100510007434203468346134703470346534 6E342B
:10052000203474347234793420346134673461 3463
:1005300069346E3420346C34613474346534723 40C
:10054000203469342034703472346534643469344E
:10055000633474342034613420347934653473 3432
:1005600020346E346F347434203461342034633476
:100570006834613466E34633465342034203420347C
:10058000203469342034683461347634653420345E
:100590006E346F3420346134 6E3473347734653 4A0
:1005A00072346934743420347734693 46C346C3484
:1005B000203468346134703470346534 6E342034DF
:1005C0002034693420346E3465346534643420 3426
:1005D00074346F342034743468346934 6E346B345A
:1005E00020348601A001A201A101A501A601AB0151
:1005F00004308A00A201A701A501A601FF2A01304B
:10060000A0002508A1002108073EA600A20A220892
:100610002406 0319202B8601861F922921081D24F8
:10062000A800281A2817280885002008860089 2194
:10063000A00DAA0AA10A210826060319FF2A0B2BDE
:10064000A70AA20127081C3A0319FA2A270800243E
:10065000A500FF2A0130AB008B010B1D2D2B0B11C8
:06066000AB0B2D2B08007E
:1008000082070034073 40E3415341C3423342A3460
:10081000313438343F3446344D3454345B346234EC
:100820006934703477347E3485348C3493349A341C
:10083000A134A834AF34B634BD3482070034003458
:10084000003404340034003400340034003 40E34F6
:100850000A340E3400340034003 41F34113411349F
:1008600011341F3400341F341134113411341134 55
:1008700011341F3400341F3411341134113 41F3437
:10088000003400340034 0E340A340E3400340034A2
:100890000034003400340434003400340034 0434B0
:1008A00000340034003400340034043 40A34043496
:1008B000003400340034043 40A3411340A3404346B
:1008C000003404340A341134003411340A3404344A
:1008D0000A341134003400340034153 40A34153429
:1008E000003400340034043 40A3411340A3404343B
:1008F000003404340A341134003411340A3404341A
:100900000A341134003400340034113 40A34113400
:100910000034003400340034003411340034003426
:100920000034003400340034003400340034103417
:1009300000340134003400340034103408341134ED
:1009400002340134003410340834053 40A341434C9
:1009500002340134083404340234043408340434D6
:1009600002340434023405340A34143408340434B0
```

```
:10097000023401340834113402341034083401 34A0
:10098000003410340034013400341034003400 34A6
:10099000003400340034003400340034003400 34B7
:1009A000003400340034003400340034003400 34A7
:1009B000003400340034003400340034003400 3497
:0409C00000340034CB
:02400E00303F41
:00000001FF
```

3. 创建移动字符

为本项目编写的程序包含15条16个字符的预先编制的消息，当“问我一个问题”按钮被按下时，这15条消息将被随机抽取一条显示在“算命”器的屏幕上。本程序包含一些实用的数据操纵技巧，并且可以将标准的表格化ASCII文本转换为可以沿着LED点阵显示器滚动显示的格式。该程序还使用了PCLATH函数，允许在整个程序中定位各种文本和图像表，而不是像一般情况那样，仅仅在应用程序的前256个字节中进行定位。随机消息将显示在一小块LED点阵显示器上（7个LED宽×5个LED高）。一般情况下，LED消息显示使用传统的ASCII字符，其大小为5LED宽×7LED高。但是由于我们使用的是一块5×7的点阵，所以，由于空间方面的条件限制，本设计使用的字符只有4个LED宽×5LED高，刚好允许两个文本字符同时出现在屏幕上。

在本章前面提供的电路图21.2中，您可以看到，IC_1用5个端口A输出来驱动5个纵向LED行，同时用了7个端口B输出来驱动7个横向LED列，如图21.5所示。

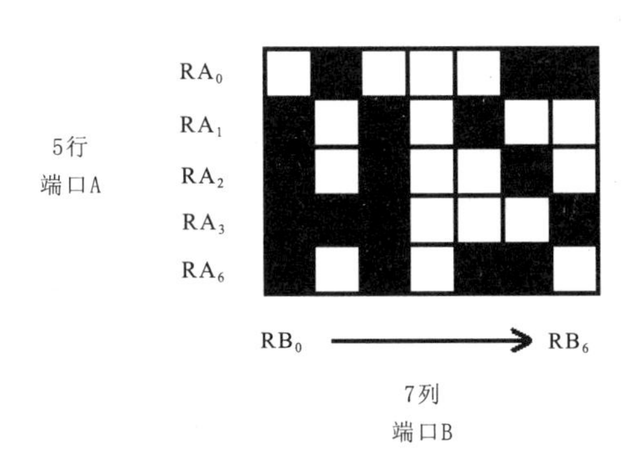

图21.5　每个“屏幕”的帧都是7点宽×5点高

通过将存储的消息和动画分解为单独的列，应用程序可以重复利用点阵“屏幕”上的图像，并且该二进制数据将按顺序输出到端口A。7个端口B输出将随之按从左到右的顺序切换到打开状态，这样可以从每个端口A输出灌入电流。这也意味着在任何同一时间，将只有一列是被切换到打开状态的。但是，由于这种运行方式的速度非常快，产生了视觉暂留效果，使得我们的肉眼可以看见屏幕上的图像。图21.6所示就是启动消息“ASK A QUESTION”的前3列的运行示例。

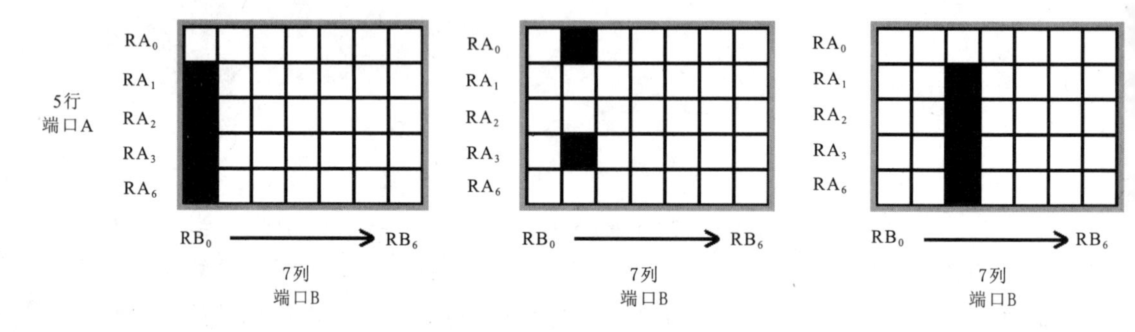

图21.6 屏幕每一帧的生成方式

相同的7字节宽图像在屏幕上的重复次数是可以在软件中调节的，它使用了一个名为RATE的变量，在此项目中，它被设置为40次。增加该变量，将减缓移动图像的速度；而减少该变量，则将提高移动图像的速度。

4. 应用程序的运行方式

我已经尝试着让应用程序尽可能地简单化，所以，如果您对汇编语言的编程很熟悉，那么就可以轻松处理或修改它。这意味着您可以改变存储的图像——如果需要的话，甚至也可以改变设备的整体运行方式。在汇编程序中包含了大量的批注，它们应该能帮助您理解程序的工作原理。本程序还使用了PCLATH函数，允许文本表格在整个程序中定位。程序中有3个主要的区域，它们包含了以下表格：

- 程序的起始部分（ORG 0）——字符集、位置图和启动消息。
- 程序的中间部分（ORG 512）——15条16个字符的消息。
- 程序的结尾部分（ORG 1024）——28帧动画序列和位置图。

以下是对程序运行方式的基本说明：

（1）在接通电源之后，设备将一直显示一条滚动的消息：ASK A QUESTION（问我一个问题）。

（2）游戏者（想“算命”的人）可以大声地问一个问题，然后按下SW_2开关。

（3）一旦SW_2开关被按下，则RANDOM变量将选定一个随机数字。在游戏者仍然将手指按在SW_2开关上时，“算命”器开始“算命”，而屏幕上则会显示一段动画。

（4）当游戏者松开SW_2开关时，直接地址字符串将被随机选择的16个字符消息中的每个字符填充，然后该消息将会在屏幕中滚动显示，这实际上就是告诉游戏者"算命"的结果。

（5）随后设备再次显示ASK A QUESTION（问我一个问题）消息。

（6）如果想继续"算命"的话，那么游戏者可以重复上述操作过程，再问一个问题。

5. 关于字符集

在解释消息和动画出现在屏幕上的方式之前，我们首先来看一看字符集。本设计使用的是一个精简的字符集，只包含39个字符。本程序会将消息表中的每一个ASCII字符都对应转换为图21.7所示的字符。这些字符是在程序的字符表中创建的，从空格开始（空格的字符编号为0），然后是A~Z的26个字母，再然后是0~9的10个数字，最后再加上问号和单引号这两个字符，一共就是39个字符。如图21.7所示。

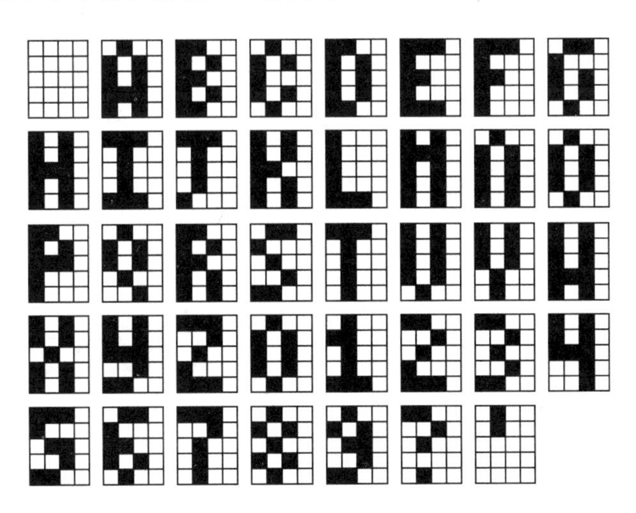

图21.7　字符集

本程序可以识别键入到汇编程序消息表中的任意字符，并且将它转换为图21.7中的某个字符。本程序可以识别以下任意字符：

- 大写字母A~Z。
- 小写字母a~z。
- 数字字符0~9。
- 空格。
- 问号？。
- 单引号 '。

这些字符都将被转换为图21.7中显示的字符集中的39个字符之一。例如，在程序的消息表中，无论是键入小写字母a还是大写字母A，都将产生上述字符集中的字母A（也就是字符表中编号为1的字符）。正如我们前面所提到的，每个字符都只有4点宽×5点高，而且您还会注意到，每个字符的第4列是留空的，这样，在生成消息时，即可在每个字符之间保持一定的距离。

虽然我们在这里使用的是偏小的4点宽×5点高的字体格式，但是采用这样的设计，当字符在屏幕上滚动时，还是很容易识别的。您可能已经注意到了，在图21.7中，只有两个字符在字符宽度降低之后比较难识别，那就是字母M和W，但是，一旦您熟悉了这种格式，那么也很容易就可以将它们认出来。

在汇编程序表中，字符采用的格式和图21.8所示的字母a~c的格式是一样的。这些数据将轮流提供给IC_1的端口A输出。

```
retlw  %00011110  ;a
retlw  %00001001  ;
retlw  %00011110  ;
retlw  %00000000  ;

retlw  %00011111  ;b
retlw  %00010101  ;
retlw  %00001010  ;
retlw  %00000000  ;

retlw  %00001110  ;c
retlw  %00010001  ;
retlw  %00001010  ;
retlw  %00000000  ;
```

图21.8 字母a、b和c在二进制代码中的生成方式

如果您将图21.8逆时针旋转90°，那么您将发现，二进制代码中的数字1生成了每个字母。

另外还需要注意，上述数据字节并不会激活端口RA_6，但是程序会自动复制端口RA_4的值，并将它复制到字节6。我之所以没有使用端口RA_4作为输出，是因为当它被用作输出时，需要额外的负载电阻器。

6. 15条“算命”消息

在ORG 512的表中存储了15条预先编辑好的包含16个字符的“算命”消息，具体列表如下（括号中提供的是中文意译，前面的英文是将显示在屏幕上的“算命”消息）：

（1）More than likely（这很有可能）。

（2）Definitely yes（肯定没问题）。

（3）It’s a safe bet（我敢打包票）。

（4）Yes Yes Yes Yes（是滴就是滴）。

（5）I' m saying yes（要我说就是）。

（6）I predict a yes（我看没问题）。

（7）It will happen（该来的会来）。

（8）I predict a no（我看有点悬）。

（9）It won' t happen（这事要歇菜）。

（10）Not a chance（趁早别做梦）。

（11）I' m saying no（我说没这事）。

（12）Please ask again（换个问题吧）。

（13）Try again later（再来试一试）。

（14）I have no answer（我无可奉告）。

（15）I need to think（让我再想想）。

15条消息×16个字符=240个字符，能够很完美地填入到程序为表格数据预留的256个数据块中。增加"算命"消息的数量或每条消息的长度，都可能会导致程序崩溃或引发错误，所以，如果您想要修改这些"算命"消息，那么一定要仔细计算好。

在程序运行时，随机的RANDOM变量会连续递增，一旦SW_2按钮被按下，则RANDOM变量的值将被随机选定，并且限定在数字0~14之间。该数字将被用于从程序表的15条算命消息中选择一条，然后消息中的字符就会被填充到直接地址字符串。

7．"算命"消息在屏幕上滚动

"算命"消息被设定为从右到左沿着点阵显示器滚动出现，这实际上是利用程序在7字节宽的窗口上传输存储在直接地址字符串中的消息。随机消息在被选定之后，就被填充到直接地址中，而在消息的起始和末尾都将添加一个空格，这样消息就可以天衣无缝地沿着屏幕滚动。图21.9~图21.11诠释了这个过程。

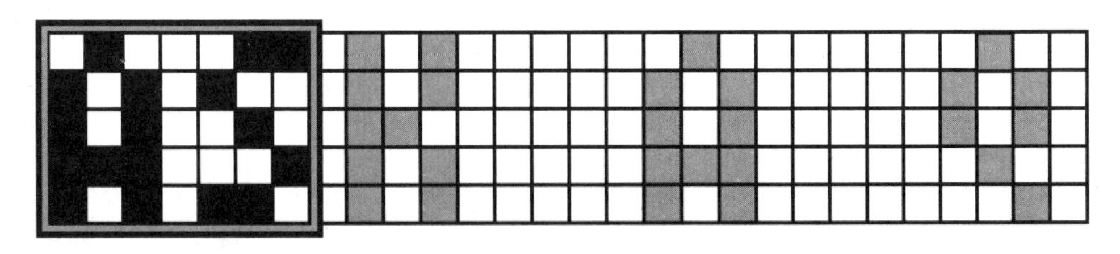

图21.9　第1帧在屏幕上出现40次再转移到…

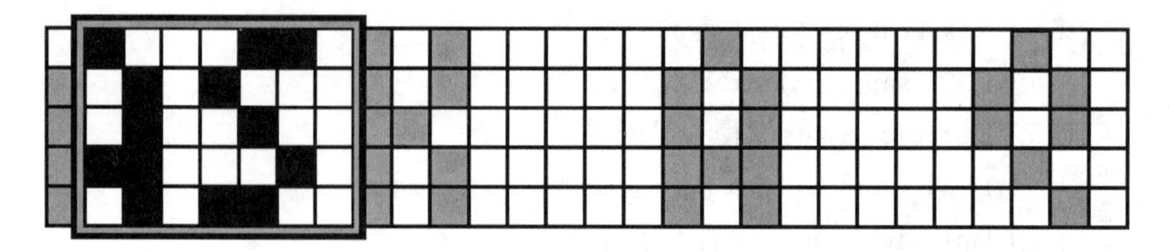

图21.10 第2帧出现40次后再转移到...

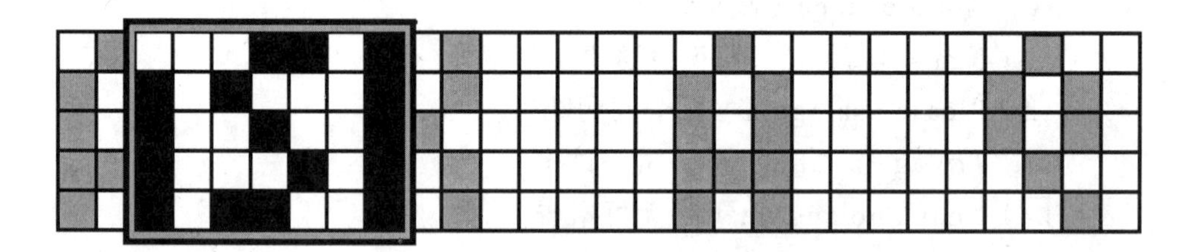

图21.11 第3帧出现40次...以此类推

在转移到第2帧之前，第1帧在屏幕上出现了40次，而在转移到第3帧之前，第2帧也在屏幕上出现了40次，而第3帧也将出现40次，以此类推。如此持续不断，直到直接地址中的所有帧都已经读取过，然后序列将重新开始。所以，这样看起来好像是消息在不断地沿着屏幕移动，而实际上却是7字节宽的屏幕在从左到右地沿着消息移动，从而产生了我们所看到的效果。

8. 动画的创建方式

当SW_2键被按住时，会产生很短的一段动画，它保存在程序末尾ORG 1024的一个单独的表中，是一个28帧长的7字节动画。动画在屏幕上的显示方式和前面介绍的消息的移动方式类似，不同的地方在于动画的帧每次都是跳跃7字节。另外还有一个单独的变量，名为XRATE，它可以控制图像在转移到下一帧之前，在屏幕上重复的次数。XRATE在程序中默认被设置为20。帧动画的运行方式如图21.12~图21.14所示。在移动到第2帧之前，第1帧将在屏幕上出现20次，随后沿着动画表跳跃7字节移动到第2帧，第2帧也将出现20次，随后沿着动画表跳跃7字节移动到第3帧，如此重复，直到全部28帧显示完毕，则重新开始。

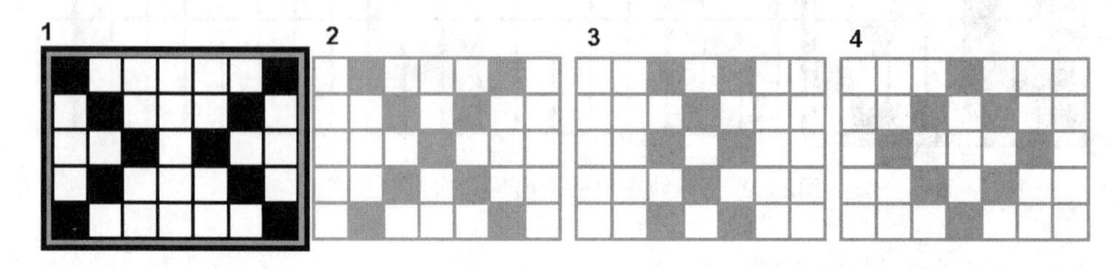

图21.12 第1帧在屏幕上出现20次再移动到...

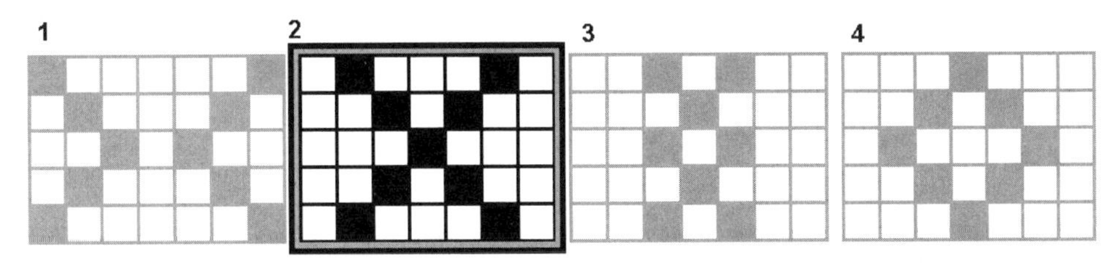

图21.13 沿着动画表跳跃7字节移动到第2帧并出现20次...

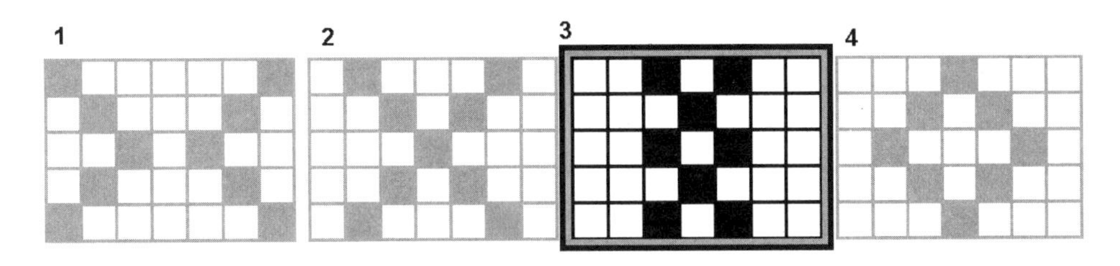

图21.14 只要一直按住SW_2键，28个动画帧就会一直跳跃并循环往复

当然，只有在SW_2键一直被按住的情况下，动画序列才会显示，而不会使用直接地址；如果SW_2键被松开，那么将直接从表中获取图像并传到端口A，也就是显示一条随机选定的"算命"消息。

21.1.6 组装细节

正如我们在前面提到的，本项目条形焊接板的组装和第20章介绍的点阵计数器项目的组装完全一样。本节我们将详细介绍如何将电子部件放入一个不同寻常的外壳中。为了尽量节约成本，并使得该项目整体与众不同，我决定用两块0.078in（2mm）厚的透明亚克力板，把条形焊接板当成三明治加在中间。当然，如果您愿意，也可以采用标准的外壳来安装该项目的电子部件。

在组装外壳及加入电子部件之前，需要先给IC_1编程，然后将它插入到板子上，并测试电路是否能正常工作。

用3V电源给电路供电，应该立即会有滚动的文本消息"ASK A QUESTION"（问我一个问题）出现在LED点阵显示器上。如果没有出现，那么需要立即断开电池连接，进行常规检查，然后才能继续后面的步骤。

如果您决定组装一个和我的一样的外壳，那么将需要以下额外的硬件：

- 两块0.078in（2mm）厚的透明亚克力板，2.75in（70mm）宽×5.3in（135mm）长——我从一家五金商店购买了一张透明的亚克力板。
- 4个M3亚克力螺丝，0.79in（20mm）长——这和RS Components零部件编号527-656类似。
- 16个M3亚克力螺母——这和RS Components零部件编号525-701类似。

- 一张A4大小的相纸。
- 扎线带、扎线带基座和双面胶。

注意 在给亚克力板钻孔或切割时，一定要加倍小心，因为它很容易破碎和分裂。您可以用一个1/8in（3mm）的带木柄的小钻头，通过手动旋转钻头，在0.078in（2mm）的亚克力板上钻出一些定位孔。然后用更大的、锋利的钻头，以比较慢的钻速钻出需要的小孔。在钻孔时记住始终佩戴安全护目镜，并且把握好时间。

21.1.7 显示卡片

用透明亚克力板制作“三明治”的一个明显的好处就是可以通过打印出来的显示卡片，生成一个看上去很专业的产品正面外观。我用的是一张打印相纸，外观设计则用的是Microsoft Publisher软件。如果您需要同样的设计，可以从McGraw-Hill出版社网站下载，网址为www.mhprofessional.com/computingdownload，Publisher文件名为Destiny Predictor Display Card.pub。

提示 如果您决定制作自己的正面显示卡片，我建议您先下载我的版本，确认您所设计的显示卡片上的小孔与我的显示卡片上的小孔位置相匹配，这样，条形焊接板上的开关和点阵显示器就都能和您的卡片上的小孔准确对齐。

在下载和打印卡片之后，请用小刀和金属尺子在相纸上仔细地裁剪出一个矩形孔，这是为点阵显示器准备的。您可以在卡片上为开关裁剪出两个小孔，当然如果有大小合适的钻孔机那是最理想不过的了。在裁剪出这些小孔之后，可以将卡片匹配到条形焊接板和透明亚克力板，在亚克力板上标记条形焊接板的4个安装孔的位置，以及开关SW_1和SW_2的两个小孔的位置。然后您可以相应地给两块亚克力板钻孔。前面的亚克力板将包含6个小孔，其中两个是安装开关需要的，而后面的亚克力板则只需要4个小孔就可以了。

接下来，用4个M3尼龙螺丝、螺母和电源开关SW_1，可以将显示卡片安装到前面的亚克力板上。然后，用双面胶将AA电池座固定到后面的亚克力板上。外壳的样子如图21.15所示。

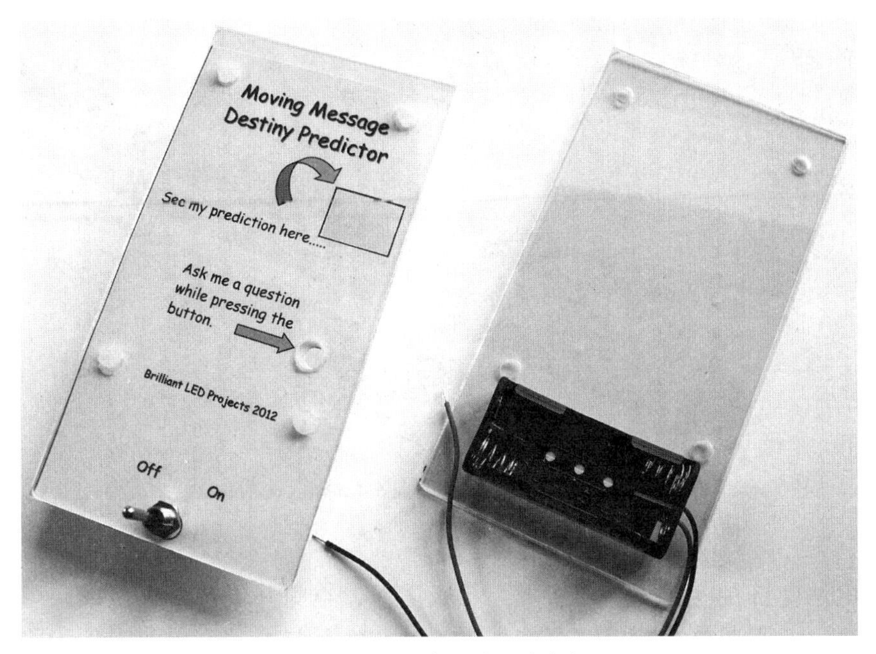

图21.15　准备两块亚克力板

> **提示**　您可以将条形焊接板安装到显示卡片的上半部分，这样可以为电池座腾出足够的空间，使它位于条形焊接板和电源开关之间。我建议您在条形焊接板和亚克力板上制作出比M3螺丝稍微大一些的小孔，这样就可以有一些调整的空间，来相应地调整条形焊接板的位置。

现在将其他M3螺母插入，在它们的中间向下拧入M3螺丝，以提供对条形焊接板的支撑点。现在再将条形焊接板放置在支撑点螺丝上，调整支撑点螺丝，刚好能通过显示卡片中的矩形孔看到点阵显示器。有一个长轴的按键按钮也应该穿过前面亚克力板上的小孔。

现在拧紧M3螺母将条形焊接板固定，然后裁剪电池导线，并将其焊接到电源开关和条形焊接板相应的位置。在电池座中放入两块AA电池，确认当电源开关打开时，该设备能正常运行。

最后，用余下的4个M3螺母，装上后面的带电池座的亚克力板，将M3螺丝拧紧，固定亚克力板。最终完成的条形焊接板"三明治"如果从右侧下方看，其外观应该如图21.16所示。

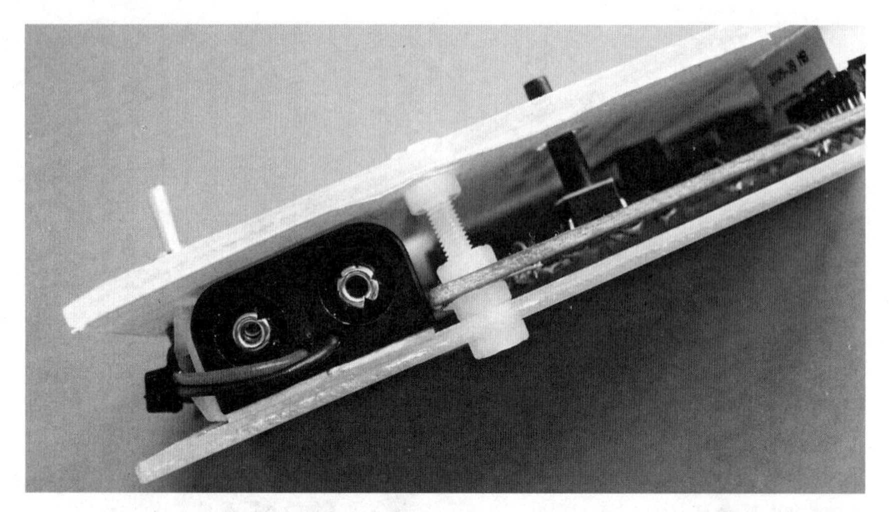

图21.16 显示卡片和条形焊接板被夹在两块亚克力板中间

电池座挤在电源开关和条形焊接板之间，空间并不富裕，所以您可能需要做出一些小调整，确保三者能整齐地结合在一起而不至于相互干扰。在完成组装之后，您就获得了一个和智能手机类似的手持设备，它的外观如图21.17、图21.18和图21.19所示。

图21.17 安装后盖之前的“算命”器背视图

图21.18 安装后盖之后的"算命"器背视图

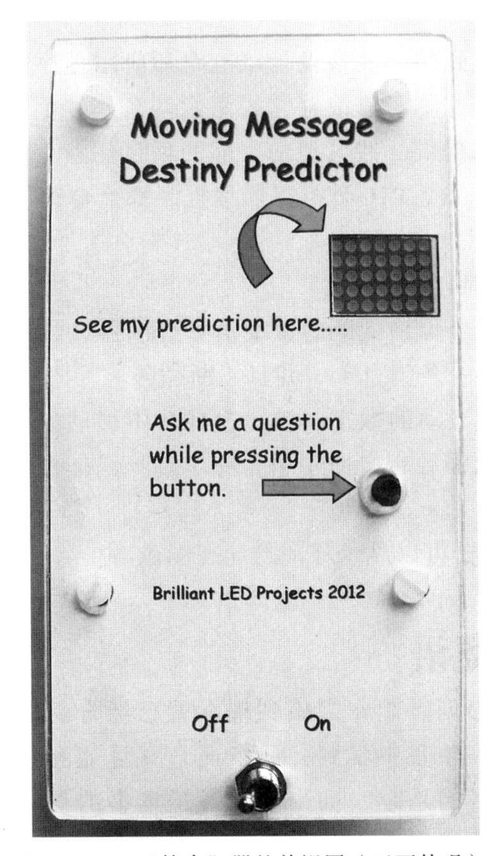

图21.19 "算命"器的前视图（正面外观）

21.1.8 “算命”也有高科技，“大神”爱用“算命”器

在组装完“算命”器之后，您可以通过安装在前面亚克力板上的电源开关将它打开。在正常情况下，点阵显示器会滚动显示一条初始消息“ASK A QUESTION”（问我一个问题），当然，您也可以认为这句话应该是“有求必应，心诚则灵”。游戏者（想“算命”的人）可以大声地问一个问题，然后按下SW_2开关。如果一直按住开关按键，那么此时LED点阵显示器会显示一段动画，而设备也在假装真的在帮您“算命”。松开SW_2开关按键，LED点阵显示器上将立即显示一条“命理真言”，而这实际上只不过是从事先编辑好的15条包含16个字符的消息中随机抽选的一条。在“算命”完成之后，LED点阵显示器将返回显示“ASK A QUESTION”（问我一个问题）消息，以等待下一位“算命”者。如果还有人想“算命”的话，可以按上述过程再来一次。

21.1.9 程序改进的可能性探讨

正如前面我所提到的，我在设计该电路和应用程序时已经尽量简单化，所以您可以轻松操控它们，修改存储的图像甚至是整个设备的运行。沿着这条思路，下面将为您提供一些其他的可能的项目创意。虽然我没有尝试这些创意，但是，如果您熟悉PIC微控制器编程，那么修改其运行以适应这些创意是非常简单的。

以下就是一些项目创意：

- 您可以制作一个价格低廉的微型消息显示器，显示预先编辑好的15条消息（或者选定的某一条消息），并且不断循环。
- 您还可以添加滚动的数字时钟，在屏幕中移动显示时间。如果要进行该项修改的话，那么需要在电路中引入一个外部晶体振荡器，以创建精确的时钟计时。
- 微型点阵显示器可以显示移动的动态图像。

21.2 末章寄语

我们的炫彩LED创意制作之旅到现在就已经告一段落了。我真诚地希望您能从本书的诸多项目中学到一些东西，并且能和我本人一样，享受到组装和把玩这些项目的乐趣。如果您能通过本书的项目获得某些创作和设计上的灵感，那么我将非常开心，并且真诚欢迎您通过我的Facebook主页（Brilliant LED Projects）来分享您的创意。最后，祝愿您的电子探索旅程一路顺风！

附　录

实用资源

电子元器件供应商

本书每个项目中列出的零部件都应该能从一些比较著名的电子元器件供应商那里购买到。现在的电子元器件供应商很多，无论是在新兴的网络商店还是本地传统五金商店，相信您都可以找到最合适自己的选择。考虑到高昂的运输和快递成本，选择一家本地供应商可能是更好的选择。当然，对于一些比较特殊的零部件，如果本地商店无法购买到，那么您也可以通过网络商店购买。

值得注意的是，有些零部件的规格可能会因为制造商和产品批次的不同而有所不同，那么您在购买时应该询问清楚，仔细查看制造商提供的技术参数表，必要时还应该对项目电路设计做相应的修改。

1. RS Components Ltd.

本书中的很多电子元器件和硬件器材都来自于该公司，包括大量的LED和集成电路，网址如下：

www.rswww.com

www.uk.rs-online.com

2. Allied Electronics, Inc.

美国分销商，它的拥有者和RS Components公司的拥有者是同一个集团。注意，RS Components零部件编号和Allied Electronics零部件编号是不一样的，网址如下：

www.alliedelec.com

3. ESR Electronic Components Ltd.

提供各种尺寸的条形焊接板，包括本书中所使用的两个主要尺寸，网址如下：

www.esr.co.uk

4. Maplin Electronics.

本书项目中的部分外壳和电池座是在这家公司购买的，网址如下：

www.maplin.co.uk

PIC微控制器系列参考书

McGraw-Hill出版社出版的PIC微控制器参考书，以及优秀的技术图书系列涵盖大量主题，包括如何给PIC微控制器编程。您也可以访问www.mhprofessional.com或者在搜索引擎中输入“PIC微控制器”以了解更多信息。

电子爱好者杂志

现在有很多电子爱好者倍加推崇的杂志，在那里常常能发掘到很多不错的信息和灵感。*EPE Magazine*（*Everyday Practical Electronics Magazine*）是我从开始学习组装电路就很爱看的一本杂志。它使我对电子技术有了更加深刻的理解。我也曾经在这本杂志上发表过项目和文章。它提供在线阅读和纸质印刷两个版本，网址如下：

www.epemag3.com

PIC微控制器

它们是真正灵活的微控制器，我在本书项目中使用的微控制器是Microchip Technology Inc. 公司制造的。

通过该公司的网站可以获得技术参数表和大量实用的信息和资源，网址如下：

www.microchip.com

LochMaster 4.0条形焊接板软件

我在设计本书项目中的条形焊接板布局时，使用的是ABACOM LochMaster 4.0软件包，该软件下载地址为：

www.abacom-online.de/uk

炫彩LED创意制作

您可以从以下网址下载本书项目的相关内容：

www.mhprofessional.com/computingdownload

欢迎访问我为本书设立的Facebook主页Brilliant LED Projects，分享您的LED项目经验。